U0185082

乡土·建筑

李秋香　主编

广州炭步镇四村

高　婷　雷彤娜　张　郁　著

北京出版集团公司
北　京　出　版　社

图书在版编目（CIP）数据

广州炭步镇四村 / 高婷，雷彤娜，张郁著．— 北京 ：北京出版社，2020.2
（乡土·建筑 / 李秋香主编）
ISBN 978-7-200-13403-2

Ⅰ．①广… Ⅱ．①高… ②雷… ③张… Ⅲ．①村落—古建筑—研究—花都区 Ⅳ．①TU-092.2

中国版本图书馆 CIP 数据核字（2017）第 269028 号

地图审图号：粤 S〔2019〕008 号

责任编辑：王忠波　　责任印制：陈冬梅　　整体设计：苗　洁

乡土·建筑　李秋香主编

广州炭步镇四村

GUANGZHOU TANBU ZHEN SICUN

高　婷　雷彤娜　张　郁　著

出　　版　北京出版集团公司
　　　　　北京出版社
地　　址　北京北三环中路6号
邮　　编　100120
网　　址　www.bph.com.cn
总 发 行　北京出版集团公司
印　　刷　北京雅昌艺术印刷有限公司
经　　销　新华书店
开　　本　787毫米×1092毫米　1/16
印　　张　20.25
字　　数　177千字
版　　次　2020年2月第1版
印　　次　2020年2月第1次印刷
书　　号　ISBN 978-7-200-13403-2
定　　价　168.00 元

质量监督电话：010-58572393
如有印装质量问题，由本社负责调换

目 录

坎头社

藏书院村

总序

中国有一个非常漫长的自然农业的历史，中国的农民至今还占着人口的绝大多数。五千年的中华文明，基本上是农业文明。农业文明的基础是乡村的社会生活。在广阔的乡土社会里，以农民为主，加上小手工业者、在乡知识分子和明末清初从农村兴起的各行各业的商人，一起创造了像海洋般深厚瑰丽的乡土文化。庙堂文化、士大夫文化和市井文化，虽然给乡土文化以巨大的影响，但它们的根扎在乡土文化里。比起庙堂文化、士大夫文化和市井文化来，乡土文化是最大多数人创造的文化，为最大多数人服务。它最朴实、最真率、最生活化，因此最富有人情味。乡土文化依赖于土地，是一种地域性文化，它不像庙堂文化、士大夫文化和市井文化那样有强烈的趋同性，它千变万化，更丰富多彩。乡土文化是中华民族文化遗产中至今还没有被充分开发的宝藏，没有乡土文化的中国文化史是残缺不全的，不研究乡土文化就不能真正了解我们这个民族。

乡土建筑是乡土生活的舞台和物质环境，它也是乡土文化最普遍存在的、信息含量最大的组成部分。它的综合度最高，紧密联系着许多其他乡土文化要素或者甚至是它们重要的载体。不研究乡土建筑就不能完整地认识乡土文化。甚至可以说，乡土建筑研究是乡土文化系统研究的基础。

乡土建筑当然也是中国传统建筑最朴实、最真率、最生活化、最富有人情味的一部分。它们不仅有很高的历史文化的认识价值，对建筑工作者来说，还可能有一些直接的借鉴价值。没有乡土建筑的中国建筑史也是残缺不全的。

但是，乡土建筑优秀遗产的价值远远没有被正确而充分地认识。

一个物种的灭绝是巨大的损失，一种文化的灭绝岂不是更大的损失？大熊猫、金丝猴的保护已经是全人类关注的大事，乡土建筑却在以极快的速度、极大的规模被愚昧而专横地破坏着，我们正无可奈何地失去它们。

我们无力回天。但我们决心用全部的精力立即抢救性地做些乡土建筑的研究工作。

我们的乡土建筑研究从聚落下手。这是因为，绝大多数的乡民生活在特定的封建家长制的社区中，所以，乡土建筑的基本存在方式是形成聚落。和乡民们社会生活的各个侧面相对应，作为它们的物质条件，乡土建筑包含着许多种类，有居住建筑，有礼制建筑，有崇祀建筑，有商业建筑，有公益建筑，也有文教建筑，等等。每一种建筑都是一个系统。例如宗庙，有总祠、房祠、支祠、香火堂和祖屋；例如文教建筑，有家塾、义塾、私塾、书院、文馆、文庙、文昌（奎星）阁、文峰塔、文笔、进士牌楼，等等。这些建筑系统在聚落中形成一个有机的大系统，这个大系统规定着聚落的结构，使它成为功能完备的整体，满足一定社会历史条件下乡民们物质的、文化的和精神的生活需求，以及社会的制度性需求。打个比方，聚落好像物质的分子，分子是具备了某种物质的全部性质的最小的单元，聚落是社会的这种最小单元。而个体建筑则是构成聚落的原子。个体建筑只有形成聚落才能充分获得它们的意义和价值。聚落失去了个体建筑便不能形成功能和形态齐全的整体。我们因此以完整的聚落作为研究乡土建筑的对象。

乡土生活赋予乡土建筑丰富的文化内涵，我们力求把乡土建筑与乡土生活联系起来研究，因此便是把乡土建筑当作乡土文化的基本部分来研究。聚落的建筑大系统是一个有机整体，我们力求把研究的重点放在聚落的整体上，放在各种建筑与整体的关系以及它们之间的相互关系上，放在聚落整体以及它的各个部分与自然环境和历史环境的关系上。乡土文化不是孤立的，它是庙堂文化、士大夫文化、市井文化的共同基础，和它们都有千丝万缕的关系。乡土生活也不是完全封闭的，它和一个时代整个社会的各个生活领域也都有千丝万缕的关系。我们力求在这些关系中研究乡土建筑。例如明代初年“九边”的乡土建筑随军事形势的张弛而变化，例如江南和晋中的乡土建筑在明代末年随着商品经济的发展所发生的变化历历可见，等等。聚落是在一个比较长的时期里定型的，这个定型过程蕴含着丰富的历史文化内容，我们也希望有足够的资料可以让我们对聚落做动态的研究。总之，我们的研究方法综合了建筑学的、历史学的、民俗学的、社会学的、文化人类学的各种方法。方法的综合性是由乡土固有的复杂性和外部联系的多方位性决定的。

从一个系列化的研究来说，我们希望选作研究课题的聚落在各个层次上都有类型性的变化：有纯农业村，有从农业向商业、手工业转化的村；有窑洞村，有雕梁画栋的村；有山村，有海滨村；有马头墙参差的，也有吊脚楼错落的，还有不同地区不同民族的，等等。这样才能一步步接近中国乡土建筑的全貌，虽然这个路程非常漫长。在区分乡土聚落在各个层次上的类别和选择典型的时候，我们使用了细致的比较法。就是要找出各个聚落的特征性因子，这些因子相互之间要有可比性，要在聚落内部有本质性，要在类型之间或类型内部有普遍性。

因为我们的研究是抢救性的，所以我们不选已经闻名天下的聚落作研究课题，而去发掘一些默默无闻但很有价值的聚落。这样的选题很难：聚落要发育得成熟一些，建筑类型比较完全，建筑质量好，有家谱、碑铭之类的文献资料。当然聚落还得保存得相当完整，老的没有太大的损坏，新的又没有太多。但是，近半个世纪来许多极精致的或者极具典型性的村子都已经被破坏，而且我们选择的自由度很小，有经费原因，有交通原因，甚至还会遇到一些有意的阻挠。我们只能尽心竭力而已。

因为是丛书，我们尽量避免各

本之间的重复，很注意每本的特色。特色主要来自聚落本身，在选题的时候，我们加意留心它们的特色，在研究过程中，我们再加深发掘。其次来自我们的写法，不仅尽可能选取不同的角度和重点，甚至变换文字的体裁风格。有些一般性的概括，我们放在某一本书里，其他几本里就不再反复多写。至于究竟在哪一本书里写，还要看各种条件。条件之一，虽然并不是主要条件，便是篇幅。有一些已经屡屡见于过去的民居调查报告或者研究论文里的描述、分析、议论，例如“因地制宜”“就地取材”之类，大多读者早就很熟悉，我们便不再啰嗦。我们追求的是写出每个聚落的特殊性，而不是去把它纳入一般化的模子里。只有写题材的特殊性，才能多少写出一点点中国乡土建筑的丰富性和多样性。所以，挖掘题材的特殊性，是我们着手研究的切入点，必须下比较大的功夫。类型性特殊性和个体性特殊性的挖掘，也都要靠细致运用比较的方法。

这套丛书里每一本的写作时间都很短，因为我们不敢在一个题材里多耽搁，怕的是这里花工夫精雕细刻，那里已拆毁了多少个极有价值的村子。为了和拆毁比速度，我们只好贪快贪多，抢一个是一个，好在调查研究永远只能嫌少而不会嫌多。工作有点浅简，但我们还是认真地做了工作的，我们决不草率从事。虽然我们只能从汪洋大海中取得小小一勺水，这勺水毕竟带着海洋的全部滋味。希望我们的这套丛书能够引起读者们对乡土建筑的兴趣，有更多的人乐于也来研究它们，进而能有选择地保护其中最有价值的一部分，使它们免于彻底干净地毁灭。

陈志华 2005年12月2日

绪论

第一章 炭步镇的地理、历史与文化

一、商业中心与儒学边缘

广府地区位于五岭之南，远离中原，天然的地理屏障阻隔了经济、文化等方方面面的交流，长久以来人迹罕至。随着秦朝“南攻百越”、西晋“永嘉之乱”和北宋“靖康之难”造成的中原人口大规模的南迁，以及越城岭—桂州道、大庾岭—虔州道的相继开通，岭南才逐渐成为大规模的汉民聚居之地，与中原的经济、文化交流渐趋频繁。儒学思想也随着中原士大夫的南迁而得以在岭南地区落地生根。然而由于地理上的偏处一隅，在一定程度上造成了政治、经济交流等方面的隔膜，同时也导致了文化传播的滞后。并且，岭南地区面向大海，与中原内陆地区具有截然不同的地理环境，从而决定了其物质生产、社会风俗、思想观念等方面的独特性，因此，儒学思想传入岭南之后，也被这种独特性改造为地域化的儒学，自成宗派，独树一帜。至明代末期由岭南儒家学者构建的江门学派，甚至拉开了明代学术从“格物致知”转向心性涵养之学的序幕，形成了与程朱理学、陆王心学鼎足而立的新的儒学思想体系。[①]

① 刘兴邦. 白沙心学与岭南化儒学[J]. 五邑大学学报(社会科学版). 2013(01)

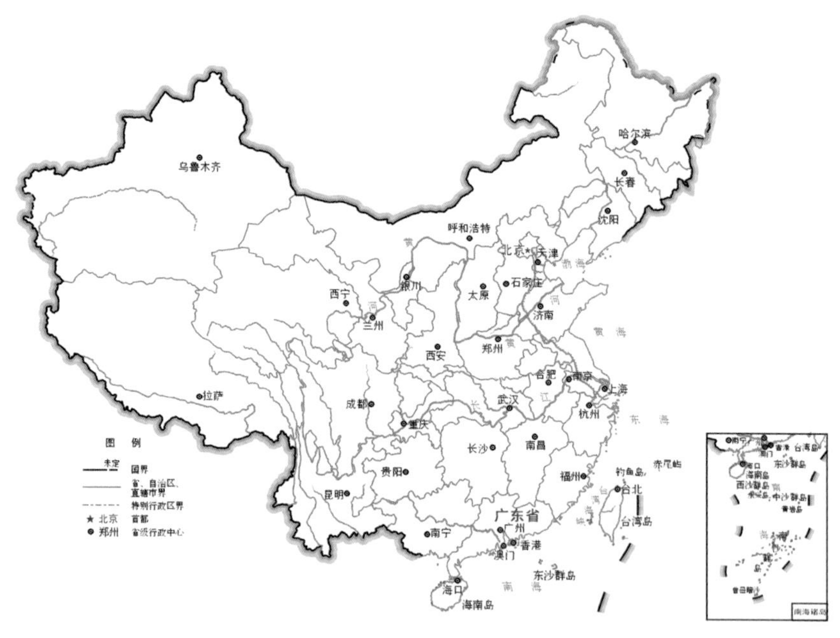

广东省区位示意图 地图来源：自然资源部标准地图服务系统。 审图号：粤 S〔2019〕008 号

正是这种有别于中原正统文化的意识形态和广府民众善于经商所逐渐形成的重商轻文的文化取向以及商人气质，反映在生活、文化与艺术领域中独特的审美趣味，直接导致了对岭南儒学边缘化的普遍认同，致使岭南文化在一定程度上被低估与忽视。

然而，如果我们跳出中原地区儒学框架的阐述体系，换一种更为广阔的视野来审视广府地区，就会发现，岭南虽地处中国内陆边缘，但却位于整个东南亚环南海地区的中心。自宋代以来，这里就是海上贸易港口，16世纪大航海时代到来之际，这里又曾是全球化贸易的前沿阵地。正是由于广府地区远离江南粮食产区与西北军事重地，所以世界贸易往来造成的冲击不会直捣中国的经济与政治命脉，成为统治者开放贸易口岸的最佳选择，明清时期广州甚至先后三次成为国家指定的唯一通商口岸。这一政令的下达，不仅使广州成为沟通东西方贸易的唯一窗口，而且使广州成为环南海贸易航线上的一处重要枢纽，成为当时全球化远洋贸易中不可或缺的国际商埠。

广州市花都区炭步镇便位

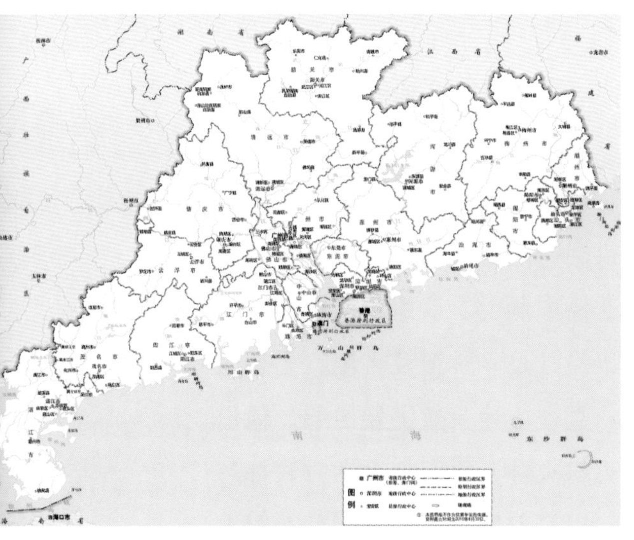

广州市区位示意图　地图来源：广东省自然资源厅标准地图服务。审图号：粤S〔2019〕008号

于这片儒学与商业文化的交融之地。这里既有耕读传家的世家豪族，也有经商致富的商业村落，两种文化并行不悖，形成了炭步村落独特的历史文化与村落形态。

二、水的便捷与山的神秘

炭步镇位于广州市花都区西南部，东邻白云区，西接三水区，南与佛山南海相邻，北与花都赤坭接壤，是珠江三角洲平原与粤北高山的中间地带，地理位置十分优越。明清时期炭步属广州府南海县，清康熙二十五年

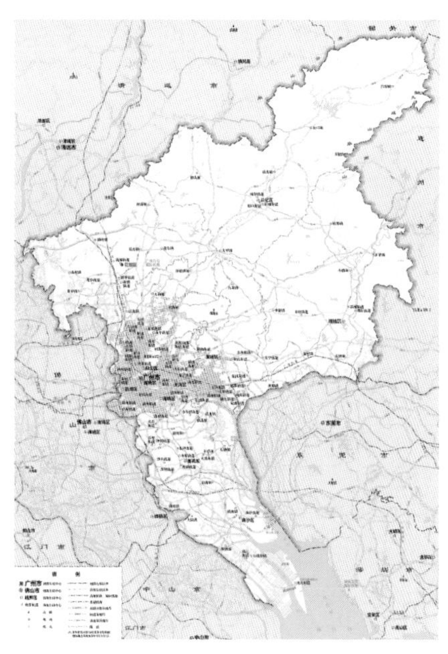

广州市花都区区位示意图　地图来源：广东省自然资源厅标准地图服务。审图号：粤S〔2019〕008号

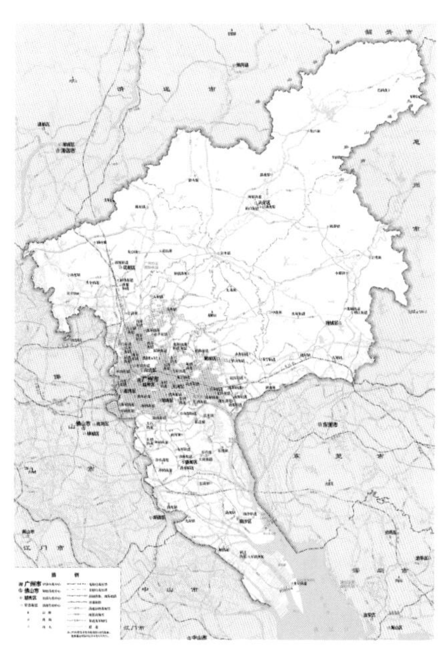

花都区炭步镇区位示意图　地图来源：广东省自然资源厅标准地图服务。审图号：粤S〔2019〕008号

（1686年）析南海、番禺之地设立花县，炭步镇亦归属于花县境内。

炭步所在的珠江三角洲北缘平原，由东江、北江、西江冲积而成，地势呈西北高东南低的倾斜之势，北有高山相依，南有河涌纵横。四通八达的水系，逐渐形成了广府地区“人便于行、货畅其流”的水路交通网络。其中由北而南奔腾翻涌的北江，自古便是沟通中原与五岭以南的重要航道，其支流白坭河（巴江河）、芦苞涌、西南涌更是与炭步镇息息相关。白坭河曾经是古代北江南下广州速度最快的货运航线，水道狭窄，水流湍急，由清远南下广州“逐浪返五羊，经宿而至”[①]。芦苞涌则因航道宽阔，水流更为平稳安全，而成为朝廷发兵南下、官员贬谪岭南，抑或是商贾往来的主要客运水路航道。直至明代中期，巴江河、芦苞涌才逐渐淤塞，明末以后，西南涌取而代之，成为主要的水路交通航线。

相比于北江水路的便捷，炭步北面的大山，对于广府民众来讲则始终是神秘的所在。炭步镇北倚中洞山，这里起初常有野兽出没，是一片蛮荒之地，之后又一直被山地少数民族占领，他们刀耕火种，生存与生活方式都与汉民有着很大不同，因此在双方共处的岁月中，汉瑶冲突以及土客械斗时有发生。交往的阻隔，文化的差异，使大山令人望而却步，成为一片汉民难以轻易走进的地方。

炭步镇即位于这片山水之间，见证并亲历着由南至北的发展历程。

三、商业与农业

便捷的水路交通不仅促进了地域间的交流，同时也带动了区域经济的繁荣。在广府地区，炭步镇与明清两代重要的工商业城

① [宋] 樂史著.王文楚 等校. 太平寰宇记.中华书局.2007

镇——官窑、佛山都有密切的商业往来。官窑镇曾是重要的手工业城镇，五代时期，南汉王便派遣官员到此地办窑，官窑也由此而得名。后因盛产瓷器且水路交通便捷，官窑自宋代以来便商旅频繁，成为以烧制瓷器而繁荣的手工业重镇，远近闻名。炭步与官窑往来密切，北面的大山为官窑的瓷器提供了丰富的原材料，炭步、白坭、赤坭一带的陶土用于制陶，矽砂用于制釉，高岭土用于制瓷。北江上游的林木砍伐后则顺流漂至炭步镇，烧炭以供官窑，今天的炭步镇也因"烧炭的埠头"而得名。明代随着官窑涌的淤塞，官窑逐渐衰落，佛山取而代之，炭步便转而对佛山供应材料。民国时期，粤系军阀陈济棠甚至主持修建"禅炭公路"以促进炭步与佛山之间的经济交流，并以此作为水路交通的补充。至今，炭步镇内仍有许多村落以商业经营为生。

然而，商业的发达并非村民完全主观意识的选择，也有客观因素的作用。起初炭步镇内的土地并不适合耕种，地势过高则旱，过低则涝，农业发展可谓困难重重。随着白坭河、芦苞涌的淤积和水利建设的初步发展，河道位置被逐渐固定下来，至此大规模的农业开垦才得以开始。然而，这样大型的农业开发并非每个村子都有足够的实力进行。广府地区稻作经济的发展与大型的水利建设密不可分，而大型的水利建设需要凭借强大的以家族为单位的民间组织力量——宗族组织力量才能得以实施。农田在开发过程中需要耗费人力物力；农田在建成后因为没有地契很容易被其他家族、村落侵占，因此也需要一定的武装实力才能保障农田的收成。可见炭步镇农业的发展情况是与宗族势力的壮大与否密切相关的。在炭步镇现存的农业发达的村落中，都有强大的宗族势力作为坚实的后盾。而其他部分宗族势力较弱的村落，则商业更为发达。

第二章　炭步镇的村落与建筑

一、炭步镇村落发展历程

不同的地理环境决定了山水之间的炭步镇由东南向西北的开发进程，以及不同文化性格的村落形态与建筑面貌。

石湖村位于炭步镇东侧，地势较低，有金溪涌直通官窑、佛山，与商业重镇交往密切。与其同宗的茶塘村也借由金溪涌直抵佛山，并成为炭步镇远近闻名的铸造业中心。

石湖村的坎头社，作为石湖村汤氏家族九个社之一，更是典型的因靠近河道而形成的水路码头村落，至今仍保留着许多商业村落的布局与组织特色。

塱头村比石湖村地势稍高，更容易筑坝排水，开垦农田。并且塱头黄氏一族在明代被划为军户，军户例不分析，长年累世同居，形成了牢固且强大的宗族势力。明代国家对于军户的科举制度又有一定的保障政策，因此黄氏一族科甲连绵，顺利地践行着耕读传家的儒家生活模式。

藏书院村地势更高，农业灌溉无法保证，水路交通也不甚发达，因此开发较晚。但谭氏家族依靠旱田经济作物、山区矿产得以维持生计。村民尚武之风极盛，民风彪悍。

炭步四村位置示意图

二、炭步镇村落选址

在炭步镇的早期历史进程中，村落发展受自然条件制约，多选址于周边有河涌环绕的丘陵高地，山顶建庙宇，四面缓坡之上营建民居，山脚下环绕一周水塘，再远处则是村落的农田。随着人口的增长、农田的进一步开发，村落不再依丘陵而建，选址也更为灵活自由。

在炭步镇的立村传说中，常有养鸭或者以村落形状附庸白鹤等寓意吉祥的故事，这其中自然有彰显祖上权势、讲究风水的含意，但更为重要的是，这些故事暗示了村落选址与河滩开垦程度的关系。在养鸭的过程中，为了保证散养的鸭子能够回棚，需要划定边界，修筑基围，从而确定了水塘的位置与范围。白鹤的传说则与“鱼游鹤立”的滩涂开发程度有关，“鱼游鹤立”之地常指“白鹤可于其上站立，水中游鱼清晰可见”的浅水滩。这样的浅水滩与荒滩不同，是具备一定养殖条件的场地，当荒滩变为浅水滩时，就说明滩涂的初步开发已基本完成，虽不能立即种植水稻，但却可以水中养鱼，水面养鸭，鱼鸭在养殖过程中又会不断地调整水中生态与沙土养分，使浅水湾最终被改造成适合耕种的良田。因此，养鸭养鱼无非是农田开垦过程中的一种过渡产业。

这说明此时的村落选址已经可以不完全依赖于自然条件，而是通过人力来改造自然，从而创造出适于选址立村的自然环境。

三、村落布局与形态

炭步镇的村落布局从属于广府地区典型的梳式布局，同时根据选址不同，略有差异。选址于丘陵高地的村落，于山顶建庙宇、植榕树，沿丘陵四坡建房屋，周围围以一周水塘，水塘常与茂密的翠竹、土墙相结合，形成一道封闭的防御体系，以保护村落的安全。选址于平坦地势的村落，则多呈长条状，水口处有高大的古榕与社稷坛，村落入口处建庙宇，大房派还常于村外营建祖祠。蜿蜒的小河涌经由水口流入，在村落前汇聚成一个个小水塘，装饰华美的祠堂、书室便面向这些小水塘依次横向展开，构成了严整气派的村面景观。祠堂、小书室之后是一列列规划整齐的住宅建筑，以三间两廊的平面形式为主，间或有一连四间的大宅、两开间的一偏一正或是一开间的企头房。每个村落都大体上保持着梳式布局的村落形态，具有一定的统一性，但每个村落又有自己的独特之处，正是这些差异性，反映着不同的历史信息与村落性格。如炭步镇塱头村、茶塘村，同样归属于梳式布局，但其中却存在着面阔七间甚至面阔九间的大型住宅的痕迹，在具体村落的章节中将重点剖析其平面原型及演变原因与过程。

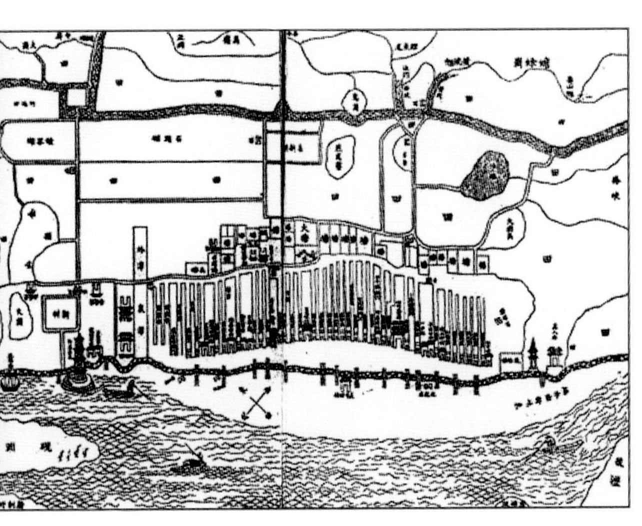

《桃溪村何氏族谱》第七卷《乡宅图》所示村落为梳式布局　图片来源：冯江．祖先之翼：明清广州府的开垦、聚族而居与宗族祠堂的衍变研究 [D]．华南理工大学　2010.118

四、庙宇的演变

炭步镇各村落中最为重要的公共建筑就是庙宇，形制十分华丽。在早期村落中庙宇往往建于丘陵顶端，占据最高的地理位置。稍晚建立且地势平坦的村落，庙宇则营建于村口迎水的基围上。炭步镇主要的庙宇有洪圣古庙、康公庙、关帝庙等，这些民间信仰与村民的生活息息相关。如炭步镇河涌纵横，村落常有河涌、水塘环绕，因此在基围之上常建洪圣古庙，以保佑洪水不会泛滥，村民免受洪涝之灾；再如，村落中常有养鸭立村的传说，而康公庙供奉的康公真君相传即为鸭子所救。可见，康公庙与养殖业也不无关联。

明末以后，由于祠堂的大量营建，祠堂逐渐成为村落中最为重要的公共建筑。庙宇的功能也发生了相应的改变。如洪圣古庙转变为协调公共事务的场所，关帝庙则转化为地方帮会的舵口。

五、祠堂的演变

广府地区宗族制度十分发达。祠堂、族田与族谱是构成宗族制度的三个基本要素，其中民间祠堂自明嘉靖年间“大礼议”之后才获准大规模营建，百姓得以在其中举行祭祀活动，追思先祖，此后祠堂又逐渐衍生出聚会议事、奖惩执法、文化教育等功能。祠堂作为宗族制度的载体，是宗族凝聚力以及权力的象征。

炭步镇的祠堂主要分为两类：一是祭祀祖先的大宗祠，只有长房房派或势力强大的村落可以建造；二是各房派的房支祠、小书室等，这类祠堂广泛分布于村落之中，更多地承担起聚会议事等世俗功能。

两类祠堂的功能不同，相应的营建位置与建造形制也有所差别。大宗祠是祭祀始迁祖的祖祠，通常被视为阴宅，建于村外，周围不再建造住宅，而是环绕水塘，种植植物，营造一派自然景观。而各房派的房支祠、小书室，往往祭祀各房派的先祖，当各房派的后代中男丁人数达到一定数量时即可建造相应的“公祠”“书室”，这些祠堂建于村内，构成村落中的第一排建筑，形制华美，彰显了一个村落的经济实力。

以上两类祠堂不仅形制等级不同，而且并非同一时间营建，而是依循历史进程的发展逐步建造而成。具体可分为以下三个时间节点：

宋代以前，民间的祭祀活动一直受到封建等级的严格约束，至北宋年间，士大夫才提出重建宗族制度的设想。其中二程、朱熹的影响最大，提出了士大夫可以祭祀始祖的建议，并强调了宗族的睦族功能。但这一转变仅限于士大夫阶层，庶民仅可祭祀父母及祖父母近两代祖先。至明代中叶，“臣庶祠堂”之制才发生了重大变革。明嘉靖年间，旷日持久的“大礼议”及其“推恩令”引发了宗族祭祀制度的大变革。嘉靖皇帝采纳夏言的建议，允许民间祭祀始祖。广府民众则以此政令为契机，以珠江三角洲地区繁荣的商贸经济为物质基础广建祠堂。此时兴建的祠堂以大宗祠、祖祠为主，以适应民间同姓各房各派联宗祭祖的强烈要求。

清代乾隆至道光年间，广州第三次成为唯一的“通商口岸”，经济贸易达到空前的繁荣，民间财富积累迅速，又由于受宗族礼制的约束，小房派不得擅自修建大宗祠，因此一些兴旺发达的房派纷纷在村中营建“公祠”“书室”等房支祠，掀起了营造祠堂的第二个高潮。

清朝末年爆发了历史上最大规模的农民起义——太平天国战争，历时十四年，由南至北波及全国，其首领洪秀全即为广州花县人。这次农民起义对清王朝的统治造成了极大的冲击，太平军不仅发动武装起义，还四处捣毁孔庙，焚毁儒学经典，沉重地打击了清王朝的精神统治工具——儒学思想，对传统社会的礼教制

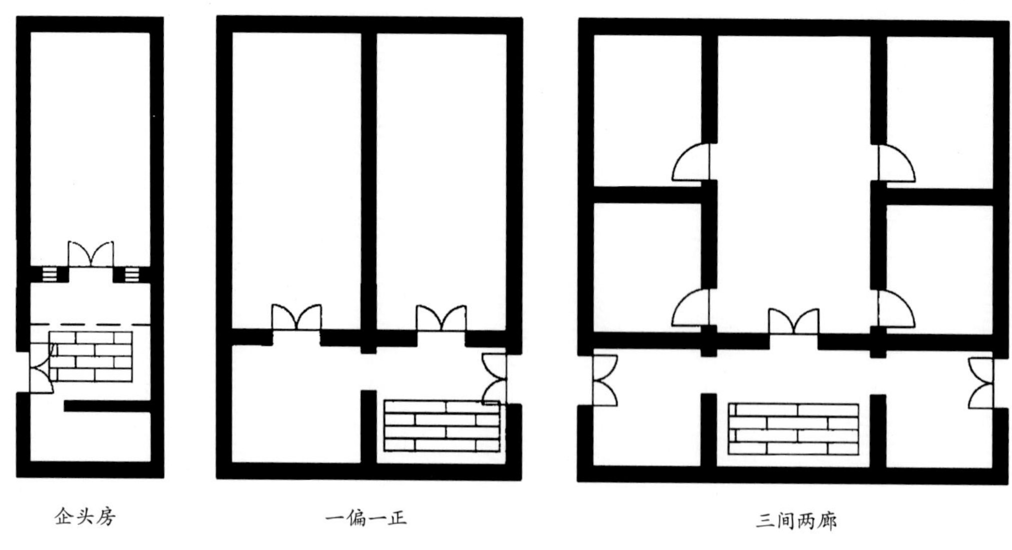

住宅建筑平面形式示意图

度造成了极大的破坏。同治、光绪年间正值太平天国战争被镇压后不久，此时的清政府亟须重整社会基层组织，恢复社会原有秩序，在这一方面，大力提倡宗族制度成为维持民间社会稳定最为有效的方式之一，因此，在官方鼓励的政治背景下，全国各地又迎来了祠堂建设的第三个高潮。大部分祠堂在这一时期也得以重建与修缮，甚至有些小房派的村落竟逾矩建造起大宗祠。炭步镇现存祠堂，多为这一阶段建造或重修。

此外，不同类型的祠堂不仅体现了历史发展的重要时间节点，而且反映了村落的不同性质。以传统农耕为主的村落，土地大多把持在宗族手中，宗族势力强大，且十分重视宗族的凝聚力与权威性，因此，在这类村落中更加注重大宗祠的营建、修缮与维护。而商业发达的村落，村民大多外出经商，从而摆脱了农业村落中宗族成员相互协作的人身束缚，村民宗族意识相对淡薄，个人意识高涨，因此在村落中广建房支祠以及标榜个人价值的一开间小书室、偏厅等建筑。在现存的炭步村落中也可发现，商业发达的村落往往公祠、书室建筑发达，数量众多，且装饰华丽。

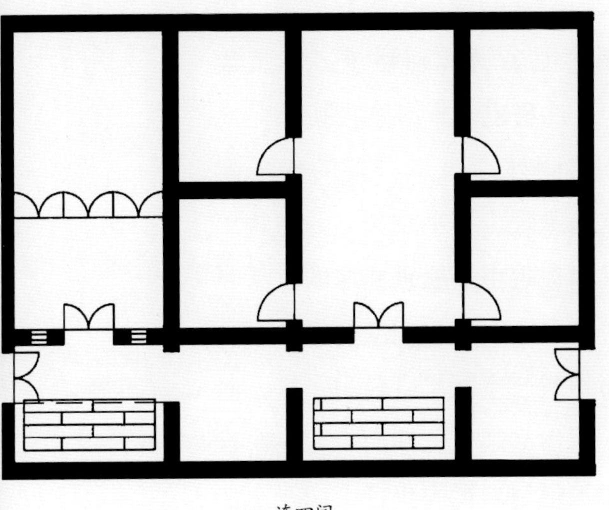

一连四间

六、住宅的演变

住宅是村落重要的组成部分，同时也是村民生活起居的载体，体现着当地居民的生活习惯、社会风俗以及文化趣味。住宅建筑平面形式相对单一，且整齐地排列在祠堂、书室之后，形成规整、统一的村落肌理。住宅的平面形式大致分为四种，其中以三间两廊为主要形式，分布最广。其余三种形式均可视为由三间两廊演化而来：如一连四间，为四开间，是在三间两廊的一侧加上一座企头房所形成的平面形式；一偏一正，为两开间，即三间两廊省略一侧厢房的平面形式；一开间的企头房，为一连四间中偏厅的平面形式，仅余天井和正厅。从以上住宅平面的类型可以推测出家庭人口与生活习惯的变化。如主干家庭或联合家庭由于分家而产生企头房和一偏一正的住宅形式，或因家庭财富积累，个人身份地位的提高从而营建一连四间，其中的偏厅则作为房主人读书会友或是休闲养老之所。这种平面形式反映了居民在解决基本居住需求的前提下，对居住功能与空间属性的进一步追求，同时也是村民个人意识觉醒，寻求心灵栖居之所的外在体现。

房屋的建筑材料与建造手段也对住宅形式具有一定影响。炭步镇的早期住宅多由夯土建造，墙体较厚，富裕人家还往往采用“金包银”的做法，即在夯土墙外侧包砌青砖，使得墙体达近一米的厚度，因此，房屋开间、进深以及整体的建筑体量均相对较大。两侧厢房多采用双坡顶。后期住宅多为砖砌建筑，体量较小，厢房也多采用单坡顶。

此外，炭步村落的住宅建筑还呈现出标准化设计的趋势。早期住宅由于累世同居的生活习俗，多由大型住宅演变而来，平面形式与空间尺度较为多样，而后期住宅则以三间两廊为主，且建筑形制与尺度也趋于统一，住宅建筑呈现出小型化、标准化与批量化建设的“现代”特征。

塱头村

第一章　村落概况

塱头村位于广州市花都区炭步镇中部，巴江河西岸，历史上这里曾是鲤鱼涌和巴江河的交汇之处，河汊湖泊密布——“塱”字便是水泊中高地的意思。塱头村于元至正年间立村，明代属于南海县华宁堡，清代属于花县水西司，发展至今成为一个以黄姓为主的单姓血缘村落。

远望塱头村，会发现它是一个封闭的村落，村南、东、西三面有水塘包围，村东、北、西三面又有青砖围墙和竹篱围合，村边大树环绕，又有十座门楼把守主要入口。走近村东口，便会发现洪圣古庙、金花庙、观音庙，一座石牌坊和一棵高大的木棉树。从这里穿过门楼，整个村落便展现在眼前——塱头村的村面极长，从东至西约四百米，村面密集排布着大小祠堂或者书室，祠堂对面则是巨大的广场和巨大的池塘，祠堂后面就是密集的村落住宅。村落至今还有完整的巷道十八条，古建筑两百余座，是广州市保存最好的古村落之一。

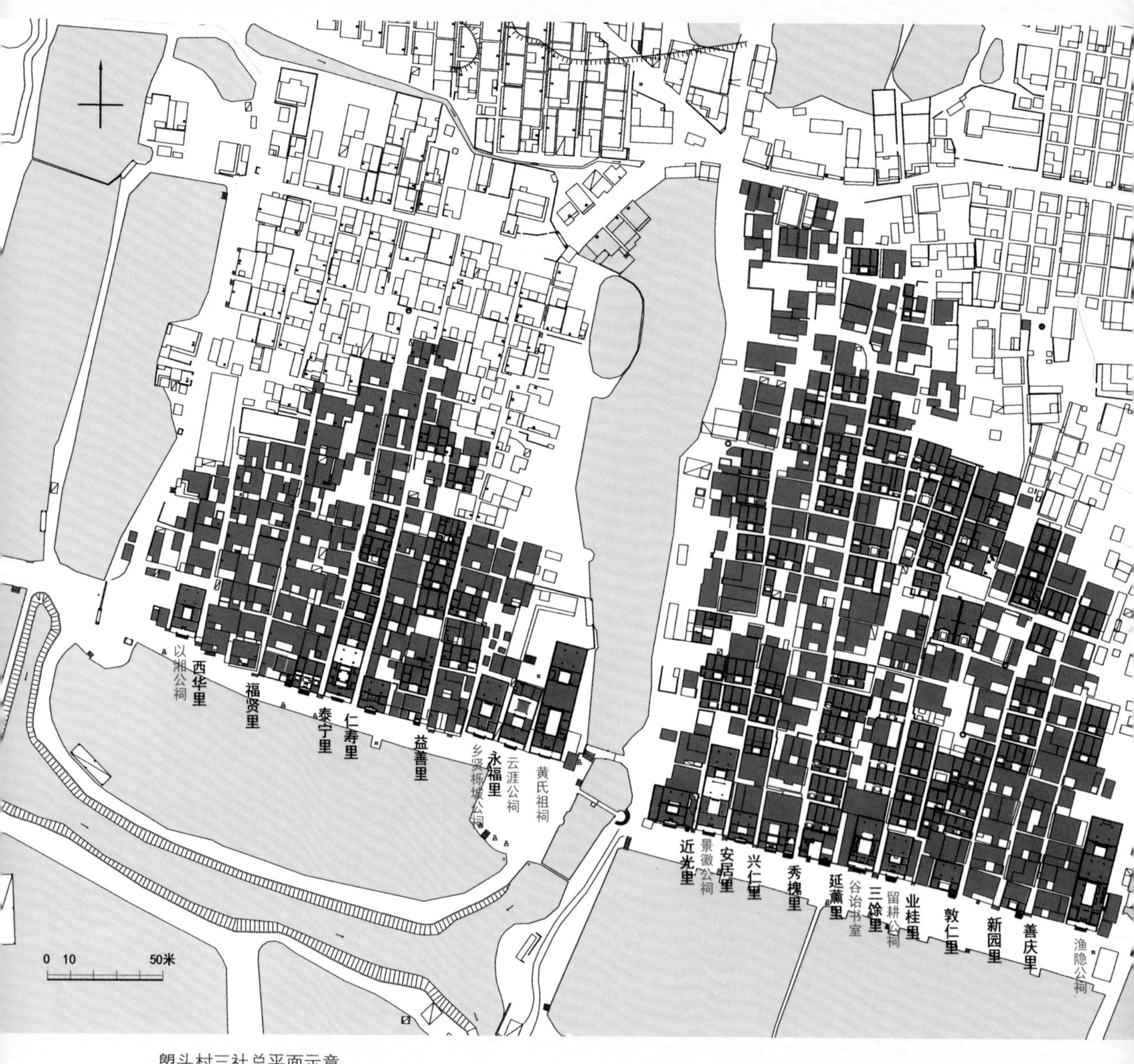
以湘公祠
西华里
福贤里
泰宁里
仁寿里
益善里
乡贤梯坡公祠
永福里
云涯公祠
黄氏祖祠
近光里
景徽公祠
安居里
兴仁里
秀槐里
延薰里
谷诒书室
三馀里
留耕公祠
业桂里
敦仁里
新园里
善庆里
渔隐公祠
0 10 50米

塱头村三社总平面示意

第二章　自然地理

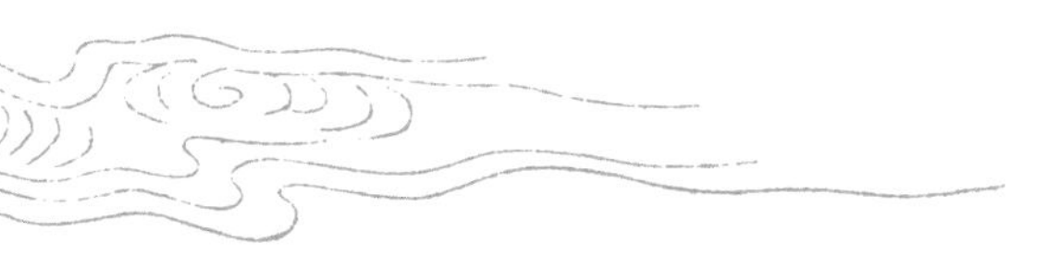

一、山

历史上，花县位于珠江三角洲的北部，是珠江三角洲平原与粤北山区之间的过渡地带。旧时花县流传着一个关于盘古王的故事，据说古时花县地近大海，冯氏家族居住于此，百越龙图腾族的恶龙来到此处，要发水淹死冯氏族人。冯氏向盘古王求救，盘古王将恶龙斩成两截，自己化为横亘几十里的花山山脉挡住了滚滚而来的海水，不久，又有狮图腾族的狮精来此为恶龙报仇，盘古王之弟仙古王、妹仙姬娘，一起将狮精化为山岭，这便是狮岭的由来。①一个浪漫传说，便将自然山川与先民对抗的历史联系了起来。

二、水

塱头村一侧的巴江河是北江的重要支流，它自清远石角从北江分出，经过中洞山、佳锦山、丫髻山、鼓岭、剑岭、瑞岭和华

① 据《花县志》记载盘古神坛建于清嘉庆十四年（1809年），初为草棚，订立农历八月十二日为盘古皇诞辰之日。演戏庆祝，后于光绪二十七年（1901年）再次募款重建，保存至今。

岭等多重山脉，于广州老鸦岗注入珠江西航道，流向广州。这条水道历史上是北江至广州最短的水道，但也因此水流过快，并不适合舟行。清代光绪五年的《广州府志》记述到“巴由水（巴江河）上通清远，下达石门，其水屈曲如巴字故名”。由于河岸多白黏土层，该河又被称为“白坭河”。由于北江泥沙很多，晋代以后，白坭河逐渐淤浅，今天炭步镇塱头、石湖、鸭湖等村的田地，便多是白坭河淤积的结果。

为了将淤积河道开垦成良田，巴江河沿岸多有基围、水陂。民国年间记载的有名目的比较大型的水陂共十八处之多，这些水陂多为一姓合族之力而建，少数为两姓合建，只用于灌溉自家田产，外姓不得使用。今天塱头村鲤鱼涌边的荔枝基围便是一个小型水陂，各个村落中的基围更是数不胜数。这些基围不但保障了农田水利，还是良好的交通道路。

河道不仅可以开垦良田，河岸白坭还是烧制陶瓷的主要原料。清光绪年间，因为白坭的采挖，巴江河基围曾多次发生坍塌。民国《花县志》记载了一起坭商骆和泰采挖白坭，导致河岸基围坍塌的纠纷，最后政府责令当事人自行筹钱修复基围，并规定离基三丈内不得采挖。

巴江河两岸修建基围，开垦良田之后，洪水也依然会如约而至。如前所述，巴江河是北江至广州最短的水道，因此也是北江重要的泄洪通道，北江流域面积大，且多是山区，极易暴发洪水，清远俗语有云：“南雄落水洒湿石，去到韶关涨三尺，落到英德淹半壁，浸到清远佬无地走。”类似的还有三水俗语：“南雄洒湿石，清远大三尺，三水佬拉屐。”清远、三水尚且如此，更不必说炭步了。自清康熙年间至新中国成立前的二百多年间，巴江河便发生较大洪涝灾害六十四次，几乎每四年就会发一次大水，小规模的水灾更是不计其数。巴江河两岸修建了如此多的水利设施，农业依然要靠天吃饭。

当然，河道最重要的功能便是交通。宋代以来，炭步镇因官窑的繁荣而繁荣，是官窑陶瓷工业的原料产地。早期村落、集镇也大都处于靠近河道，与官窑交通方便的丘陵之上。如今天的炭步镇，据说就是南宋时期烧炭、堆炭的地方，因其地临水，后来就被叫为“炭步（埠）”。官窑衰落之后，此处因是山区石矿中转地，更加繁荣，清代遂有炭步圩，又有水西巡检司设置于此。当时巴江河上就有往返广州、炭步和白坭的轮渡，另有大小自划船只约一百余艘，船民一千人，接送货物与旅客。其后航运技术日益先进[①]，花县的石灰石、水泥、陶瓷砖瓦等物资更是通过炭步运销广州及珠江三角洲等地。

三、风水形势

炭步镇在大山大水环抱之中，风水环境有着得天独厚的优势。炭步西北高，东南低，正与中国大陆地势相合，是风水中的天地之势。东西两条大河环抱，于东南汇合并流向广州，也正是风水里经典的巽位水口。只是炭步东西两侧一马平川，既无山体围护，又无法存蓄水源；河流或长或短，长的会带来洪水，短的又无法灌溉。所以，炭步风水形势虽好，却并不利于农业生产。

由于农业的局限，炭步早期村落发展多与官窑商业有关，村落选址也大多位于交通方便的河道旁边，坐落于小丘陵上，建筑环绕丘陵一周。塱头村虽然建村稍晚，也选址在一个小丘陵上，只是地势更高——正在中洞山余

① 炭步渡由广州至炭步止，白坭渡经五和、炭步、赤坭直达白坭，便利客商和货物运输，客货船刚开始是木帆船，后改为脚踏车渡，省力又提速。因巴江河有潮汐可利用，到了近代，广州至白坭每天有一班船对开，此外还有一班定期的圩船，每五天往返广州—白坭一次，逢二、七到五和圩，三、八到炭步圩，四、九到白坭圩，晚上回广州，一、六日在广州上货。清光绪二十年（1894年），巴江上开始行驶火轮，由邑人罗华堂经营。

脉尽端；鲤鱼涌由西向东，巴江河由北向南，两河交汇于村落东南。从风水大势上看，塱头也是背山面水、负阴抱阳、乾位来龙、巽位去脉的经典格局。

经典中也有不足之处，和炭步的问题一样，塱头的问题依然在水。巴江河自北向南直冲塱头而来，在塱头村背后形成了“U”形河湾，这便是风水中的反弓水的禁忌，也是最容易受到河水侵蚀和冲击的地方。塱头选址于此，便少不了洪水的威胁，农业生产也受到限制，所以塱头村早期的发展历史也伴随着不断的兴修水利、改良水土的过程。

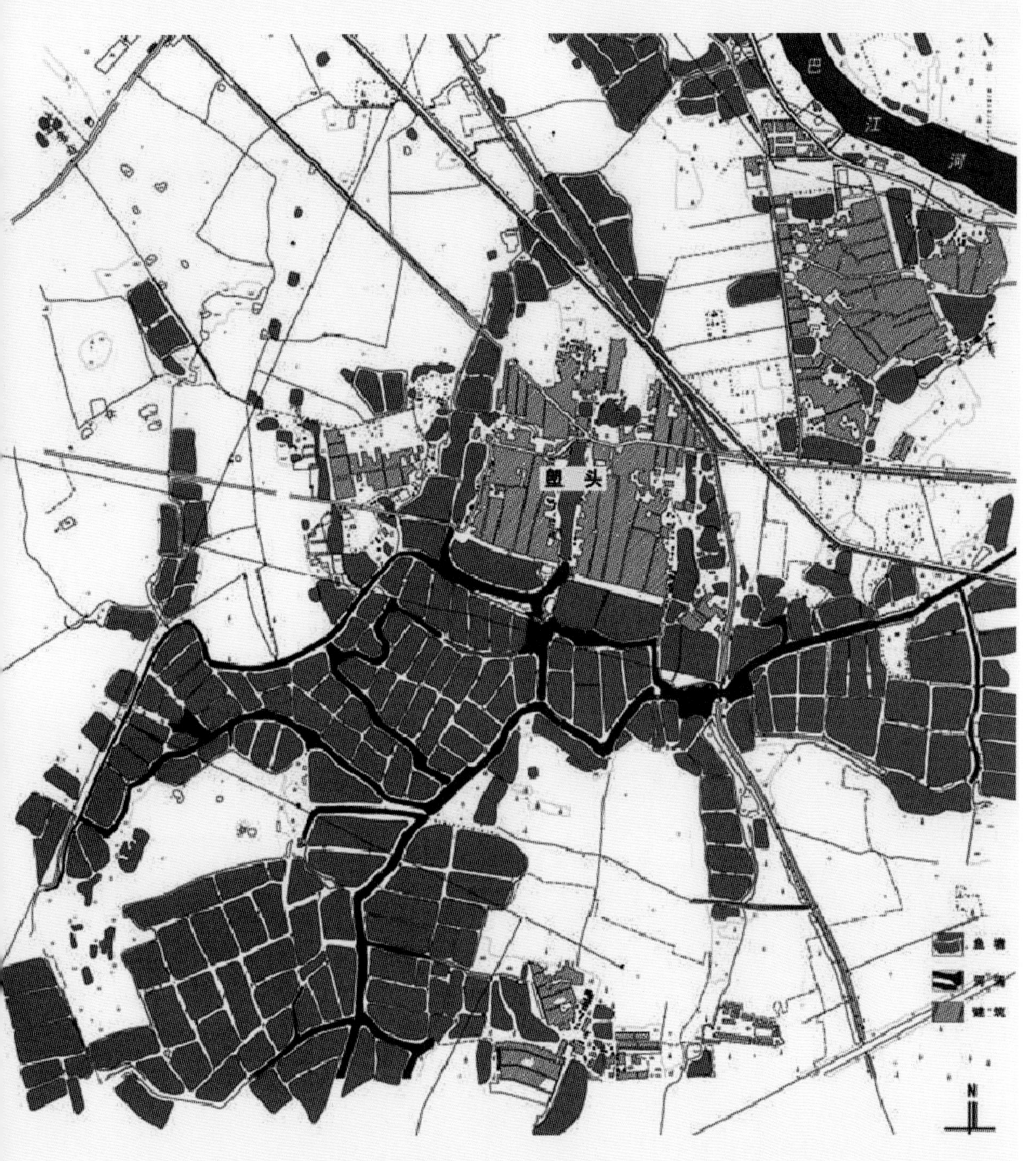

塱头村落与周边水系图　转引自冯江．祖先之翼：明清广州府的开垦、聚族而居与宗祠祠堂的衍变 [M]. 北京：中国建筑工业出版社，2010.49

第三章　宗族发展

《塱头黄氏家谱》记载黄氏始迁南海之事："处士讳维，于宋朝在南雄珠矶巷迁来南海……（七世黄仕明）乃于华宁水岩边买田筑室，创立址基，因当时始祖所居又呼其地为'黄边山'。"至于先祖从何而来，明代成书的《塱头黄氏家谱》也语焉不详："六世以上不书事迹者，世远人亡无可考证也，若七世以下代未远而功德为宗族所称、乡党所传者，审其真实，则从而笔之，不杀其有，失于传闻，无所考据，则又不敢妄书。"可见真正属于塱头村的故事，就开始于七世黄仕明迁居水岩边之时，那时正是南宋末年。

一、以鸭起家

如前所述，炭步、塱头风水环境都有不适合农耕之处，那么黄氏家族的七世祖黄仕明为何要来炭步呢？答案是养鸭。

塱头村今天依然多有黄仕明来炭步养鸭的传说。据说他最初定居于今天塱头村西南一公里处鲤鱼涌的河滩，名字叫作"水岩边"的地方。鲤鱼涌虽是小河，水量不大，但北江洪水每年都会倒灌鲤鱼涌，荒滩很难开垦，却为养鸭提供了空间。

养鸭不仅有鸭蛋、鸭肉等经济收益，还能保障农业生产。南海石头霍氏家族霍韬在其撰写的《霍氏家谱》中记载道："香山、顺德、南海、新会、东莞之境，皆产一虫，曰蟛蜞，能食谷之芽，惟鸭能啖食焉。故天下之鸭，惟广南为盛，以有蟛蜞能食鸭也，亦以有鸭能啖蟛蜞，不能为农秧害也。洪武、永乐、宣德间，养鸭有埠，管埠有主，体统划一，民豢鸭利。"①鸭子吃掉蟛蜞等害虫，保障了农业生产，又节省了饲料，是一举两得之事。

事实上，养鸭往往是农田开垦过程中的产业。鸭子不能长期散养，散养日久便不再回棚；鸭农若要批量养殖鸭子，必须为鸭子划定边界，或在荒滩上修筑矮基，或在河滩中围出水塘。久而久之，随着河泥沉积，河岸地形也被逐渐改造，有的河滩变成农田，有的河滩变成鱼塘，农田里面一边种田一边养鸭，水塘里面则一边养鸭一边养鱼，鱼和水稻产量更大，养鸭逐渐沦为副业，可以说，养鸭是农田开垦的序曲。类似的过程在明代沿海沙田开发中也非常常见。沙田开发便是围海造田，先在海中投石筑坝，利用潮汐沉积抬高海滩。渐渐的，人们便可看见水中鱼游，而后又有鹤立于海滩之上捕食鱼类。在明代，荒滩若已达到"鱼游鹤立"的程度，便已基本开发成功，明确归为基围建造者所有。这时的荒滩虽不能种植水稻，却可以大量养鸭，鸭子和游鱼会逐渐调整水中生态，常常十几年后便是很好的水田，所以养鸭只是开垦农田的必要步骤而已。前引南海霍氏，据说便是明中期养鸭发家，两代人之后，该家族的霍韬便官至礼部尚书、

① 转引自吴建新. 明清广东的农业与环境——以珠江三角洲为中心[M].广州：广东人民出版社，2012.76.

太子少保，仅靠养鸭是断然无法积累至此的，养鸭背后是荒滩的开垦和农田的积累。

塱头黄氏也是如此，只是河滩比海滩更容易开垦而已——七世祖来到炭步养鸭，八世祖便积累了大量田产，兴建房屋，养鸭的最终结果便是将大量荒滩改造成农田。今天广州、福建大量村落都有始祖养鸭落户某处的传说，有的说鸭子行至某处不再前行，有的说鸭子行至某处便下了双黄蛋，类似的说法不胜枚举。鸭子喜居浅滩，浅滩易开垦成农田，传说不同，道理都是一样的。

伴随着珠江三角洲地带的开发过程，即从东南沙田密集区向西北山区不断深入的过程，养鸭业也经历了从南向北的迁徙发展过程。塱头黄氏与石头霍氏最早的开拓者正是其中的代表。明嘉靖年间塱头村第七代祖黄仕明养鸭为生，而当时南海石头霍氏家族中，霍韬的祖父亦是养鸭出身，并以此致富。鸭子如此重

水塘、基围与鸭寮

要，所以直至今日，塱头村人都把农历七月二十日——始迁祖黄仕明忌日称作“吊鸭节”。塱头东面另有村名为“鸭湖村”，正是那段历史所遗留下来的信息。

二、肇基塱头

七世祖黄仕明建鸭寮于水岩边经营多年后，[①]“家颇活饶，产业岁增”，遂迁居到今天塱头村的位置。据说，当时这里本是新太村庾氏家族祖坟所在，庾氏逐渐衰微，黄仕明“厚值以求之，或别以田相易”，最终得地约四十亩，“若地至四十亩许，即经营阛宅，迁而居焉，于是招钟姓者来居于宅地之东，招曾姓者来居宅地之西，以为出入守望之助，三姓之聚，遂成一里，凡百营作，处士为之分处”。

家谱之外，塱头村传说中的迁居故事更为生动。相传新太村有一地主，请了一位风水先生帮他寻找发财宝地。这位风水先生日复一日走遍了周围大小山岗，花了很长时间才找到宝地，可这时地主的老婆却早已不耐烦，觉得风水先生白吃白喝太长时间，故意对他怠慢——先生发现庾家气量不够，便将风水宝地的秘密藏在心里，气愤地不辞而别。可出门不久下起了大雨，风水先生饥寒交迫，十分狼狈，直到远远地看到水岩边的一个寮屋，敲门进去，寮屋中的人家虽然穷苦，但他们全力收容风水先生，并倾其所有以礼相待。风水先生十分感激，遂将这个风水宝地告知了这户人家。自然的，这户人家便是养鸭的黄仕明一家，而风水宝地就是今天的塱头村。

今天来看，黄仕明迁居塱头与地势大有关系。如前所述，水岩边在今塱头村西南约一公里处，黄仕明初来炭步，定居于此，

① 黄仕明夫妇去世后便葬于水岩边，水岩边由此成为塱头村最早的墓地。因地势较低，水灾之后只能看到坟头浮出水面，塱头村人称为“水蒲蛤”。

也不过鸭寮而已。耕种经营日久，必然选择更为宜居的地方建设房屋——塱头便是这样的地方。

根据传说、家谱及今天的建筑遗迹可知，黄仕明南宋末年便迁居到了今天塱西社，很可能便是今天友兰公祠的位置。当时的塱头村规模很小，而且还很可能由几个散村组成——所谓黄姓居中、钟姓居东、曾姓居西的几个小村落。后来陆续有其他人家在此定居，如陈姓等。这个阶段，塱头村是典型的以黄氏为主导的杂姓散居村落，村落格局应与今天的石湖村多少有些相似。

三、四房分立

黄氏家族定居塱头之后，人丁逐渐兴旺，第八世“朝奉于是，因前之基，立为久远之业，门外池塘，舍后园圃，多种花果草木，以为游息”。可见村前建造池塘，村后建造花园的布局自元代便已确立，今天炭步镇的大小村落依然采用了类似的布局。

不仅如此，八世祖朝奉公还对村落内部进行了规划。“四子既长，乃界其地为四区，而各为筑室居之宅第，门连光彩而宗族子孙渐以聚盛实于此。”根据家谱记载，“九世长房善卿宅场分在中东，二房祖祥卿分在东，有余地以补其偏，三房祖贵卿宅场分在中西，四房朝卿宅场分在西，有余地以补其偏”[①]。这里所见的四区，在今天的塱头村依然可见，处于中东的大房就在仁寿里和益善里之间，二房处于福贤里和泰宁里之间，三房处于益善里之东，四房处于西华里和福贤里之间，可见塱西的规划自元代就已确定。

此次规划完全围绕宗族展开，规划尚中尊左，强调以长为尊，以中为贵，以中东的长房为最有利位置，仿佛祠堂中神主左右排列一般，四房民居围拱着中

① 节选自《塱头黄氏家谱》。

心，而中心正是祖屋所在地——今天友兰公祠的位置。友兰公祠的基址，很可能便是塱头村最早的建筑所在。

科大卫在《祠堂与家庙——从宋末到明中叶宗族礼仪的演变》[①]中认为，《霍氏宗谱》中绘制的《合爨男女异路图说》可能是最早表达宗族同姓村落格局的文件，可以进一步阐述说，这幅图的核心意义是在于设置宗族合爨的场所，以及规定男女异路的生活方式，而村落本身这种民居围绕中心祠堂的布局则并非是霍韬的首创。塱头村的塱西社的肌理就是一个很好的明证，家谱中提到第八世朝奉，其孙辈果茂公生于元代，卒于元至正岁，另一位孙辈也生于元代，于明洪武十六年（1383年）为职目军，从这些经历看出，八世、九世之时的“四子既长，乃界其地”当发生在明代之前，最晚也是元末，远远早于霍韬的《合爨男女异路图说》的绘制时间。

四、军户屯田

在《塱头黄氏家谱》中，塱头发展到第十世有了这样的记载：

> （十世祖）处士才兴，生于元，善经营，广蓄积。元季大乱，盗贼蜂起，能统率方里，助赖姓于水口立寨，以捍御之，一方赖之以安，洪武十六年（1383年），为职目事，充南京镇卫军，以姪真罄顶名代役，娶钟氏，二子。

在《塱头黄氏家谱》“隆庆壬申续修序”中，黄学准亦写到“本族四房，军民二籍，今逾百年”以及“予族镇南一军，乃洪武初，以职目充者”，两段文献，牵扯出塱头村明初籍民为军的一段历史。

① 科大卫．祠堂与家庙——从宋末到明中叶宗族礼仪的演变 [J]．历史人类学学刊，2003，(1)：1—20.

清康熙时黄佐所编纂的《广州府志》中把明代军户的种类记载为归附军、职目军、水军、降民军、收集军、无籍军、逃民军、建言军、招补军、稍水军、附籍军、杂泛军等诸多名目。明代初年，中央政府派将各地，把地方武装收编为正规军，称“职目军”。明洪武四年（1371年），已归顺明朝的广东豪强何真回邑，收编各地自称围主、元帅的武装势力。小有军事实力的塱头黄氏便是收编的对象。

塱头的军事实力可以从塱头十一世祖黄宗善的故事中得知。“洪武中土巡检龙福成，肆害一方，民莫敢诉。一日，横冈民家邀女巫祀神，福成往观之，相与喧饮亵戏，处士（黄宗善）统率乡人，缚送宁司，竟抵于罪，人赖以安。”在这则故事中黄宗善所镇压的土巡检应是少数民族首领。粤北山区以龙为图腾的山民很多，一些少数民族本无姓氏，与汉族交往时便以龙为姓，表示其为龙的子孙。（今天花县尚有盘古王斩断恶龙的传说，说的便是少数民族间对抗的历史。）土巡检则是政府羁縻管理少数民族的官职，政府对少数民族委以官职，承认其实权，但限制其活动范围。土巡检龙福成来到炭步，便是走出了他的势力范围，黄宗善将其擒获，一可见黄氏家族的军事实力和自信，一可见黄氏家族与山区少数民族对抗的历史。

另外一则故事则正好相反。“永乐中有百户余腾全逃至后山，聚众作乱，花姓者率兵讨平之，欲亦残其臂从之党，时处士（黄宗善）家居，闻之径往力解，得全活者，不死者近二千家，男女万余口。”整个元代，政府对江南管理松散，明初时江南地方豪族极多，政府很难统治乡里，官军也与地方豪族长期对抗。在此背景下，一些豪族归顺了政府，另一些则拼死抗争——政府借刀杀人，攻守双方则多有惺惺相惜之意。每逢官军前来讨伐，地方豪强往往出面说和，活人性命，一则劝官军不要赶尽杀绝，二则也可更好地统合地方势力。类似的故事在明初的东南沿海不胜枚举。黄宗善也有反抗的实力，只是不与政府对抗而已。

事实上，上述两个故事中，所谓花姓者也是地方武装起家，洪武时此人并不服政府管制，“（黄宗善）乃罪勉从事，后于狱中见闻帅花姓者，以事□狱，处士雅重其人，而心知其非罪，乃加意礼待，彼甚德之”。明永乐时此花姓者则已被收编为官军，成为当地管理者，前往镇压其他豪强。不论如何，黄宗善通过花帅，与官府也建立了密切联系。

在元末明初的战乱中，塱头黄氏家族势力骤增。黄宗善年轻之时，“面分祖田仅百余亩”，至其晚年“后增二千余亩，而蓄积尚多，召诸子取纸笔至，已不能书，掷笔于床前地，手随而指之曰者三，因掘其地得白金七十二饼，至天顺戊戌岁复掘其地得白金二釜，共七百饼，而子孙贫乏者赖之一济”。战乱之时，地方小姓往往无法自保，往往将自家田产“转赠”豪族，以求保护，这在中国历史上相当常见。如前所引：“百户余腾全逃至后山……时处士（黄宗善）家居，闻之径往力解，得全活者，不死者近二千家，男女万余口。”此事之后，部分余腾全从党自然也会跟从黄宗善，黄氏家族自然也就成了地方豪族。

元末明初，社会动荡不安，“盗贼蜂起”，少数民族也好，汉族也好，均有自己的武装力量。塱头黄氏凭借“善经营，广蓄积”的经济实力，不仅建立了自己的地方武装，还能统帅一方，“助赖姓于水口立寨”，成为地方社会的豪强。其所能控制的区域大大扩展，其势力也不再仅限于一村一寨。①

就这样，塱头黄氏被收编为军户，经历过明洪武四年、洪武十六年两次职目充军，家族军事

① 详细分析见“康公庙”一节。

力量虽有所削弱，政治影响却迅速增强。如果说十世祖黄才兴在家谱的记载中是一个军事豪强，十一世祖黄宗善更像是富甲一方的地方领袖，黄氏一族便从“化外之民”慢慢纳入中央王朝的正统体制之下。

五、三社形成

军户大大增强了黄氏家族第三房的力量。明代军户有很多优惠政策，使得军户科甲连绵，人口众多。而民户人口凋零，迁居官窑等地。

十一世祖黄宗善的三个儿子——云涯公、渔隐公、景徽公，成为今天塱西、塱东和塱中社的始祖。

云涯公一派，逐渐吞并了整个塱西，今天乐轩公祠、云涯公祠，都在三房祖宅上。

渔隐公一派，迁居塱东新园，“分得祖宅以为狭窄，乃于新园之东因自筑室以求宽广，遂自买居旁之田卒至三十余亩，挖池筑园，栽植花果竹木，立基业以为久远之计，子孙赖之”。

景徽公一派，并非三房中的重要房派，因此塱中最为狭窄，景徽是字，而非号。直到现在，塱头村仍然是三社并列的布局。

六、科甲博兴

如前所述，塱头黄氏三房被纳入军籍后，便想褪去豪强历史，以乡绅自居，家族积极推进教育，寻求科举之路，加之明政府对军户科举有所优惠，黄氏家族终于在第十四、十五世时连续科场折桂。

黄皞，字时雍，号栎坡，为塱西十二世黄世庆之孙，生于明正统庚申岁（1440年）九月三十日，中成化乙酉（1465年）科举人，曾任吏部员外郎、奉直大夫、云南左参政，官至三品，于正德壬申（1512年）岁十月初四日故，享寿七十三岁。关于黄皞在黄氏家谱中的详细记载直接

乡贤栎坡公祠

摘录于《广东府志》。黄皞有三个夫人，长夫人罗氏，二夫人陈氏，同封为宜人，三夫人张氏为淑人，三位夫人八子一女，学箕、学裘、学矩、鹤玲、学准、延年、鹤楼、学周（过继给族人）。在他的七个儿子中，有五人考取了功名（黄学裘、黄学准为进士，黄学矩、黄鹤玲、黄延年为举人，黄延年还在乡试中荣登解元），所以村子里有“七子五登科，父子两乡贤”的赞誉，成为望头村里黄氏家族最为显赫的一房。

此次科甲辉煌持续时间很长。从家谱中可以得知，黄学准等人的科举成就都是在黄皞去世之后才取得。传说黄皞出外做官时，家境依然清贫，其妻张氏淑人稍置产业，抚养幼儿，并督促孩子们刻苦读书，出人头地。

科举成功后，黄氏家族再一次获得大量田产。望头村至今流传着奉旨放木鹅的传说，讲的是明代正德年间，望头黄皞赈灾有功，皇帝赏赐他一只木鹅，谕令此鹅在巴江河中漂流，所到之处两岸的土地就归黄皞所有，黄皞不忍多占百姓土地，就让一个放牛的孩子将木鹅引进港汊小道，不料小孩贪玩将木鹅抱至缠岗塘去玩，于是，这个池塘也归属塱头所有，后来缠岗塘村不得不用另一块土地换回了这口池塘[①]。故事之外，则有另一种历史。明代广府各地大量兴修水利设施，开垦农田，这些新开垦的田地往往不在政府黄册之中，并不受政府保护，容易被地方豪强压榨强夺。因此实力较弱的家族往往主动将其农田寄于豪族之下，期求保护；若豪族之中有人获得功名，则能保证农田长期不被政府清查，也便长期不用交税。一人获得功名之后往往立即获得大量田产，类似的故事在广府地区非常常见。再者巴江河是北江泄洪通道，两岸土地不易开垦，新开垦的土地多在小河涌两

塱头村面的旗杆石

① 参见《花都报》2003 年 12 月 15 日第四版、卢一凡编《巴江人文荟萃》，以及《炭步镇志》等相关内容。

岸，塱头村木鹅的故事，便是各村将这些新开垦土地寄名于塱头的故事。

黄氏家族取得科举成功时，村中小姓也便被排挤出村。塱头村今天依然有黄皡父子与塱头村其他家族打赌胜利，其他家族迁出塱头村的故事。

科甲博兴之后，塱头黄氏再一次与地方乡绅广泛结交，这次不是通过武力，而是通过文化。黄学准，“既归，与何维柏及霍与瑕结诗社于盍簪楼”。其中的霍与瑕便是礼部尚书、太子少保霍韬之子。何维柏则是嘉靖十年的进士。

第四章　村落营建

一、塱西社

塱西社是塱头最早立村的地方，七世祖黄仕明南宋末年便建村于此，今天的友兰公祠很可能便是其时肇基之处；到了元代，八世祖黄朝奉便前挖池塘，后种果园，又为四子建房，将村落分为从东到西并列的四个部分，确定了村落的整体格局。塱西社年代早，家谱中又详细记录了它的营建过程，其村落格局又与家族房派相对应——塱西社是广府地区元明村落布局的极为重要的例子。

作为塱头村最早的部分，塱西社有独立完整的风水格局。村落东西两侧各有一条小溪环绕，两溪在村落东南交汇后汇入鲤鱼涌，形成风水上典型的巽位水口。水口处曾有大树小桥，锁水留财。距其不远又有黄氏祖祠、云涯公祠（塱西最大的公祠）、乡贤栎坡公祠（整个村落唯一的先贤祠）等公共建筑。

塱西社的规划东西对称，以友兰公祠为中心，东西各有两个大区，对称均衡。塱西社主要有六条巷子，自东向西分别为永福里、益善里、仁寿里、泰宁里、福贤里、西华里。其中友兰公祠旁（塱西正中）的泰宁里和仁寿里最长，

塱西社村面

约为170米，而村落边缘的西华里与永福里则最短。整个塱西社以友兰公祠为圆心，呈半圆形。

塱西社的建筑多为大型住宅。益善里与仁寿里之间、泰宁里与福贤里之间、福贤里与西华里之间，都是七开间。这与今天花都区北部地区的客家大宅极为类似——当中一间是公共厅堂，两侧各有一列三间两廊住宅。不过在塱西社，大型住宅中间的公共厅堂已在多次改建、加建和家族分裂之后废弃；即便如此，从今天的建筑遗址中依然可见元明时期炭步大型住宅的形态。

明代末年，前述七开间的大型住宅崩解离散，塱西村面上才建起大小祠堂与书室。今天塱西社村面自东向西分布着八座祠堂建筑，分别为黄氏祖祠、云涯公祠、乡贤栎坡公祠、稚溪公书室、台华公书院、友兰公祠、菽圃公书室和以湘公祠。最重要的祖祠和分房祠堂均位于村东首，这里既是塱西的村口，又是三房的祖居之地，今天塱头三社全是三房的后裔，其祖居也自然演化成村落最为重要的公共建筑。

以友兰公祠为界，东西两侧规划略有不同，东侧的三间两廊住宅多是前后紧密相连，西侧的三间两廊住宅前后多留一米巷道，可见不同房派的规划尺度并不一致。

塱西社平面肌理示意图

塱西第一条横巷在村面后约90米处，横巷前后建造年代不同，村落肌理也有不同。巷前为七开间大型住宅，巷后则为“一连四间”（三间两廊住宅和一间企头房）小型住宅。巷前（仁寿里与益善里之间）多为夯土建筑，夯土墙厚，建筑开间亦大，一个三间两廊住宅的开间常可达到12.5米；横巷之后全为砖房，每个三间两廊住宅也仅有10米——这也是清代三间两廊住宅常见的尺度。

今天塱西社较有代表性的住宅为仁寿里6号。此处民居为清末民国时期所建，因东侧企头房面阔大于原有内巷（公共厅堂），压占了原先东侧民居遗址的部分基址；但其东北角为避让后面的早期民居而建成为室内为“L”形的空间，在此处企头房与其后面的原有内巷紧密相连，一宽一窄，对比分明。而仁寿里6号民居的企头房东侧开门，东侧民居遗址的空地恰好做了仁寿里6号民居的花园。益善里9号民居的前墙与仁寿里6号的后墙所在的轴线并未重合，也体现了早期民居建筑与后期民居建筑在尺度上的差异。在前期与后期的巷

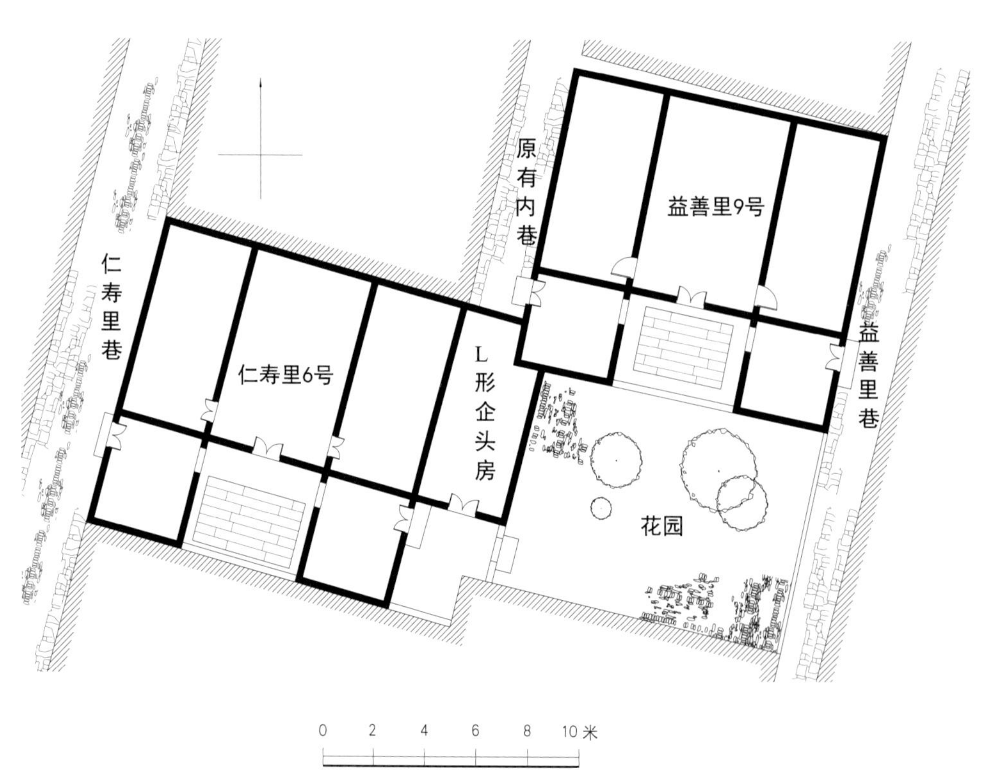

塱西社仁寿里6号、益善里9号平面示意图

尾处，留有约2.5米的横直巷。

塱西西首与东首各建一座碉楼，两个碉楼与村周围的鱼塘、竹篱共同筑起塱西的第一道防卫。此外，每条巷子的首尾又设有巷门，入夜巷门关闭，形成村落的第二道防卫。

二、塱东社

塱东社形成于明代初期，此社分房祖为渔隐公黄俊，黄宗善之子，塱头黄氏第十二世祖。古代地方社会的“渔隐公”甚多，“渔隐”几乎是无所作为的“富家翁”的代称。塱头的渔隐公不然，他“分得祖宅以为狭窄，乃于新园之东因自筑室以求宽广，遂自买居旁之田卒至三十余亩，挖池筑园，栽植花果竹木，立基业以为久远之计，子孙赖之”。渔隐公能有这样的功业，很可能与他的儿子留耕公有关。

留耕公名为黄聚瓒，渔隐公二子，塱头村第十三代，先后出仕广西阳朔知县，桂林府知府，估计曾经得到过明法科辟荐，家谱记其为明法科进士。黄聚瓒一世在外做官，最后被刺杀，死在任上，肯定不能直接参与塱头村管理。塱东社能够建立起来，则很可能是黄聚瓒的父兄借黄聚瓒的声誉来影响村落的结果。今天塱东、塱西和塱中三社本都属于塱头黄氏三房，此房元代所分宅基地很小，黄聚瓒在外为官，家中父兄遂另择新址建村。塱东社较大的宗祠、书室几乎都属于黄聚瓒父兄子侄——他自己的留耕公祠位于村落中心，他父亲的渔隐公祠为最大的分房祠，他的儿子云伍公、爱仙公、充华公、友连公各有书室，他的弟弟东庄公以及东庄公的儿子耀轩公、沛霖公也各有书室。可见塱东社主要由第十三、十四世人肇基，大家共托渔隐公之名而已。

塱东社最初选址应在今天留耕公祠与云伍公书室一带，这一区域建筑基址较老，且村落格局与塱西明代大型住宅多有相似之处，组团开间很大——留耕公祠

0 10 50米

近光里
景徽公祠
安居里
兴仁里
秀槐里
延薰里
谷诒书室
三馀里
留耕公祠
业桂里
敦仁里
新园里
善庆里
渔隐公祠

塱东社、塱中社平面肌理示意图

与云伍公书室连在一起将近九开间，内部巷道（新园里）也曲折复杂，笔者推测这一区域也很可能由一个九开间的大型建筑——两侧两列三间两廊住宅加上居中三开间公共厅堂——裂变演化而来。留耕公的子孙大多居住在这一区域之后。留耕公的弟弟东庄公黄聚璋不及哥哥成功，因此只能居住在地势稍低的塱东东部。这一区域从规划上看也是九开间，但黄聚璋一房发展较慢，明末之后方有大规模的建设。当时已不再流行大型住宅，九开间于是拆分成两列“一连四间”的小型住宅和中间一条巷道向后延伸。所以今天看来，塱东社的东西两部分房派不同，格局不同，建筑基址年代也有差异。塱东社最终形成自西向东的巷子，分别为三馀里、业桂里、敦仁里、新园里、善庆里。

塱东社自建立以来，便一直向北延伸，鹩哥楼曾是村落北门，大致可见明末之时的村域范围。

清道光初年，塱东社出现了另一个建设的高潮，其中的核心人物是塱头黄氏第二十二世祖黄友。黄友早年家境贫寒，只以出卖体力为生，后来神奇地发家。有的人说他挖粪池，挖出了邻村财主窖藏的大量银子；有人说他买煤，煤筐恰有强盗藏下的银子，等等，不论如何，黄友发家后，捐献家财救济灾民，被朝廷赐封奉直大夫（捐官），育有七子，分别为毓章、玉章、龙章、璇章、景章、瑶章、华章。其中玉章为明经科进士首名，璇章为恩科进士首名，瑶章亦得恩科进士，与兄长玉章同榜。道光初年，黄友一房陡然兴盛，在塱东社积墨巷一带建起了大量华美的住宅建筑，同时在村面建设生祠谷诒书室，村后建设晒场、果园，并将北寨墙推至今天拱北门一线。道光之后，塱东再无大规模的住宅建设，直到新中国成立前夕，拱北门内外也只有零星修筑而已。

由于道光距今不远，我们

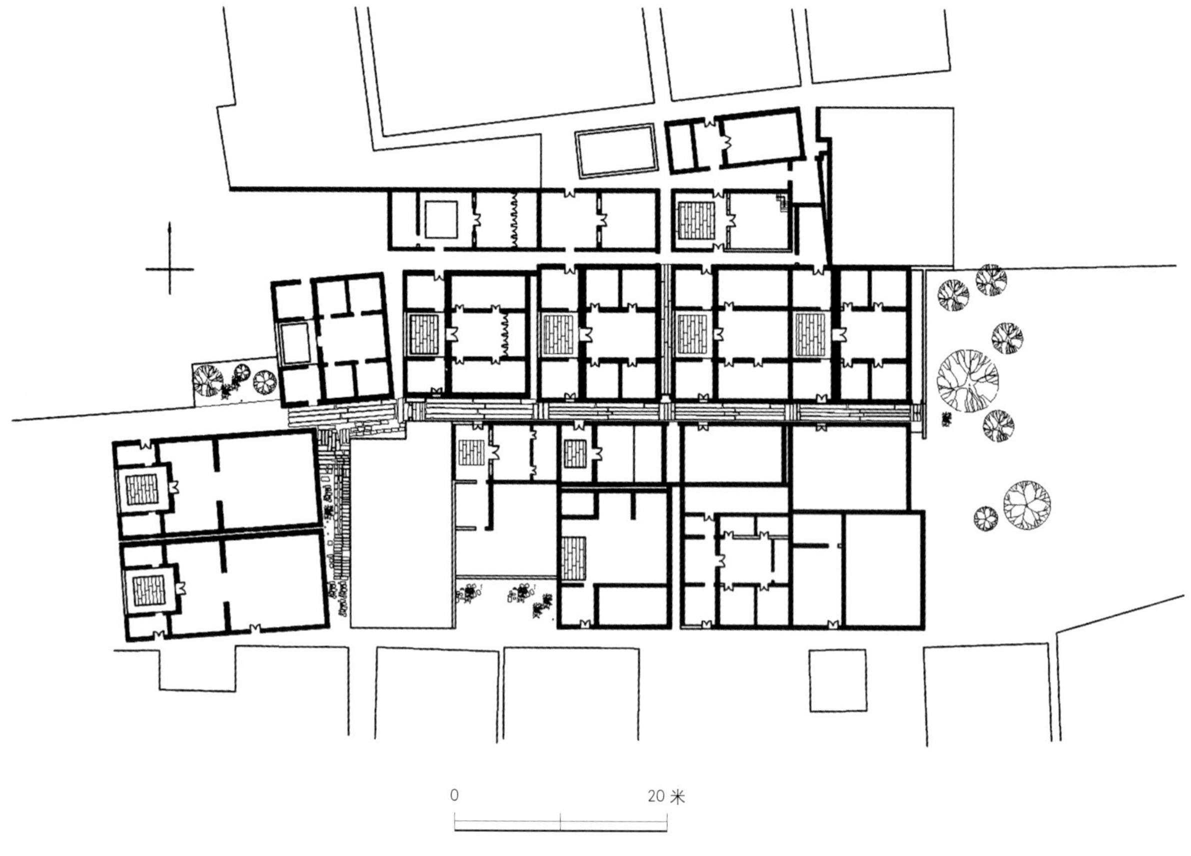

积墨巷民居平面图

今天依然能够辨识当时的村落景观——积墨巷建筑群背后有面积巨大的晒场、私家花园、果园、竹林、碉楼和寨墙，寨墙外则有巨大的榕树和水塘、农田，果树下或有低矮的屋子供养鸡养鸭，晚归的耕牛则会被栓在榕树之下——广府村落并不仅仅是兵营一般的房子，还有舒朗的自然景观。

三、塱中社

塱中社是塱头三社中较小，也较弱势的一个。这与其独特的历史有关。

塱中社始祖为黄良，十一世祖黄宗善的第七子。黄良，字景徽，无号，可见其生前地位一般。后来塱中社人丁日繁，独立成社，追尊房派始祖，才依照云涯公、渔隐公的辈分，将景徽公供奉起来。塱中社其后几代依然较为平凡，专门建有书室崇祀的第十三世祖梅窗公、第十四世祖俭斋公、俭斋公之子南野公、俭斋公之孙文湛公，四人都没有太多的事迹传说。从俭斋、南野的名号来看，其时家族不算富裕——由此可见，塱中社的发展相当之晚。

事实上，黄良一房迁居塱中的时间也相对较晚。黄良所分之地原来靠近水口村，因为边界不清，族人常与水口村发生械斗，最后才不得不退至塱中社，并在社北营建了一个不足一米见方的玄坛庙。玄坛庙面向水口的方向，以此来震慑水口村的康公庙。从现有建筑来看，塱中社的大规模建造并不早于明末。

塱中社的弱势在宗祠建筑上也有明确表现。塱西、塱东的分房祠云涯公祠、渔隐公祠都建造了镬耳山墙，塱中的景徽公祠则没有，只有一般的三角山墙。

塱中夹于塱东、塱西两社之间，又不及两社强势，因此发展一直相当局促。塱中占据村面的地段有限，祠堂、书室的数量也少。塱中布局紧密，巷中少有空地，建筑以三间两廊和“一连四间”为主，也可见其建造年代之晚；又因用地不足，村落一直向后延伸，直至今天迎龙门一带，甚至在新中国成立前还在迎龙门与玄坛庙之间建造了一片住宅。塱中社一共形成了近光里、安居里、兴仁里、秀槐里、延薰里五条巷子[①]。

四、村面

塱头村重要的祠堂建筑均位于村面上，根据祠堂的名称及功能可分为总祠、分房祠（包括支祠）和书室。塱头村的总祠为

① 延薰里是最初塱中与塱东的分界巷，其后随着村落发展，两社的分界不再明确。

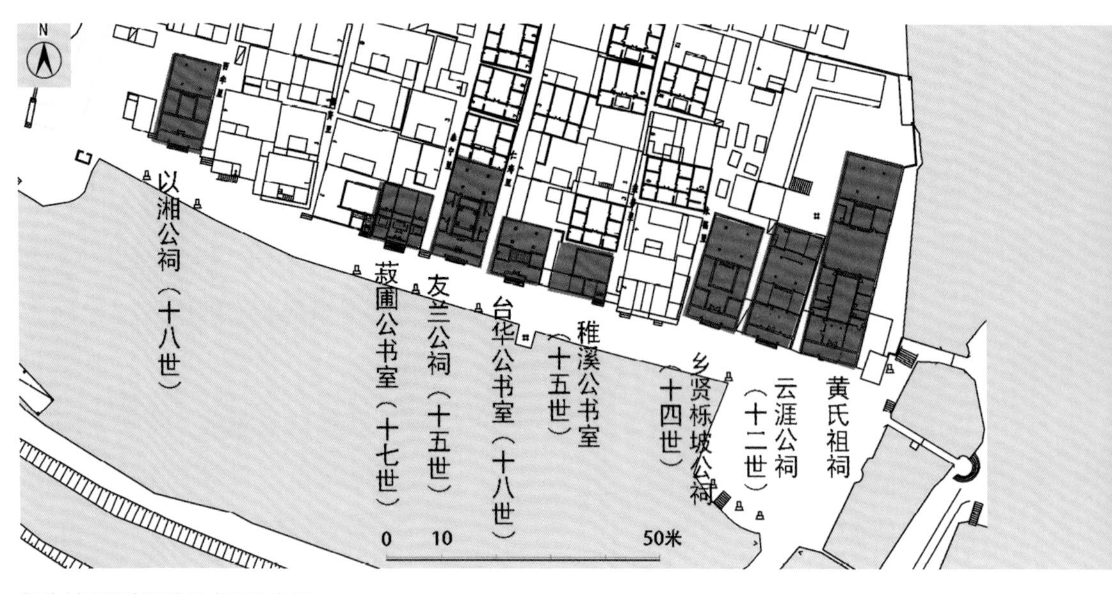

塱头村面现存祠堂及书室分布图

黄氏祖祠，三社的分祠堂自西向东分别为云涯公祠、景徽公祠与渔隐公祠，这三个分房祠的位置分别位于每个分社各自的村口处，以示对各自分社的边界界定与区分。而历代所建的重要支祠及书室则依次排列于各社的村面位置。

这些以太公名字命名的祠堂建筑所对应的世系与其在村面的位置如上图所示（塱头村面现存祠堂及书室分布图），仔细分析，不难发现其中的规律。以塱西村为例：在十二世开社祖云涯公祠的西面为十四世的乡贤栎坡公祠；十四世之后，十五世友兰公祠与稚溪公书室相隔一段距离，均匀分立在村面之上；友兰公祠位于村面的中心位置，也成为整个塱西社最为讲究的分支祠堂，这与友兰公身为长子很有关系；在十五世之后，友兰公房派下，十七世的菽圃公书室与十八世台华公书院分列于友兰公祠的两侧，而最后建设于咸丰年间的以湘公祠则位于塱西较为偏远的

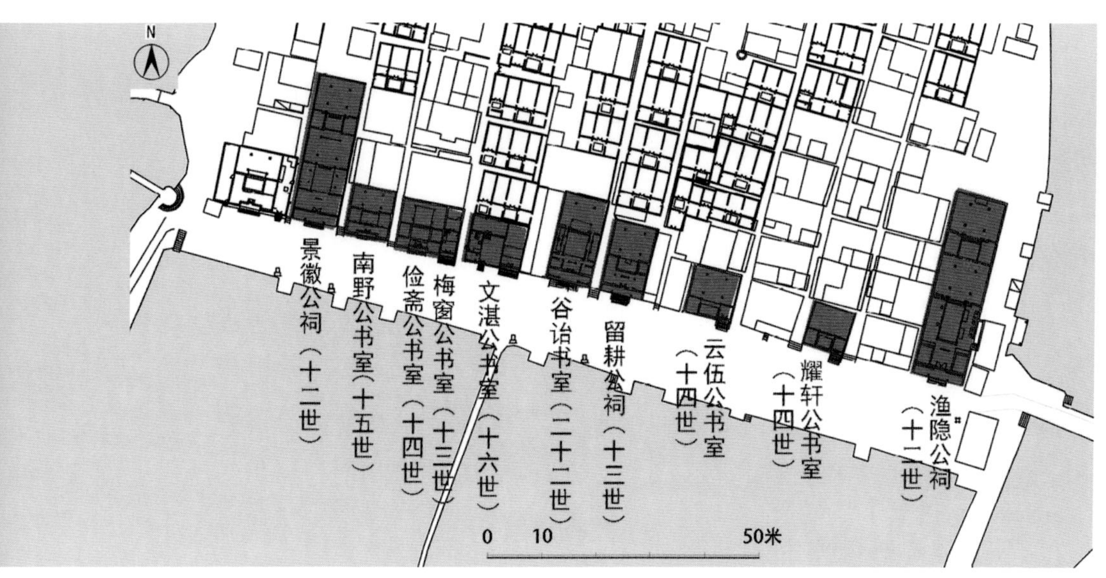

西侧村面位置。

由此可知，在村面的祠堂排布上有一定的规律，即以分社的分房祠统领立于分社的村口，而较早发迹的房派的房支祠占据村面的中心位置，其再下级层次的房支祠则列于两侧，以世系为顺序，依次向村面两端建设。因为分房祠的建立总是在相应房派发达之后，所以其排布规律直接反映的还是各个房派居住组团的分布规律，由此我们不难联想到，塱头黄氏家谱中所记载的分家信息，在九世界定四区以及十二世初定三社之时，均是以长房为中心，按长幼之序向两侧并列划分，强调以长为尊，以中为贵的原则。

与塱中与塱东的排布相比，塱西的这种规律体现得更为明显，这是因为塱西有更为宽敞的村面用于分配，另外作为祖居地，九世之时的四区界定，为以后更为详细的房派划分打下了良好的基础。既然是先有民居，后有祠堂，据此也可以判断出梳式结构的最终确立是由房派并列而立的分界形式所决定的。而民居组团的并列而立则是由前塘后园，即宅园并重的居住理念所决定的。①

与塱西社相比，塱中与塱东的情况相对复杂一点，这是因为塱中与塱东是在祖宅之外，缓慢发展营建出来的。塱中社的开社祖，相对于祖宅，所分位置最偏，分在祖居地塱西的东面的新园位置。塱东社因分得祖宅“以为狭窄”，遂于新园之东自开垦园宅，首次打破了长幼有序的分区方式。在其营建初期，周边还是空地，塱中与塱东之间还是有空地间隔，塱东社在其后的发展中，将最早的分房祠渔隐公祠以及随后科举成功的十三世留耕公祠分别置于村面东西两侧，以此来界定村落边界。十三世留耕公所育四子十分发达，均建立了书室，其中三子按照长幼顺序依次排列，将村面完全占满。另有一子则位于塱东村面之后即今天的三馀里古巷处建立书室。在其后的发展中随着人口的增加，塱东继续向后向西发展，塱中则向后向东发展，最终，两社之间的空地被完全占满。到清道光年间，塱东二十二世的黄谷诒于留耕公祠西侧建立了生祠谷诒书室，并在村落后部买进部分塱中之地营建居住建筑，使得塱中与塱东的房子连为一体，再无明确的界限了。

塱中，最初以分房祠景徽公祠，以及较早的十三世的梅窗公书室分列村面两端来界定村域。塱中位于塱西与塱东之间，村面的位置有限，村落只能不断向北发展。塱西社最为繁荣之时，整个村落呈长条状，超出整个村落的北侧村墙一直延伸到了今玄坛庙的位置。据传塱西社早期与水口村多有纷争械斗，就是当时村落扩张之时与周边村落边界未定导致的纠纷。

① 关于宅园并重的居住理念在之后“民居”一部分中会有详细分析。

塱头村防御体系分析图

五、村落防御

塱头村的防御体系在充分利用周边自然环境的基础上，又另构筑起寨墙与门楼，自然的植物与水体，加上人工的构筑物，为村落提供了安全保障。

塱头村历史上共有青砖门楼十座，目前剩下五座。门楼多数分布在东、西、北主要出入口，形成严密的村落防御体系。洪圣古庙前的广场与塱东社之间有人工开挖的池塘与河涌相隔，要想入村，先要走过河汊上低矮的木板小桥。过桥之后最先看到的为“爽挹南薰”门楼，相传此门楼初建于元代，重修于清代。楼内供奉财帛星君、土地公、土地婆。整个村落南面为池塘，因塱西与塱中、塱东之间有叫作

“深潭”的小河涌相隔，所以塱头的村面前共设四处门楼，分别位于塱东东南角、塱西西南角，以及深潭的两侧。最西侧的门楼外书“乡贤故里”，内写“文昌阁”，深潭两侧的门楼则分别为“财阜民康”门、“履中蹈和”门。塱西西侧为鱼塘，鱼塘边中间的塘基上种植龙眼与番石榴，西北角有一碉楼，碉楼北面为果园与三个地坪，再外围则是密密的簕竹林将村落围合起来。

簕竹林天然地适合作为村围，因其生长形态自竿基部就多分枝，分枝多倒刺，倒刺相互交织错杂在一起，外人很难进入。这种以竹为墙的做法在广府地区，甚至越南一带被广泛应用。尤其是广府村落，很多位于平地之上，周围缺少山体围护，村落的背面，往往种满簕竹林，成为村落的风水林，与青砖或者夯土砌筑的墙围相比，簕竹林更加生态节约，兼作防卫与风水之用，成为广府村落独特的景观。但是到了清末民国时期，社会动荡不安，多数的村落有了自己看家护院的武装力量，甚至配备一定数量的枪支弹药，簕竹林只起到自我防卫的作用，若要真正御敌于外，还要进行必要的侦察与主动出击，此时，青砖围墙以及瞭望楼、碉楼就应运而生了。

炭步镇一带的村落大多于村口与村面的关键位置设置两个或者两个以上的碉楼，作为村落的出入口。这些碉楼青砖砌筑，多为两层，一层设门供村民出入，二层设瞭望口或者射击口。在平常的时节里，碉楼又成为供奉文昌帝、关公，甚至是财神的场所。除去这些位于村落外围的碉楼，塱头村还有一座鹩哥楼，此楼原址位于塱东社的中部，现在只保存有红砂岩的基址。据村民回忆，鹩哥楼一层南北相对开门出入，是青砖砌筑的六层瞭望楼，是塱头村历史上的最高点，从鹩哥楼上可眺望整个村落及周边的情况。现状中鹩哥楼周边保

爽挹南薰门、履中蹈和门、财阜民康门

存有几座红砂岩基址的古老民居，见证着这一片的历史。据村民回忆，包围着鹅哥楼的北面共有两道村墙，最外围的村墙更为规整，遗址即位于现有村落北侧东西向的道路南侧，从迎龙门西侧延伸到深潭边。现状中深潭边仍保留几棵古榕树，虬枝婆娑，斑驳的树根盘根错节，有青砖被包裹镶嵌在内，正是原来村墙的所在；自迎龙门往东，村墙一路延伸到村落东面道路再往南转折，一直到村落东面的碉楼，再到南面与池塘相接。而另一道内村墙，则是沿着塱东谷诒公的私宅花园的边界修筑，并另外在其住宅的西北面增加了一处拱北门出入，形成墙中墙的防御格局。谷诒公这一支的营建活动集中在清道光六年（1826年），在古诒书室以及拱北门的题匾上均有确切的纪年，因此可推断内墙的营建年代也应为这一时期；而鹅哥楼与周边的红砂岩基址的民居营建年代要在清早期了。很可惜的是，因为现状中两段村墙均已经拆毁，不能对两段村墙的材料等进行对比分析，因此无法判断外

村边古树、迎龙门、拱北门

围村墙的具体建设年代。据村民回忆，新中国成立以前，两重围墙同时存在，则可判知鹩哥楼、碉楼、双重围墙是一个逐渐完善的防卫体系。

六、村口和水口

如前所述，塱西社有自己独立的村口，位于该社东南。

当黄氏家族扩展到塱东和塱中之后，又营造独立的村落水口，水口又分几层。

最内层的村口便是碉楼和渔隐公祠，与村面连成一体。

近水口位于环绕塱头各水系的交汇之处，塱东社的东南面，该处以1952年拆毁的洪圣古庙为中心。洪圣古庙布局与水口村的康公庙类似，东西两侧附祠供奉观音娘娘与金花娘娘。庙前有开阔的广场，一侧则是高耸的木棉树，该木棉树相传为塱头十一世祖黄宗善手植，距今已有六百年的历史。木棉树的旁边为“升平人瑞”牌坊，顶部还刻有“圣旨”“容恩”字样，背面刻有“百岁流芳”。牌坊虽是贞节牌

① 据村民口传，谷诒书室原有牌坊也曾移建到村落近水口位置，与“升平人瑞”牌坊一道作为村落入口的标志，惟此牌坊后被拆毁。

"升平人瑞"牌坊

坊，也是整个村落的坊门。①

青云桥

沿着牌坊往东南百余米，便可见青云桥横跨鲤鱼涌上，这里便是塱头村的中水口。青云桥始建于明正德二年（1507年），桥宽4米，长20.9米。桥名寓意"青云直上"和"鲤鱼跳龙门"。青云桥在清代曾经历次重修，在清道光五年（1825年），黄氏后人对青云桥进行了重建，由原来的红砂岩砌筑改成花岗岩

① 1955年冬天，赤坭修建了三坑水库，灌溉范围涵盖赤坭与炭步。人工修筑的灌溉渠与巴江河之间建了跨河渡槽，以灌溉巴江河两岸，其中在水口与塱头两处各建设横跨鲤鱼冲的渡槽一座，输水越过鲤鱼冲。

麻石砌筑。[1]相传青云桥的拱洞正对着塱头村位于水岩边的祖墓，有兴旺家族的风水意义。

塱头村的远水口便是今天的水口村，早在明代初期，就有塱头黄氏助赖姓立足于水口的记载。水口村的得名也来源于此。

七、塱头市兴

塱东社东侧兴盛的塱头市是在日军对炭步圩的损毁后兴盛起来的。1938年10月21日，日军侵占广州市政府，广州沦陷。1938年11月19日，日军一个连队的兵力，自南海官窑沿着禅炭公路入侵炭步。当是时，国民党军队及本地驻防早已撤逃，日军如入无人之境，自南街口店铺开始烧杀抢掠一番后撤走，原本兴旺的炭步圩毁于一旦。

在炭步圩毁于日军入侵之后，塱头村村民倡议于塱东村口的广场设立新的圩市，为战后炭步镇附近的村落提供了生活的便利。新建立的塱头市有约三四十家铺子与一条圩廊，吸引了茶山、茶圹、新太、步云、横冈、瓦步、民主等多村的小商贩来此经营，主要商品有百货、医药、肉、菜、饮食等。在此期间，塱头专门制定市管机构，订立条例，遵从内外平等的原则，甚至吸引了部分来自广州、顺德、江门、鹤山、高鹤的经商者。据村内老人回忆，其中在最靠近塱东的村口位置有茶楼，形成相当的规模，并建立了机械的碾米厂。塱头市最繁华的时段约在1944年至1948年间，在国内局势不稳定的时期，塱头村为周边村落的商业发展提供了良好平台，便利了周边村落的生产生活，被称为“小江门”。

抗日战争胜利后，原先的大户集资，于炭步圩重建五六十家店铺，如巴江、天成、昌记等茶楼，另有小吃店、百货店、米铺等。随着炭步镇的缓慢恢复与炭步圩的部分重建，塱头市的“旺头”才慢慢转回炭步镇。

第五章　庙宇

一、杂姓聚居

成书于明嘉靖三十七年（1558年）的《广东通志》，对于广东当时的习俗，记载道："习尚，俗素尚鬼，三家之里必有淫祠庵观。每有所事，辄求祈谶，以卜休咎，信之惟谨。有疾病，不肯服药，而问香设鬼，听命于师巫僧道，如恐不及。"这说明当时南海境内民间信仰的场所，仍流露出早期汉族与少数民族混居而崇尚巫术的氛围。在杂性村落主导的地区，宗族信仰尚未完备，民间信仰体系的构建不但统摄着人们的精神观念，而且参与指导人们的生产生活。而大约同时期的《塱头黄氏家谱》中也记载："横冈民家邀女巫祀神，福成往观之，相与喧饮亵戏。"普通的民家尚且"女巫祀神"，甚至有地方官员的参与，可知巫术的盛行，也说明了这些活动的规模与热闹的场景，可能这种仪式本身就有很多的娱乐喧闹的成分。寺庙道观成为承载巫觋文化的场所。

二、康公庙

元末明初，塱头村一带仍然为多姓氏的散居村落，巫觋文化

康公庙入口立面

的盛行，也同样带动了各式庙宇的建设。塱头村的庙宇兴建情况不见记载，但《塱头黄氏家谱》中讲道："处士才兴，生于元，善经营，广蓄积。元季大乱，盗贼蜂起，能统率方里，助赖姓于水口立寨。"水口立寨过程中，塱头村作为一方统领参与其中，而水口村现存的康公庙历史悠久，是否也和这段历史有所关联？通过梳理水口村康公庙的营建历史，或可窥得一二。

关于水口村康公庙的始建年代，未见记载，现康公庙内保留下来的多通碑刻中，年代最早的为清康熙十九年（1680年）所立的重修碑，其中记载道："我水溪康公元帅一庙，始则寺建名竺峰，后被提学魏公所废，因改为此。"此处所言"提学魏公"指的是魏校，魏校为明嘉靖年间广东籍官员，嘉靖初任广东提学副使，正德十六年（1521年）在其家乡广东大力推行"毁淫祠、兴社学"等一系列的地方教化改革。南海作为"淫祠"数量众多的县治之一，成为魏校工作的重点。由此可知，竺峰寺被废，正是在明正德十六年（1521年）。而如今的康公庙正是由竺峰寺改建而来。

康熙年间的碑刻中在追溯

此庙的历史之时，记载到竺峰庙“盖其为德之盛，足以福庇群伦也”，而“群伦”指的正是不同姓氏的多个宗族。这再次证实了竺峰寺是多个宗族共有的庙宇，而庙宇所应对的个体对象为“耄耋优游者”，“宣昭义问者”，“丰耕敛而资商贾者”，“络绎蒙休”，也更说明了竺峰寺承载着无所不包的信仰诉求。

虽然竺峰寺被列为“淫祠”遭到毁弃，但最终的结果是，通过改换庙宇神主的方式，将竺峰寺改为康公庙，使其得以延续了下来。这其中重要的原因有二。其一，此处庙宇具有重要的风水意义，从风水选址上来讲，此庙位于巴江河弯曲之处，碑刻中对此有所记载：“遥望西北诸山，峰峦耸翠，环绕而至，而庙适当其冲，锁朔气之沆瀣，为一乡之保障，所谓地胜神安，而人岁蒙其庇者非耶？”康公庙的位置是包含水口、塱头等多个村落群体的水口处，对整个区域都有重要的风水意义。

其二，此庙作为多个姓氏的共有庙宇，所承载的民间信仰有着根深蒂固的民众基础与广泛的影响力，可谓是“野火烧不尽，春风吹又生”，在竺峰寺被毁弃之后便又很快借着康公信仰恢复过来，到康熙年间康公庙再次重建之时，由包括任姓在内的共十个姓氏的族人共同捐资完成。这其余的姓氏有邓、叶、李、黄、钟、卢、朱、张、霍等，说明此时的康公庙仍然有着其作为区域性庙宇的影响力。

清代嘉庆丙寅年（1806年），康公庙进行了新一轮的修缮，此次的重修碑记中，记载到任氏“聚族而谋所以鼎新之”，即修缮工作由任氏宗族一力承担，捐助人全部为任氏族人。这说明任氏已经掌握了康公庙修缮与祭祀的主导权，康公庙已经成为水口村的专属庙宇，而康公也从“一乡赖之”的区域神，成为了水口村的村落专属神。在此次修缮中增建了中轴院落的中亭、西侧轴线上观音庙的正门、东侧的文昌庙，

康公庙正殿内景

康公庙侧殿内景

康公庙入口处梁架

康公庙一进梁架

康公庙二进梁架

同时“遍施油彩，增其式廓”。最终完成的康公庙，主轴线院落祭祀康公，一进的天井空间建有与正殿相接的中庭，两侧院落则分别祭祀观音、文昌帝君，形成中轴院落为主、两侧院落为辅的三条轴线并列的布局形式。庙宇的前面有开阔的场地，对面于场地的边缘立影壁，而庙宇的两侧及后面的开阔地带则种植高大的树木，对整个庙宇形成拱卫之势。可以说，正是嘉庆年间的这次重修，最终完善了康公庙的布局，达到了令任氏族人感到“三庙巍然，厥制孔张，厥材孔良”的满意结果。

三、玄坛庙

塱头村北面的玄坛庙供奉赵公明神像，每逢农历三月十五日，村民男女老幼都来供奉。据家谱记载，塱中社立社之初所分之地原来靠近水口村，因为边界不清，常与水口村发生械斗，最后塱中社后退至如今位置，开始立社发展，并在村北营建了一个不足一米见方的玄坛庙，玄坛庙面向水口的方向，以此来震慑水口村的康公庙。直到现在，塱头村仍然流传着玄坛庙内供奉的玄坛大帝与水口村康公庙的康公斗法的故事。

每逢七月初七，两村的村民都各自用船载着村庙内所供奉的神像，沿着巴江河游行，游船事先用漆刷过，神像安放于船头，船上插满旗子，船后有村民撑着小艇跟着，敲锣打鼓，两岸人山人海，好不热闹。有一次，两村村民同时出游，都想抢头水，不分上下，到了一水路狭窄的地方，两船互不相让，就在这时，两神同时跳上半空打了起来。玄坛神一手抓住了康公，得胜归庙，将康公放进瓦埕里，严密地加上封盖，以为万无一失，便安心睡下。康公在埕里，脸都憋红了，却挣扎不出来，到了半夜，有一只鸭子飞上埕口，用掌拨开埕盖，康公趁机跳了出来，并抓起熟睡的玄坛，丢进了厨房的灶膛里，从此，玄坛神变成了黑口黑面了。康公得到鸭的帮助，将鸭请到庙里同受香火，称为镇水神鸭。据说自从有了此鸭，康公庙就从来没有再受过水灾。有一次这一带发生大水，附近很多山头都被淹没了，唯独康公庙没有进水，附近许多村民都逃到此处避水，康公托梦给附近村民：以后不可杀鸭，食鸭。水口村的这一风俗也一直流传至今。①

似乎故事的最后也没分出个胜负来，康公与玄坛形象的泾渭分明，与法力的不分上下，似乎正是塱头黄氏与水口任氏在村落建设过程中相互制衡的状态。故事中还有起到关键作用的鸭子出现，很显然，塱头一带在宗族进一步扩大后，宗族之间的关系由最初散居状态的多姓互助，演变为竞争关系了，这其中有关于土地的纠

① 参见花县民间文学三套集成工作领导小组编：《中国民间故事集成·广东卷·花县资料本》1987年8月，第156—160页。

玄坛庙现状

纷、水体的纠纷，可能是涉及村落营建、农业生产、养鸭业等多方面的资源争夺。这也昭示着在此阶段，塱头黄氏作为地方首领的地位也随之结束了。

四、洪圣古庙

经历过明嘉靖年间魏校“捣毁淫祠”的运动，伴随着国家所倡导的立祠堂、兴社学的策略，庙宇建筑及其所承载的神祇信仰虽遭遇打击，但由于民间信仰的根深蒂固，承载着民间信仰的庙宇仍然在村落的后续发展中传承下来。村落的庙宇多位于村落水口处。除去水口村的康公庙，炭步一带的古村落在明清之际保存下来的水口庙中以洪圣古庙为多。

洪圣庙在炭步村落的普及与明清以后炭步一带较为发达的工商业不无关系，洪圣庙作为水口庙，其起源也确实与水有关。相传洪圣本名洪熙，是唐代（618—907年）的广利刺史，廉洁爱民，在任期间鼓励士民学习天文地理知识，并设立天文气象观测站。由于计算和预测准确，商贾和渔民受益匪浅。洪熙死后，皇帝将他的德行昭告天下，并追封为“广利洪圣大王”，宋加封为“洪圣”“威显”，元朝诏尊为“广利灵孚王”，清雍正时再封为“南海昭明龙王之神”。汉族民间则称其为“广利洪圣大王”，广受民众的敬仰和供奉。

塱头村口的洪圣古庙，于1952年拆毁。据村民回忆，洪圣古庙位于塱东社的东南面，坐东朝西，其布局与水口村的康公庙比较相似。洪圣古庙的主体院落为三进，两侧分别为观音庙与金花庙。洪圣古庙所代表的神祇信仰，与村面的祠堂所代表的祖先信仰，共同构筑出村落比较完整的信仰世界。

第六章　祠堂

一、建祠缘起

在明朝嘉靖年间，南海士大夫阶层十分活跃，在朝参与国策制定，在地方上左右官吏任免，在宗族则大力整合修谱立祠，各个功名显赫的宗族之间互相联姻扶持，插手各类工商业，左右整个区域经济的结构与走向。[①]这个时期，宗族在地区发展中的繁荣程度是直接与科考入仕的成果相挂钩的，其能够参与宗族发展的程度以及后续建设所能达到的深度及广度与士绅阶层本身科举所取得的社会地位直接对等。伴随着宗祠的普及以及宗族乡约化的完成，广州府境内涌现出了许多地方性的乡村礼仪规范，如黄佐[②]的《泰泉乡礼》，南海石头霍氏家族霍韬编纂的《霍渭厓家训》以及明代隆庆年间庞尚鹏的《庞氏家训》。

---

① 参见罗一星：《明清佛山经济发展与社会变迁》，广东人民出版社，1994年版，第81页。

② 黄佐(1490—1566)，广东香山(今中山)人，字才伯，号希斋，晚号泰泉。祖籍江西，明初定居香山。祖父黄瑜，世称双槐先生，父亲黄畿，世称粤洲先生，皆为一代儒宗，以品学知名。正德十五年(1521年)辛巳科进士，廷试选庶吉士。嘉靖初由庶吉士授翰林院编修。编撰有《广州人物传》《广东通志》《广西通志》《泰泉乡礼》等。

成书于明正德年间的《泰泉乡礼》对广府一带敬祖收宗、祠堂祭祀的仪式、制度，以及组织有着更为详尽的记述：

……

一曰崇孝敬。凡居家务尽孝，养必薄于自奉而厚于事亲。又推事亲之心以厚于追远，家必有庙，庙必有主，月朔必荐新。时祭用仲月。冬至祭始祖，立春祭先祖，季秋祭祢。忌日迁主，祭于正寝。或随俗于春秋仲月望日兼祭祖祢。事死之礼，必厚于事生者。庙主之制，同堂异室，则左昭右穆；同堂不异室者，依《家礼》，以右为上。其有嗣续不明、阴育异姓者，众共罚之。

……

三曰广亲睦。凡创家者，必立宗法。大宗一，统小宗四。别子为祖，以嫡承嫡，百代不绝，是曰大宗。大宗之庶子，皆为小宗。小宗有四，五世则迁。己身庶也，宗祢宗。己父庶也，宗祖宗。己祖庶也，宗曾祖宗。己曾祖庶也，宗高祖宗。己高祖庶也，则迁，而惟宗大宗。大宗绝，则族人以支子后之。凡祭，主于宗子。其余庶子虽贵且富，皆不敢祭，惟以上牲祭于宗子之家。宗子死，族中虽无服者，亦齐衰三月。祭毕，而合族以食。期而齐衰者，一年四会食。大功以下，世降一等。异居者必同财，有余，则归之宗；不足，则资之。宗族大事繁，则立司货、司书各一人。宗子愚幼，则立家相以摄之。各修族谱，以敦亲睦。或有骨肉争讼者，众共罚之。若肯同居共爨者，众相褒劝。[1]

① 黄佐《泰泉乡礼》，卷一。

由此可知，有明以来，伴随着南海士大夫集团的形成，广东地方宗族发展也日益繁荣，士绅阶层广泛参与地方宗族的建设，宗族组织、宗族管理等一系列的制度、仪式等也相对成熟稳定。

值得一提的是，黄皞于明弘治十八年（1505年）宦京之时草创《塱头黄氏家谱》，霍韬的《霍渭厓家训》则成书于明嘉靖八年（1529年），另塱头家谱记载黄皞之子，黄学准，“既归，与何维柏及霍与瑕结诗社于盍簪楼”，说明塱头黄氏崛起的士绅阶层与处于南海士绅集团核心的人物与阶层可能的往来与密切的关系。黄学准作为新兴士绅阶层第二代在与石头霍氏士绅第二代霍与瑕交往之时，石头霍氏早已完成《霍氏家训》的编写以及一系列宗族组织的创建，嘉靖四年（1525年）正月，霍韬创建了石头霍氏大宗祠。霍氏还建立了由宗子、家长以及田纲领、司货组成的宗族组织。他还创立“考功”“会膳”制度，以增强宗族的凝聚力。而其后的霍与瑕更是参与霍氏宗族管理几十年，这些无疑对塱头的士绅阶层是有很大的触动与启发的。黄皞父子对塱头黄氏宗族发展所做的贡献主要还是在于家谱的编制，并以科举成功为塱头黄氏的后来的发展提供了无形的象征资本。这直接决定了塱头黄氏目前村貌与周边其他汤姓、谭姓村貌的不同。高高矗立的镬耳墙，接旨亭以及青云桥牌坊等这些彰显村落与众不同气质的构筑物，无一不是顶着父子两乡贤的辉煌历史而建。

关于塱头村的祠堂建设，最早的文字记录即见于黄学准明嘉靖四十一年（1562年）续编的《塱头黄氏家谱》：

> 夫族称祠堂，即先大夫所谓家庙也。先大夫时，子姓繁衍，而未为极盛。神主藏于宗子家，欲有为，未之逮也……今子姓愈蕃盛，岁时致祭，涣而不萃，情好日疏近者。

诸侄有小宗之议，意则甚美，而议稍迁僻，约以后五年丁丑方可……予贫不能首倡，且老病交侵，桑榆之景，又知能几时书之于此……

由此可推断：十五世黄学准口中所提到的家庙应当就是九世所修建的，遗址就在今天友兰公祠处；这次四家分立，规划营建奠定了塱西社的村落肌理，其后随着各房派的此消彼长与迁出，以及其他姓氏陆续迁出，到十二世时再次进行规划，形成三社分立的村落格局；此时，作为始迁祖的黄仕明，其象征意味已经不再重要，十一世的黄宗善作为原来四大房的二房分房祖，成了实际意义上的塱头村的共有祖先。因此可推测，黄氏祖祠是在此后才建立起来的，而原来的"家庙"因为供奉的是更远的黄仕明而逐渐没落，最终只成为塱西社的村面一部分。这也就解释了为什么虽然追溯塱头的历史总是自七世祖黄仕明开始，但是黄氏祖祠中供奉的则是第十一世祖黄宗善的原因。

虽然说父子乡贤开创了塱头士绅阶层引领宗族营建的历史，甚至单从科举成绩方面看，这也是塱头村历史上最为贴近区域精英集团核心的时代，但是最终宗族组织的完备与发展更多地则是在这一小段的辉煌科举成绩之后完成的。宗族组织的掌控者从乡豪转移到士绅阶层无疑是需要时间与过程的。

明末清初，整个广东地区因为改朝换代以及后续的清代禁海平定三藩的长期战乱，使得整个花县地区经济均受到严重影响。直到清代中期，战乱平息，加之众多客家人迁入花县地区，原本作为九圩市之一的炭步也再次兴盛起来，塱头村的宗祠建设也进入新一轮的繁盛期。塱头村历史上修建的书室建筑列表如下：

塱头村书室列表

所属世系	塱西	塱中	塱东	数量
十三世		梅窗公书室 竹坡公书室 翠平公书室 杰生公书室	琴泉公书室 东庄公书室	6间
十四世		俭斋公书室	云伍公书室 充华公书室 爱仙公书室 友连公书室 耀全公书室 耀轩公书室 沛霖公书室	8间
十五世		南野公书室	可参公书室 可佑公书室 可信公书室	4间
十六世		文湛公书室	启诒公书室 宜保公书室 大保公书室 二保公书室	5间
十七世	菽圃公书室		启裕公书室	2间
十八世	台华公书室 湛宇公书室 玉宇公书室			3间
二十二世			谷诒公书室	1间

注：表格摘自《祖先之翼：明清广州府的开垦、聚族而居与宗族祠堂的衍变》，部分有改动

二、祠堂演变

广府地区另一种称为书室（书院）的小型公共建筑，传统意义上被归类为托名书室的家祠，本文中对此另作解读，认为书室这种单体，是前期的祠堂在其后的发展历程中发生了功能上的转变并有另外的建筑形式出现的结果。

以塱头村为例子，在二十二世营建了谷诒书室后，似乎塱头假托书室之名而建的分房祠就不再出现了，书室这种建筑形式是否随着经济的衰败而逐渐消失不再营建了呢？答案是否定的。在三间两廊的书室之后，只要民居建筑仍在，书室作为公共建筑的需求还在，此种建筑类型就不会消失。随着村落营建密度的加大，三间两廊的书室在村落中的可建用地越来越少了，假托书室而建的祠堂最终慢慢演变为真正的“书室”了，并从三间两廊的完整居住布局简化为了一开间的企头房的形式。只是在立面上“中间一门、旁开两窗”的形象隐约暗示着其前身三开间的布局形式。似乎是祠堂建筑与居住建筑在功能与布局上本来处于对立的两端，在数代的演变过程中，却无限地接近，最终发展出一种小家庭居住模式所适用的公共空间。最终发展出一套适合小家庭居住的空间模式，即三开间住宅加企头房的组合。而除了原来建于村面的一排早期祠堂与书室外，位于村落内部的其他书室均没有保留下来，在塱东社三馀里古巷东侧，保留有十四世与十七世的独立的一开间书室，进深两进，正是对这种演变的佐证。

广府地区祠堂的演变是从纪念性向功能性转变、从大型到小型转变的过程，这期间伴随着对祖先纪念性祭祀的消亡与小家庭生活模式的出现。明初庶民阶层“神主藏于室”，伴随着其后的宗祠庶民化发展，普通民众也可以用祠堂来敬祖收宗，再后来经过数代的转变，祠堂演化为居住建筑的附属公共空间，而神主最

塱西社企头房

民居室内的旺相堂

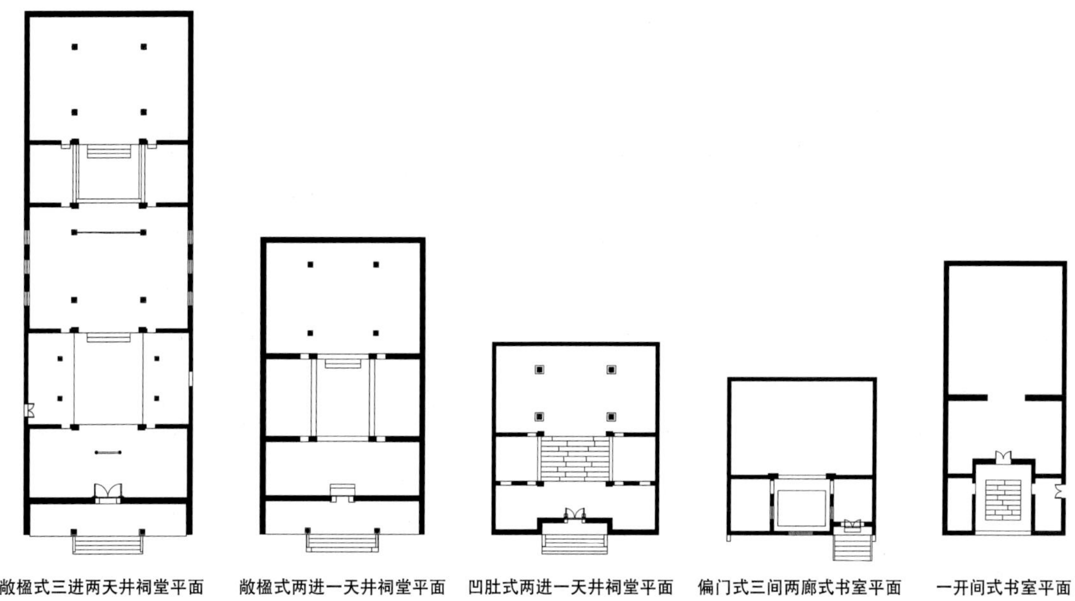

塱头祠堂及书室平面种类示意图

终又回归家庭，成为三间两廊当心间的旺相堂。

三、形制特征

根据入口形制、单体布局及规模，塱头的祠堂可分为敞楹式三进两天井祠堂、敞楹式两进一天井祠堂、凹肚式两进一天井祠堂、偏门式三间两廊式书室及一开间式书室。

在祠堂的平面布局中，三进的空间功能区分明显，门堂的形制代表了祠堂建筑的规模与等级，中堂为举行仪式与议事之所，后堂为安奉神主之所；两进的祠堂建筑则将中堂与后堂空间合而为一。早期门堂多为分心造平面，前、后檐出挑，与宋代《营造法式》中的分心造用三排柱子的厅堂式构架类似。伴随着门厅中墙位置的不同，出现了丰

友兰公祠屏门

富的剖面表现形式。到了后期，中墙两侧的剖面梁架表现出了强烈的不一致，中墙之前的部分装饰性越来越强，中墙之后的部分则越来越简化为最简单的瓜柱式梁架；随着门堂规模的增大，门堂后檐增加立柱以形成屏门，成为三跨的结构形制。屏门分三部分：上部为横披窗，中间为门扇，下部为地栿。

中厅及后堂构架类型则接近于《营造法式》中的“八架椽屋”，即前、后金柱等高，共同承托中跨大梁，金柱高于檐柱，乳栿插入金柱柱身，横架形成四柱三跨式的空间形制。另外，塱头所有祠堂敞廊的两端山墙均在靠近天井的一侧设拱形门洞，成为自前一进进入后一进的引导空间，这种专属进入式空间的设置，对整个祠堂进深方向的轴线进行了强调，保证了其围绕的天井空间的神圣性与仪式感。

传统建筑中，与正立面垂直、与山墙平行的梁架，称为“横架”，起主要的承重作用；

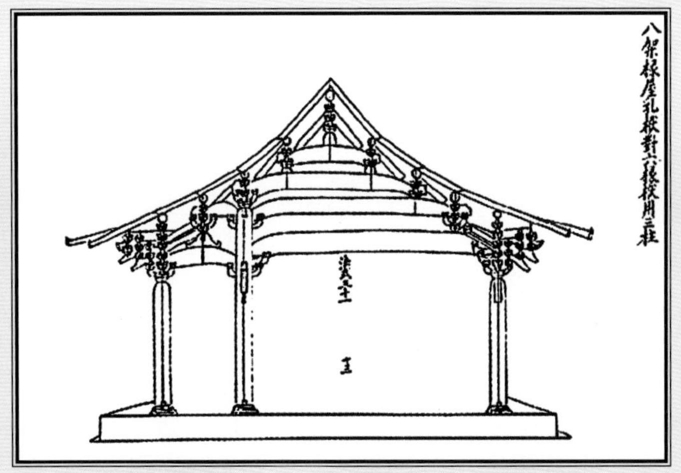

《营造法式》中八架椽屋图

谷诒书室正厅博古梁架

谷诒书室入口插栱襻间斗栱梁架

塱东社某书室瓜柱梁架

谷诒书室入口处“石虾弓梁石金花狮子”

谷诒书室入口石刻构件

与正立面平行，与山墙垂直的梁架，称为“纵架”，纵架主要起拉接作用。塱头村横架形式主要有插栱襻间斗栱梁架、瓜柱梁架、博古式梁架以及混合式梁架结构。清早期及以前，纵架形式常为“木直梁木驼峰斗栱”，清中期以后则更多地为“石虾弓梁石金花狮子”形式所代替。

四、壁画装饰

塱头村的壁画均保留在村面的祠堂与书室建筑中。这些壁画多绘制于清末民初，虽经历岁月洗礼，仍有部分保存完整、色彩鲜艳。一座两到三进的祠堂或书室建筑一般约有几十幅壁画，位于建筑正门内外墙体上方、两侧敞廊、拜堂、后堂正面和侧面内墙体上方，以及在正门两侧和后堂内墙两侧因屋顶而成的斜角处。一座祠堂的壁画有时是由一名画师独立完成，有时为多人协作完成。许多壁画边均有画师题款，标明身份、日期。

壁画内容与绘制位置有相应的对应关系，但并不严格。通常，入口正门外侧上方多题写诗词，正门内侧上方绘制教子朝天图，山门两侧墙壁上方壁画边框多为菱形，则因地制宜绘制较大篇幅的山水图、耕织图等；而两厢房后墙上方，墙面规整连续，且敞廊层高较低，更适宜人眼观赏，适合绘制多幅故事题材的壁画，之间穿插书法、花鸟瓜果等小幅图画，使得整个画幅内容丰富，可观性强。每幅壁画自成一体，根据不同壁画的不同位置与题材，用墨线绘制边框作为分割，有长方形、圆形、菱形、扇形等。

祠堂壁画根据绘制手法分为工笔彩绘与水墨画两种，根据内容分为山水花鸟画、故事画、书法三大类。山水花鸟画之中，尤其是花鸟画，多有传统的吉祥象征意味，如猫蝶嬉戏图、喜上眉梢图；其中也包括具有地方特色的蔬果画，内容如荔枝、番石榴等。故事画可分为两类：历史典故，表达诗礼传家、科举功名、忠君爱国等思想，壁画旁边多有题记，采用地方通俗语言表达，好懂易记，有教化之意，另有吉祥戏曲故事，如麻姑献寿、嫦娥奔月、夜战马超等；另一类为隐士、文人逸事，如只履西归、竹林七贤、刘阮遇仙等，表达超凡脱俗的佛家、儒家、道家情怀。书法作品有隶书、篆书、草书等多种书体，往往节选自历代诗词警句，或者直接取自著名书帖。

这些壁画受到传统书画的深刻影响，古意盎然。山水画视野开阔，意境悠远；花果画颇具地方特色，喜闻乐见；故事画色彩清丽，用笔流畅纤细，教化题记直白易懂，许多文人轶事的题材却又清奇超脱；许多的书法作品也很有水准。这些壁画从绘制的风格与内容来看，很多题材有范式、有粉本，呈现高度程式化的特点，不难判断为职业画师所作。以今天的眼光来看，这些故事或者题材取自历朝历代，有的清雅脱俗，有的却又直白通俗，可谓杂糅一体，雅俗共赏。祠堂作为公共空间，参与的人群为普通民众，正是这种高度的程式化，说明这些题材为当时的普通民众所熟知与推崇，可让我们一窥当时人们的精神风貌与艺术品位。这些充满着人文情怀的壁画，比木雕与石雕等其他装饰材料更加丰富多样、自由活泼，为本来严肃中正的祠堂空间，增加了热闹喜庆或者人伦教化的色彩与氛围，为我们理解祠堂与书室建筑的空间与功能提供了良好的佐证。

塱头村祠堂或者书室内保留下来的绘画多为清末民国时期所绘。重要祠堂内的壁画是延请职业画师绘制。另有分房祠或书室内壁画则由工书画的黄氏族人自行绘制。可以友兰公祠与云涯公祠为例来说明。

友兰公祠内保存至今的壁画绘制于1927年，画者为剑虹。入口正门上方绘制四棵白菜，意为清白传家。两侧山墙各绘一幅：西侧山墙上有耕牛于水田中，另有一人捧卷坐于岸边；东侧墙壁与之类似，有耕牛，另有两人来往于桥上，岸上有坐于棚下者两人，捧书作对答状。此两幅均未有题记，根据内容判断类似于耕读图。另有其他内容如下：浣纱图、遇仙图、双象图、三侠图、兰草图、牡丹图、嫦娥奔月图、知音难遇图、夜战马超图、猫蝶嬉戏图（附题词：可惜一郭东风急现，蝶去枝空，任尔是千娇百媚阳春正去，可奈何旧愿全非）、锦鲤图、麻姑献寿图、桃源问津图、游湖疏影图、教子图、题序图、

友兰公祠猫蝶嬉戏图

友兰公祠嫦娥奔月图

云涯公祠壁画一

云涯公祠壁画二

指鹿为马图、花鸟图、蕉叶图、踏雪寻梅图、金鸡报晓图、花鸟图。

云涯公祠的壁画绘者为黄静轩与黄铭轩，云涯公祠重修于清道光癸卯年（1843年），而其内保存下来的壁画则绘于光绪二十五年（1899年）。与其他祠堂相比，云涯公祠保留的书法作品较别的祠堂多。如：“君体温良恭俭之德，笃亲于九族，恂恂于乡党，交朋会友，贞贤是与。”（出自《尹宙碑》）还有《滕王阁序》中的名句：“豫章故郡，洪都新府。星分翼轸，地接衡庐。襟三江而带五湖，控蛮荆而引瓯越。物华天宝，龙光射牛斗之墟；人杰地灵，徐孺下陈蕃之榻。雄州雾列，俊采星驰。台隍枕夷夏之交，宾主尽东南之美。”除此之外，也有乡村俗语，如：“状元本是人间子，宰相原非天上儿。好把六经勤勉读，自然身逐凤凰池。”“未必尽如人意，但求无愧我心。”另云涯公祠壁画内容有耕翁问命、二品遐龄、周处奋勇、眠琴绿荫、只履西归、日近龙颜、喜上眉梢、浩然赏梅、壶里乾坤、福自天来、兰花图、荔枝图、山水图，等等。

谷诒书室一进内保留有三幅壁画，分别为五贵偶书图、东坡执琴图和松鹤图。五贵偶书图见于《三字经》：“窦燕山，有义方，教五子，名俱扬。”所以此处的五贵图虽题写为偶书，恰恰是祠堂主人借以自喻的，因为谷诒公自己就有七个儿子。关于东坡执琴图，史载，宋代大文豪、大诗人苏东坡所处时代曾展开过一场“琴声之辩”，时人对“琴声在琴上”和“琴声在弹琴人的手指头上”两种说法提出不同见解。苏东坡既通佛理，更精诗律，为此，曾作过一首题为《琴诗》的七言诗：“若言琴上有琴声，放在匣中何不鸣？若言声在指头上，何不于君指上听？”

松鹤图为两只仙鹤栖身于松树之上，旁边题词为“身栖千岁树，声征九皋云”。中国传统绘画题材中仙鹤多与松树一起，一般寓意松鹤延年，而加上旁边的题词“身栖千岁树，声征九皋云”，又有了新的延伸意义。《诗经·小雅·鹤鸣》中有“鹤鸣于九皋，声闻于野”的句子，另有唐代刘禹锡《鹤叹》写道：“丹顶宜承日，霜翎不染泥。爱池能久立，看月未成栖。”《诗

谷诒书室东坡执琴图

谷诒书室五贵偶书图

以湘公祠炼丹图

以湘公祠福禄图

以湘公祠教子朝天图

经》中的鹤声震九霄，更有贤人隐士的风范，而《鹤叹》中的鹤更加仙风道骨，姿态优雅大方。

留耕公祠入口门楣之上有隶书唐诗五首：

一枝秾艳露凝香，云雨巫山枉断肠。借问汉宫谁得似，可怜飞燕倚新妆。

名花倾国两相欢，常得君王带笑看。解释春风无限恨，沉香亭北倚阑干。

寒雨连江夜入吴，平明送客楚山孤。洛阳亲友如相问，一片冰心在玉壶。

日长风暖柳青青，北雁归飞入窅冥。岳阳楼上闻吹笛，能使春心满洞庭。

回雁高飞太液池，新花低发上林枝。年光到处皆堪赏，春色人间总未（不）知。

另有以湘公祠内保存三幅较为完整的壁画，分别为炼丹图、教子朝天图与福禄图。

五、祠堂活动

祠堂作为广府村落最为重要的公共建筑，也是村落各项公共生活展开的场所。炭步紧邻南海、佛山。佛山是广东舞狮的发祥地，炭步归属花县后，也把佛山舞狮武术的风气流传下来。清代时，炭步几乎村村设立有武馆，武馆是传授武功的场所，也是练习舞狮的地方；舞狮者同时又是练习武功者，两者结为一体。例如炭步最著名的“三重狮”，又叫“人上狮”，专为采高青而苦练而成，既是舞狮，又是练武。

炭步舞狮和表演武功，以春节至元宵半个月内最盛。一般是年初一，村内狮子、武术队先在本村祭拜庙宇和祠堂。流程一般是狮子首先入堂叩拜，然后退出大堂，在大门外的广场上表演各种套路的武术，最后再舞狮采青。庙宇、宗祠祭拜完之后，便在村内逐巷逐户祭拜贺年，不表演武术，只入堂拜祭，采青后便退出往下一家。由初二开始，各村狮子、武术队才出村到镇内炭步圩向各商铺舞狮贺年，或应邀到外村互访，也有应邀出镇到外地的。所以，元宵前，炭步各村路上都见有狮子武术队外出，锣鼓喧天，鞭炮不绝，甚为热闹。

塱头村的灯会，多为正月十四、七月初七。塱头村正月十五日之时，洪圣古庙有游神活动，游神路线是沿着村落一周，一直到与邻村的交界地方，以示对整个村落边界的确认，以祈祷村落来年五谷丰登。

旧时牌位均供奉于家庙中，家庙位于村口处，而祠堂不参与丧葬事宜。人去世要在村落范围内的家中，不然，人的灵柩不能入家门，只能停在外面。丧礼举行多位于村前的空场，吃饭的人不宜坐在椅子上，而是蹲在地上就食。道场也在室外举行。另一说法为在村外去世的人要头朝外，脚先行进入老房子，而在村内去世的则头先进，脚在后抬入老房子。

六、祠堂单体

1.黄氏祖祠

黄氏祖祠，号为敦裕堂，相传为纪念塱头村立村始祖黄仕明而建。这座祠堂的始建年代已无法考证，现存的建筑为清同治十年（1871年）重建的。民国时期，科举废除，兴起现代教育。为适应教育制度的变革，塱头村黄景燊发起倡议，适时办起义务教育[①]，以黄氏祖祠为基地，于1938年开设了敦裕小学，并从广州聘请人员执教。1939年，敦裕小学改称第三国民小学，新中国成立后改为新乐小学。黄氏祖祠在用作学校之时，进行了多处改建。现状中入口门厅及后厅保存较好，中厅及两进厢房改建较多。

① 日本东京法政大学于1904年专门针对晚清留学生设立了法政速成科。该科存在4年，对清末乃至近现代中国影响甚大。塱西社黄景燊，法政特别科毕业，宣统二年(1909)，奉旨奖给副贡。

黄氏祖祠

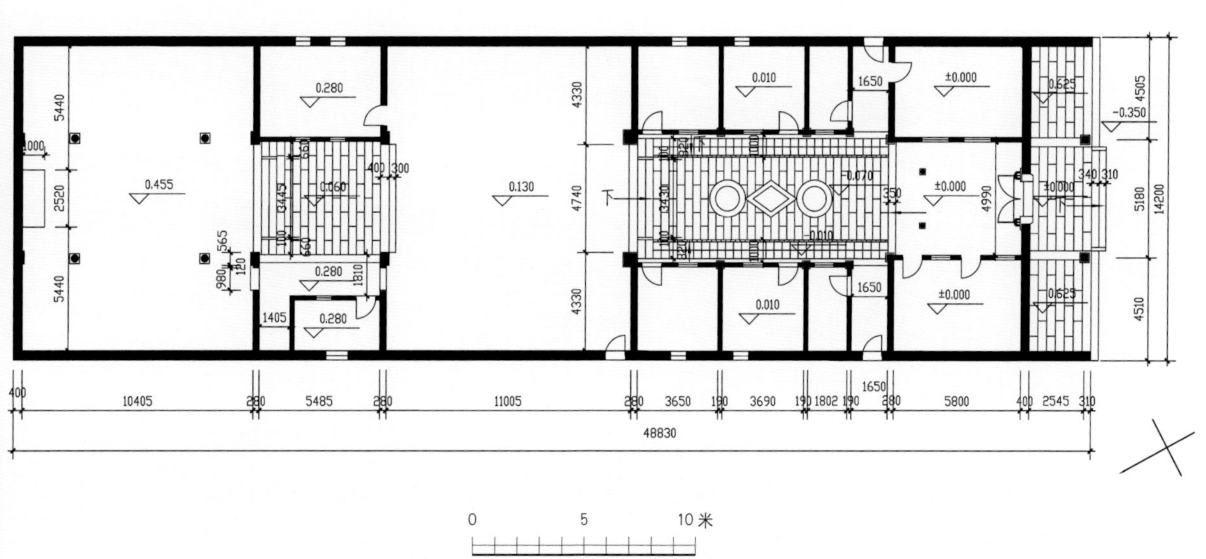

黄氏祖祠平面图　图片来源：华南理工建筑学院

黄氏祖祠面阔三间进深三进，面阔14.2米，进深约为48.5米。占地面积约682平方米，次间及当心间面阔比为1：1：1。入口立面有两根方形檐柱，下施方形束腰柱础，当心间有三步台阶，两次间有塾台，石质虾公梁及雀替、石质金花狮子，檐下设雕花封檐板，两侧山墙檐下有三段式的砖雕墀头。当心间整面墙为花岗岩砌筑，入口门宽约2.2米，约占当心间面阔的1/2。门厅进深十三檩，约9米，纵架由门墙及屏门分为前后三跨，门墙位于第四檩与第五檩之间，第十一檩之下立小柱，两小柱之间设屏门，三跨比例约为3：6：2。门墙前后结构分立，门墙之前为驼峰斗栱梁架，屋顶檩条与梁架联系处为鳌鱼形束枋，门墙之后为简洁的十二椽瓜柱梁架。

第一进的天井呈纵深方向，长宽比约为2：1，两侧厢房为三开间，两侧分别设两根檐柱。中厅保存状况较差，屋顶结构为简单的木桁架结构，为近年新建。后厅之前的天井比第一进狭小，平面基本呈方形，两侧敞廊为一间无檐柱。后厅中间四根圆形金柱，仰莲束腰柱础，进深十五檩，约为11米，为简洁的瓜柱梁架，形制为八架椽，前后带乳栿。黄氏祖祠三进两天井，前后进深比约为9：11：11：6：10。其中，中厅进深不排除后期有小尺度扩建，前后三厅在进深及高度上呈现微差，越往后越高，符合风水的步步升高的观念。侧立面采用“人”字形封火山墙，灰塑博古脊。

2.渔隐公祠

现在位于塱头村东社的渔隐公祠是供奉黄俊的祠堂。渔隐是黄俊的号，他有三个儿子，其中的两个儿子——黄聚瓒、黄聚璋，先后考中进士。渔隐公祠的始建年代无法考证，现存建筑是清光绪十四年（1888年）重建的。

渔隐公祠靠近塱东社的村口位置，地段显要，占地面积

渔隐公祠

约651平方米，采用镬耳封火山墙，灰塑博古脊，封檐板上雕有缠枝花草纹饰，梁架采用鳌鱼托脚，梁架和柁墩上都雕有戏曲人物、花草纹饰，十分精美。祠堂面阔约13.8米，进深约47.4米，三开间三进两天井布局，入口当心间三步台阶，两次间无塾台，次间当心间面阔比为1：1：1，次间纵架石质虾公梁及雀替、石质金花狮子，檐下设雕花封檐板，两侧山墙檐下有三段式的砖雕墀头。当心间整面墙为花岗岩砌筑，入口门宽约2.8米，约占当心间面阔的1/2。门厅进深为十五檩，约9.5米。

第一进天井进深约为12.7米，平面为长方形，长宽比约为2：1。中厅进深十五檩，约11米，平面四根金柱，纵剖面为三跨。前一跨设轩顶，轩顶下为博古梁架，雕刻果蔬花草纹样，后两跨为简洁的瓜柱梁架，后金柱之间设太师壁。

第二进天井为方形平面，两侧为一开间的敞廊。后厅平面四根金柱，两次间设墙，靠近天井的一侧设门。中厅及后厅当心间前均设三步台阶，各进地坪次第升高。三进两天井，前后进深比约为10∶11∶11∶6∶10，与黄氏祖祠基本一致。

对比渔隐公祠与黄氏祖祠，从最具等级象征性的入口立面来看，除去黄氏祖祠有两侧塾台外，两者在横架的形制、门外檐下的纵架形制、入口门的尺度上均无明显差异——三间通面阔上渔隐公祠比黄氏祖祠少0.36米，立面高度上二者有0.3米的差距，总进深也仅有1米之差；而两者门厅加第一进的天井进深尺度几乎完全一致。不难推断，这种通面阔、通进深及剖面的高度上的微差是刻意的处理。但两建筑分立于塱头两地段的村口位置，身处其间的人们很难感受到两者的微差。从整个平面布局尺度以及建

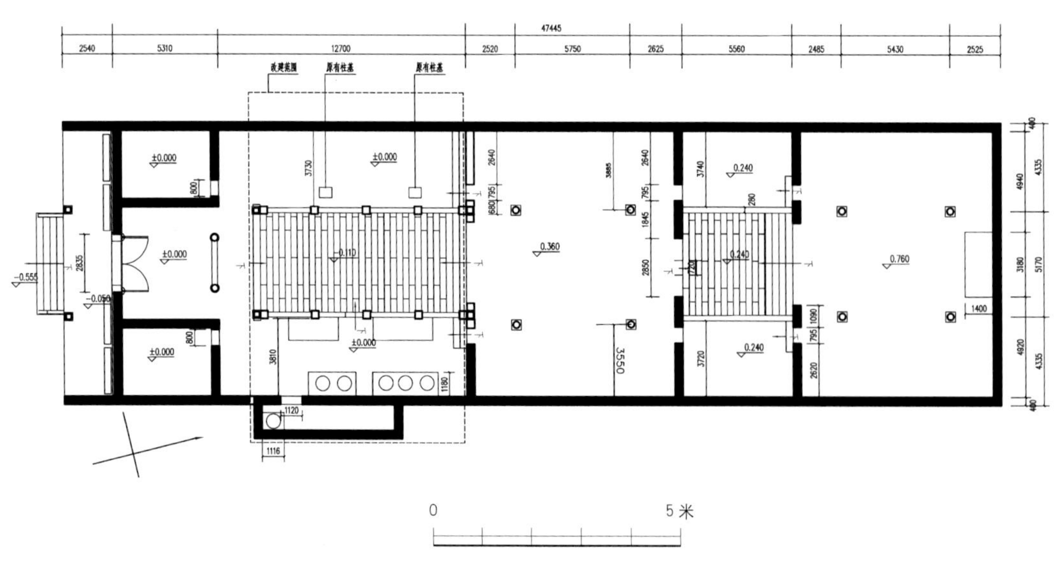

渔隐公祠平面图　图片来源：华南理工建筑学院

筑形制来看，渔隐公祠显然是对黄氏祖祠的“跟风之作”。两者在视觉上最大的差异可能就是从侧立面上看，黄氏祖祠为人字山墙，而渔隐公祠是镬耳山墙，而这两者的差异恐怕仅仅是源于不同时期流行风格上的差异。

黄氏祖祠作为总祠堂，祠堂入口处悬挂的匾额内容却耐人寻味：“一门八科甲，父子两乡贤。”此处的八科甲指的是黄皞之下，七子五登科，孙辈中另有二人均科考有名，正是塱西社的一门，两乡贤则是指黄皞与其长子黄学箕。这样看来作为三社总祠堂的黄氏祖祠，楹联所彰显的却是塱西一支的辉煌成就。这就不难理解塱东渔隐公祠与黄氏祖祠几乎毫无差别的布局与规模了；且从总体的村落布局来看，深潭将塱头村一分为二，黄氏祖祠与渔隐公祠分别位于两块地段东南角的显耀位置，从总体布局上来说有旗鼓相当的象征意义。

另，渔隐公祠的旁边是供奉黄聚璋的东庄公书室，单间二进，建于清代，面积很小，只有47平方米。村内还有一座友连公书室，是供奉黄聚瓒的儿子黄友连的祠堂。

3.景徽公祠

位于中社的景徽公祠是供奉黄良的祠堂。景徽是黄良的字，这座祠堂始建于明代，在清道光二十五年（1845年）进行了重修。

景徽公祠占地面积约458平方米，为三进三开间的布局，总面宽约为12.3米，进深约37.2米，分为门厅、中厅、后厅三部分。门厅为敞楹式，前檐柱为方形石柱，有细密线脚，柱础为方形柱础，次间与当心间面阔比为2：3：2，次间纵架为石质虾公梁及雀替、石质金花狮子，檐下设雕花封檐板，两侧山墙檐下有三段式的砖雕墀头。当心间整面墙为花岗岩砌筑，入口门宽约1.9米，约占当心间面阔的1/3。门厅进深十檩，约8米，剖面由门墙、

景徽公祠

屏门划分为三部分，外前檐下无塾台，进深四檩，结构为三架木质直梁，插入门墙承重。门墙内侧左右各有次间，十檩山墙承重。前檐进深较大，门墙靠近脊檩，以脊檩为界，门厅前檐高敞，进深较深，前部分的梁架体系为鳌鱼形水束，加雕饰驼峰斗栱，门墙内侧进深为两跨，后檐与前檐相比，高度较低，结构为简单的瓜柱式。门墙前后进深结构为非对称式。第一进天井平面略近方形，两侧为三开间的敞廊。立面保存情况较差，檐柱情况不详。第二进天井进深较小，平面呈扁平状。中厅及后厅平面布局及剖面结构类似，均为平面四根金柱，剖面呈整体为六架椽前后带乳栿瓜柱式结构，唯一差别是正厅前檐下为驼峰斗栱梁架。前后进深比例约为8：7：9：4：9。

景徽公祠内景一

景徽公祠内景二

景徽公祠细部装饰

4.云涯公祠

云涯公祠为塱西社分房祠，是供奉十二世祖黄庆的祠堂，号为燕贻堂，始建于明代，在清道光年间重修。门头上悬挂的匾额“云涯公祠”四字是清代广东书法家熊景星的手笔。祠堂的门厅呈敞楹式，整个建筑平面布局为三进三开间。祠堂面阔约为12.3米；其第三进没有保存下来，保留下来的前面部分进深与景徽公祠的相应部分尺寸几乎完全一致（云涯公祠为27.2米，景徽公祠为27.8米），由此推断云涯公祠的通进深为37米左右。

云涯公祠前檐柱为方形石柱，有细密线脚，柱础为方形柱础，次间与当心间面阔比为2∶3∶2，次间纵架为石质虾公梁及雀替、石质金花狮子，檐下设雕花封檐板，两侧山墙檐下有三段式的砖雕墀头。当心间整面墙为花岗岩砌筑，入口门宽约1.9米，约占当心间面阔的1/3。与景徽公祠不同的是，云涯公祠的门厅平面有六根柱子，门厅原状纵剖面为木结构的两跨，两根前金檩与门墙紧邻一起，共同承重。云涯公祠前檐部分为驼峰斗栱梁架，梁

云涯公祠

架与屋顶檩条之间的联系构件为鳌鱼形束枋。从现状后檐地面遗存看，后檐下原有屏门，第一进天井平面为正方形，两侧为一开间的敞廊。中厅进深十五檩，约8.7米，主体梁架为简洁的瓜柱式，只在前檐设轩顶，轩顶下为博古梁架。

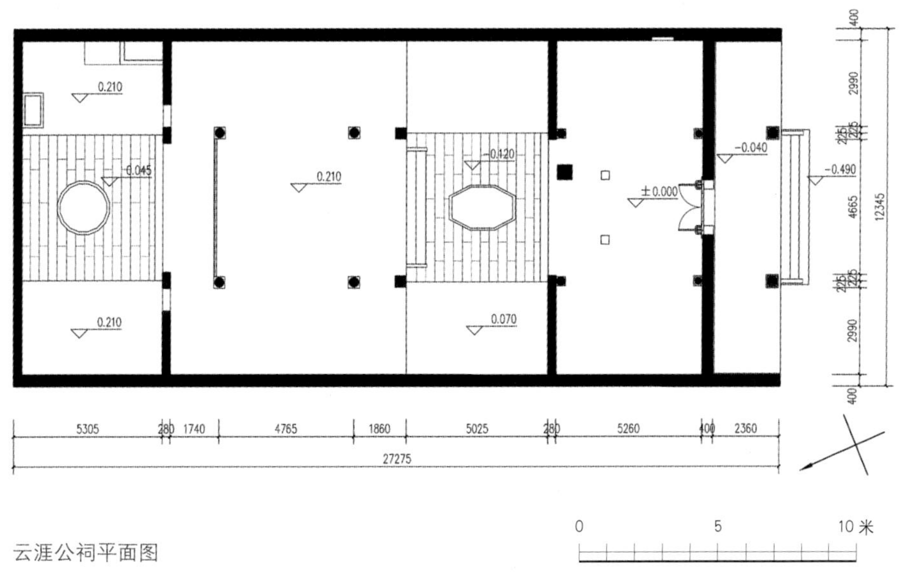

云涯公祠平面图

留耕公祠

5.留耕公祠

留耕公为塱头黄氏第十三代成员黄聚瓒，他比塱西栎坡公生活的年代更早一点，是整个塱头村立村以来第一位考取进士的黄氏族人。家谱中记载留耕公先后出任广西阳朔知县、桂林府知府，后不幸遇刺身亡，享年四十七岁。黄聚瓒有四子，其中之一黄友连也是进士。留耕公在塱东科考的象征意义如同栎坡公之于塱西历史的意义，而在现状中，塱东的村面的祠堂、书室建设也是以留耕公之父渔隐公的渔隐公祠为分房祠，留耕公祠为先贤祠，而留耕公之子云伍公书室、爱仙公书室以及留耕公之侄的耀轩公书室均排列在留耕公祠附近，占据了塱东社几乎全部的村面位置。

留耕公祠始建于明代，清嘉庆四年（1799年）重修，同治八年（1869年）再次重修。现状中为两进院落，留耕公祠整个门厅台基线脚全无，十分朴素。虽然没有塾台，但与大多数无塾台、当心间设三步台阶的祠堂相比，留耕公祠当心间设八层台阶，此种设置形式正处于祠堂入口处早

留耕公祠一进梁架

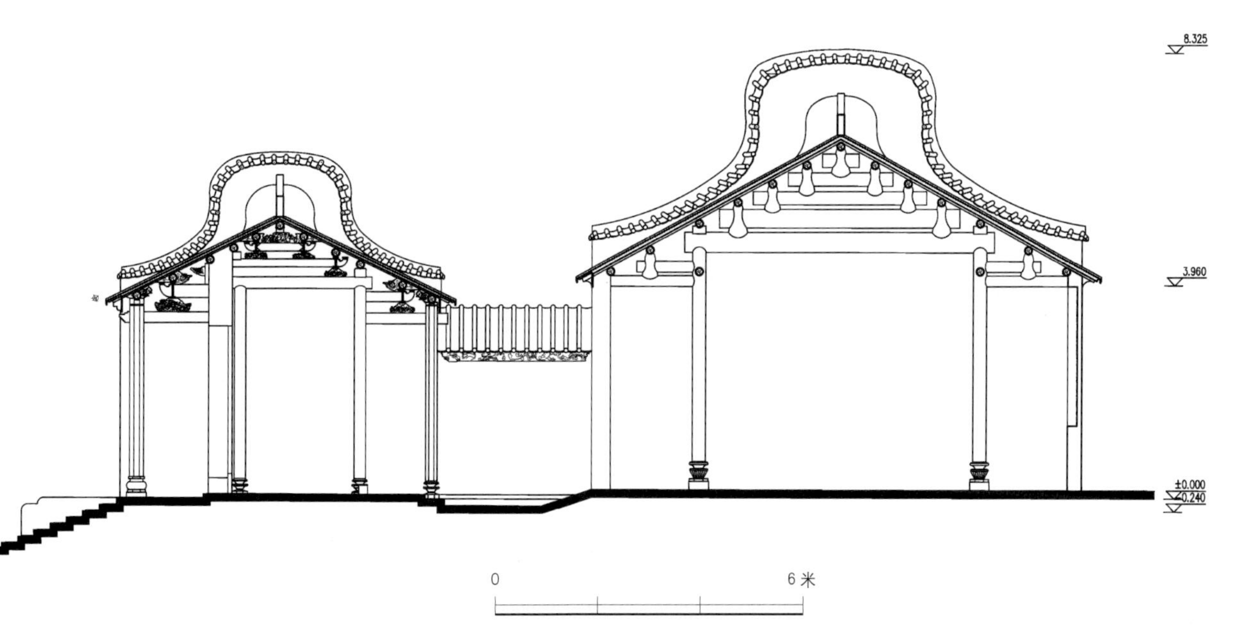

留耕公祠剖面图

期有塾台与后期无塾台形制的过渡阶段。檐柱加柱础净高约为3.74米，柱头隐刻栌斗形象，柱身为红砂岩，柱础材料则为咸水石。从立面纵架来看，次间没有清代石质虾公梁与金花狮子的经典模式，但也没有明代早期木质直梁的形象。正立面为大片红砂岩砌筑。这么大面积的红砂岩的运用，在周边村落中都是孤例，更加体现了留耕公祠营建年代的久远。

留耕公祠门厅横架为四根柱子，形成三跨，基本为两侧对称布局，前后共十一檩，为比较完整的六椽栿前后乳栿加前挑檐的结构。入口门所在的墙体位于前檐金柱前，占据了第三檩至第四檩之间的位置。

从剖面看前檐下乳栿自檐柱伸出的木质结构，与后檐下伸出的花纹样式的木质梁头风格很不同，前檐口下伸出的为多层出挑的样式，为挑檐的丁头栱的残留物，可推测原有完整结构与现状的屋顶及进深是不符的。再看大门内侧的六椽栿为原木形式，仅在端头阴刻“回”字纹装饰，其上用方形垫木雕刻出栌斗形式来承接三椽栿，又与整个框架的月梁、驼峰等形制风格不同。而六椽栿的形制与第二进正厅梁架的横梁形制一致，可以推断此六椽栿与正厅梁架为同一时期所建。从整体看，一进门厅的三跨式结构与塱头村其余祠堂的分心式门厅结构存在差异性。现状中第一进天井进深狭小，进深不足3米。门厅与正厅的尺度对比差异悬殊，比例很不协调，两者之间的天井也很狭小，很明显是历次改建扩建的结果。

由此笔者推测，现状中留耕公祠的门厅结构原为正厅的结构，只是在后续的某次改建修缮中落架移作门厅结构之用了；而原来的正厅增加了近1/3的进深，被重新建立起来，因为占地面积有限，而占用了原有一进天井的位置，采用了当时广泛应用的抬梁瓜柱的结构。

倘若对留耕公祠进行复原，

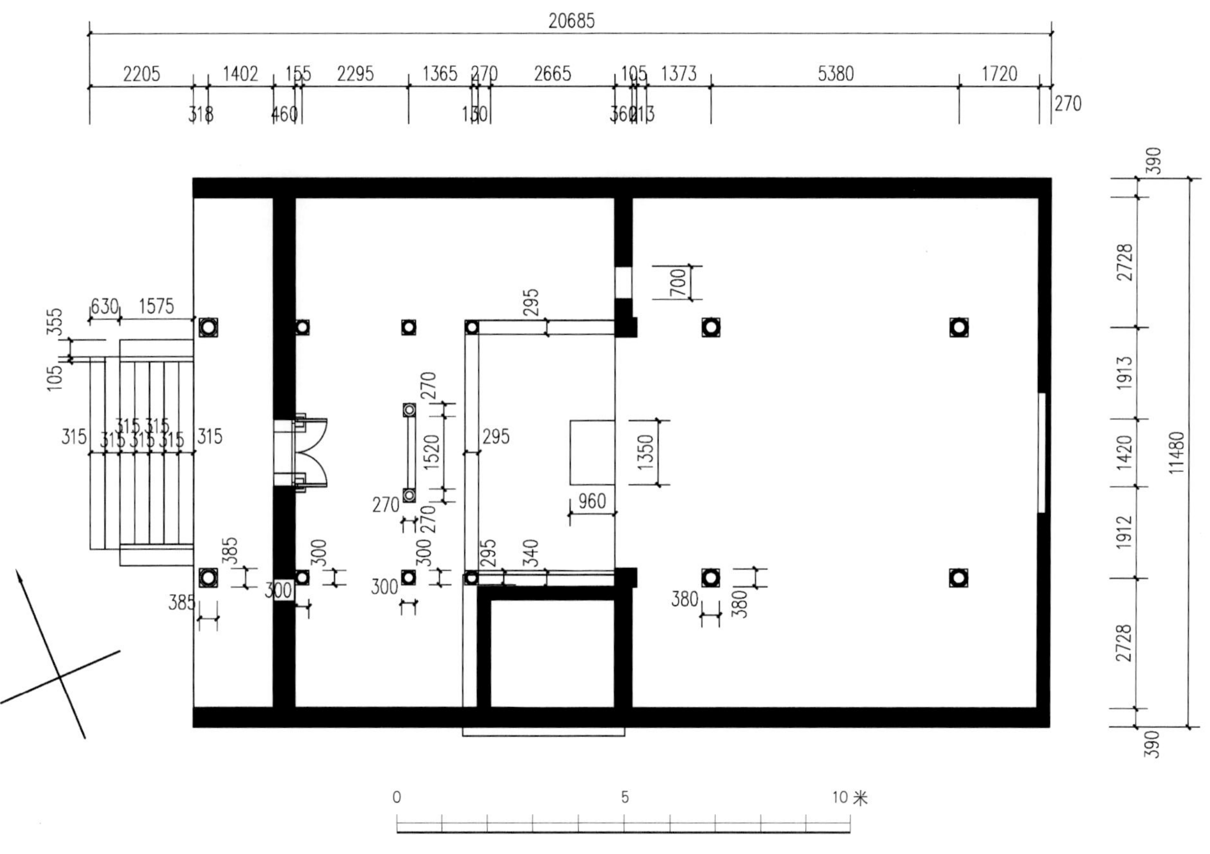

留耕公祠平面图　图片来源：华南理工建筑学院

在通长进深约为18.5米的情况下，原本正厅进深最小约为现状的门厅进深，即6.1米，则原初门厅进深不大于6.1米（遵从门厅不大于正厅的原则），而原初天井宽度最窄为6.3米。对比同样是两进的乡贤公祠（且两者有相似的象征地位），乡贤公祠通长25米，门厅进深约8米，天井进深为6.4米，正厅进深约10.1米，正厅高度为7米。改建后的留耕公祠正厅进深为9.4米，高度6.4米，与栎坡公祠相近，但限于场地有限，使得最终门厅与天井尺度较小。这就解释了留耕公祠门厅与正厅尺度差异大且天井狭小的原因。

6.友兰公祠

位于塱西社的友兰公祠是供奉黄皞长子黄学箕的祠堂，这间祠堂和塱东社的谷诒书室是村里保存最好的祠堂，始建年代没有记载，在清嘉庆六年（1801年）和民国十六年（1927年）先后重修过。祠堂的前面有两棵很大的龙眼树，树下有两对旗杆夹，是为咸丰元年（1851年）辛亥恩科乡试第五名黄湛莹和咸丰三年（1853年）癸丑恩科考选第一名贡生黄庭槐所立。

和村里别的祠堂不同，这间祠堂的第二进里有一个接旨亭。亭内还悬挂着一个“芳徽克绍”的木匾，祠堂的灰塑、木雕、石雕十分精美，保存完好。友兰公祠封檐板木刻题材丰富，主要有梅竹雀鸟、宝鸭穿莲、鱼蟹丰收、蝶恋花、雀鹿图、兰花、葡萄等，另外还刻有多种文字形体的诗句，其中有唐代诗人王之涣的《登鹳鹊楼》，李白的《早发白帝城》《庐山谣》，刘禹锡的《陋室铭》，还有一些诗

友兰公祠

友兰公祠内景

友兰公祠内接旨亭

友兰公祠细部装饰一

友兰公祠细部装饰二

句如："眠琴绿阴，上有飞瀑；落花无言，人淡如菊。""中庭地自树，梅鹤寒露乘；馨湿桂花（吟），夜月鸣永昼。"……

民国初年，友兰公祠破败不堪，名下财产只有40亩土地，年收入3000斤稻谷，折合当时200大洋。村民自发组成摸督会，筹措资金，每户村民出5个大洋，共计2000多大洋，家中特别贫穷的则提供义务劳动，推举乡绅黄文驱（在广州开设彩生鞋店）、黄铭（在广州开设志生鞋店）、黄理浩（在广州做砧板生意）牵头来修缮。三人共捐出3000大洋，四处奔波发动做生意的朋友捐款，黄理浩负责建筑材料采购，最后从广州一座拆毁的旧庙买到了木材，于民国十六年（1927年）冬正式动工重建，由本村村民黄伯琼负责设计图纸，步云村李学来负责祠堂修建，历时一年多，花费了12500多大洋。建成之日，有20多个黄姓村落的人前来恭贺。塱头村大宴宾客五个晚上，并在黄氏祖祠广场前表演粤剧。2002年9月，友兰公祠被公布为广州市文物保护单位。

7.谷诒书室

谷诒书室是供奉第二十二世祖黄谷诒的祠堂，建于清道光六年（1826年），黄谷诒本人没有考取过功名，不过在清道光年间因家乡遭遇天灾，他捐献家财救济灾民，被朝廷赐封奉直大夫（散官，相当于从五品官阶）。黄谷诒育有七子，分别为毓章、玉章、龙章、璇章、景章、瑶章、华章。谷诒公以经商发家，炭步一带流传着一段致富歌谣，其中的“塱头剃刀友”，指的就是谷诒公黄友。从黄友发家致富的故事可知，黄友祖上并不发达，也并非书香门第，在其发家致富后非常重视子弟教育，最终黄友的下一代，七子中有三人中进士（黄玉章、黄璇章、黄瑶章）。黄友最为发达的时代就是在道光初年，积墨巷一带的民居建筑群，以及北侧的村寨墙及拱北门，村面前的谷诒书室都是在道光初年集中建成。

从这个意义上来说，谷诒书室更像是一件在充裕的经济条件下的全面复古主义作品，是对祠堂历代流行做法的致敬，尤其是细部的处理。谷诒书室作为生祠，已经完全打破了对祠堂规模等级规定的禁忌，将祠堂的经典元素一一展现，融于一体。书室在横架上所运用的是当时所流行的博古梁架；而在纵架上，则进行了一定意义上的复古，头门立面处理上不但有细致的线脚表现出墪台，而且设四根檐柱，檐柱为方形，四角处设多重线脚，柱础为与之风格搭配的束腰多重叠涩式方形柱础。两次间檐柱间设

谷诒书室

石质护栏，护栏栏板均为两根方形短柱夹栏板构成，短柱之上为覆莲式的柱头，中间的栏板为三段式，其中底座为流云镂空样式，栏心浅刻如意花草纹样，栏心与最上端的栏板之间也有镂空。栏板与屋檐之间为石质的虾公梁、金花狮子构件，虾公梁正面与底皮均满布浮雕，虾公梁两端有石质的雀替承托。雀替几近圆雕透雕，在轮廓为三角形的布局上一分为二，设上下两层人物雕刻，两边雀替左右呼应，十分精美。虾公梁之上的传统“金花”雕刻为人物与花草雕刻，在中间的人物与两侧的花草之上，雕刻线条由曲线自然收束为直线，仍然还原为一斗三升的样式，用来承托挑檐檩。金花狮子之上略靠外是同样富于装饰性的封檐板，其上满刻花草纹样，细致繁复。

两侧山墙墀头部分，砖雕精美。砖雕分为三层，即底座部分、中间层以及上面顺屋檐前倾部分。三部分之间另有两到三皮砖厚度的分隔层。最上面的部分为前倾的透雕垂莲柱样式，结构又类似于如意栱，顺应屋檐，层层出挑。其下分隔层雕刻瓜果样式。中间层约占整个墀头高度的1/2，是整组砖雕的构图核心、重点表现的部位，四边各用一皮薄砖框住，其内平均安排上、中、下三层戏曲人物雕刻，手法为圆雕透雕，场景与人物安排合理，过渡自然，栩栩如生。最下面的底座一层浮雕为两个人物高举条幅展开分列两侧的样式，条幅之上阳刻，左右两边分别篆书“文章华国”“诗礼传家”的字样。

谷诒书室立面上部不设壁画，而是采用讲究的清水砖墙，磨砖对缝，虽历经沧桑，现状中仍然平直如初，质感柔滑似缎，让人感慨古代匠人工艺的精湛。整个立面当心间满铺花岗岩，两侧则为清水砖墙，入口门宽约占当心间1/3的面阔，其上石质门匾，与墙体融为一体，周边加阳刻纹样标示，上书“谷诒书室”，题头为“道光丙戌岁次”，落款为“史官仲容敬书”，门两侧对联为“国恩家庆，人寿年丰”，门槛两侧为案台式门墩，对外的两侧雕刻狮子。

门头剖面由入口门所在墙一分为二，分为前后两部分，前面部分，三间开敞，进深三檩，上下三架直梁，门厅入口位于第十檩之下，设一道屏门，分上、中、下三部分，上面为菱形镂空高窗，中间双开门，下为石质门槛，屏门之外设轩顶。而大门入口的内侧，两次间用墙体围合成封闭的房间，并在面向厢房处开设一门一窗。墙体围合至头门层高约一半处截止，于墙体拐角处重设短柱与头门的横架相接。在头门房顶与围墙之间的空隙设木质镂空高窗，解决房间的采光问题。根据村民访谈，此两处房间可作为塾师休息之所。若无授课活动，也可在管理族内事务之时，充当账房之用。右侧房间靠近入口的墙上设六边形神龛，其内供奉门官及土地神。

塱头大部分的祠堂一进天井两侧均为敞廊，而谷诒书室则完全做成厢房的样子，两侧的敞廊立面处理与入口立面类似，设四根小柱，方形柱础，次间亦设栏杆，只是无复杂石刻装饰，只刻简洁线脚装饰。小柱之上原有梁头位置已经演化为固定的装饰构件，石质的刘海戏金蟾，左、右厢房各有两对，正好与头门后檐下同样位置伸出的梁头石雕——和合二仙人遥相呼应。

栏杆与栏板最初的设立一是为了空间的强调与划分，二是安设于有高差的部位，起到引导与保护的作用，如高敞的月台周围，高处的楼阁建筑等。在早期的广府祠堂建筑中，栏板的设置增加了各个空间的区分性，起到了对栏板两侧空间的界定与划分的作用。就厢房的栏板而言，栏板以及栏板两侧石质拱门的设置，更加强调了这个轩顶之下作为一进到二进通道的仪式感，也是对天井空间神圣性的强调。早期在祠堂中进行祭祀的人群是避走中轴线位置的，要从侧面通过，而在谷诒书室中厢房栏板的设置则是装饰性大于功能性了。栏板后整个厢房立面均设木质透空格栅门，关闭门窗后就成为纯粹的室内空间。

厢房最具有趣味性的部位还有正脊部分。厢房正脊均采用灰塑装饰，两侧镂空蟠龙纹围拱着中间的主题部分，中间部分保存细部不明显了，但轮廓尚在；东侧为中国传统样式的建筑形象，能看到坡屋顶及三段式的立面构图，而西侧则表现西洋建筑景象，依稀可辨有围墙、拱门、尖顶等元素，东西辉映，很有意思。从整体的体量与色彩看，身处天井之时，厢房的正脊是第一进院落中最为醒目的装饰部分。

谷诒书室内景一

谷诒书室内景二

而在横架方面，谷诒书室则又体现了营建年代的“时代特色”。从谷诒书室的剖面上看，除了入口檐下为木质直梁结构外，门的内侧、两侧厢房以及正厅梁架均为博古梁架。尤其是正堂横架，整个构架宏大，由三层叠涩为一个整体，雕刻精美，博古横架下的大梁用材讲究，至今仍然保存完好。正厅当心间设旺相堂，供奉黄友及其七子的牌位。

此外，一进天井内原有作为仪门的石质三开间牌坊一座，被称为“圣旨牌坊”。相传，因谷诒公救灾有功，奉旨修建了这座牌坊。上书圣旨及“恩荣流芳”“奉直大夫谷诒”“永远流传”“道光三年”的字样。一进天井内设置仪门或是中亭本是广府早期祠堂的流行做法，而建于清道光年间的谷诒书室却如此热衷，与塱西社友兰公祠一进祠堂内设接旨亭，可谓是交相辉映。（据村民所传，后牌坊被移至村口位置，现已损毁不存。）

除了砖雕、石雕、木雕精美外，谷诒书室留下来的壁画也是整个塱头村祠堂壁画中最为精美的。谷诒书室门厅内侧、厢房以及正厅原本都有壁画，现状中保存下来的仅有门厅内侧的部分。入口内侧上方正中为教子朝天的水墨画，两侧各为一副方形的青绿色调的山水画。

谷诒书室的右侧保留有一条小巷，巷门之上题有“延薰”二字。调研访谈中也可证实，书室西侧原有两进一开间的单体，为谷诒书室的厨房。而在谷诒书室的一进院落的西侧厢房的墙壁上开门与小巷相通。谷诒书室的北侧，现状中为一片空地，村民提到此处空地原为谷诒书室的后花园。谷诒书室为黄友一支的延师授课之所，而与之毗邻的这个花园自然成为课余休憩之地。鉴于此空地面积与周围单体的三间两廊式民居的占地面积相仿，不排除此花园前身为民居的可能。

客品芋頭話塑頭古建
促旅步步生金
我欣羨步跨虎步興農
何處識明清且到塑頭
細翰石坊磚屋
莫驚樹鳥潭魚
此中無歲月須輕脚步
舊事問街坊趁芋熟巴
江荷香粵海
鎮月滿名邨
書聲傳巷陌共人遊古

谷诒书室内景三

谷诒书室细部装饰

8.以湘公祠

以湘公祠建于清咸丰七年（1857年），以湘公是塱西第十八世祖，为菽圃公的长子。以湘公祠大门对联为“绳其祖武，贻阙孙谋”，总体布局为三间两进式。

三间两进的敞楹式祠堂发展到清末民国时期，从平面布局、结构形制、装饰内容等方面已经形成了相当成熟或者说是程式化的手法。以湘公祠是塱头村所有敞楹式祠堂中建设年代最晚的，后期无改建加建，保存得较为完整，对于研究清末敞楹式祠堂的形制与装修等提供了一个较好的参照。

以湘公祠从平面上看，清晰简洁，更多地运用了砖的材料，仅仅在门厅前檐设两柱，正厅设四柱。门厅、天井、正厅进深分别约为6.95米、5.47米、8.64米。门厅内设中墙，中间留入口正门，前后进深比约为3:2。门厅后檐与正厅前檐的次间均设墙，围合出中央的天井空间，这四面墙均在靠近天井的一侧设拱门。祠堂入口处有五步台阶，正厅前有三步台阶。整个平面的铺地也通过不同方向的铺设方式区分出不同部位的室内与室外空间。从入口立面上看，通面阔约为12米，次间与当心间面阔比为3∶5∶3，入口门宽度为当心间面阔的1/3，门厅两檐柱为石质方柱，方形柱础，柱头上直接承檩，两次间有石质虾公梁、石质金花狮子的纵架结构，其上有满布人物、花鸟雕刻的封檐板。两侧山墙檐下设三段式的砖雕墀头。门墙当心间为花岗岩砌筑。自剖面看，门厅前檐下四檩，博古横架，后檐则为七檩八架椽，沉式瓜柱结构，第八椽前后两端均插入两侧墙体内，六架椽与八架椽之间设乳栿分别插入八架椽上所立的两个短柱内，椽尾有回纹雕饰。天井两侧的敞廊为卷棚顶，硬山搁檩，封檐板雕刻为花鸟图案。正厅四根金柱为木质圆柱，柱础为石质的仰莲式，进深十三檩，为前后对称的瓜柱梁架。侧立面为镬耳山

以湘公祠

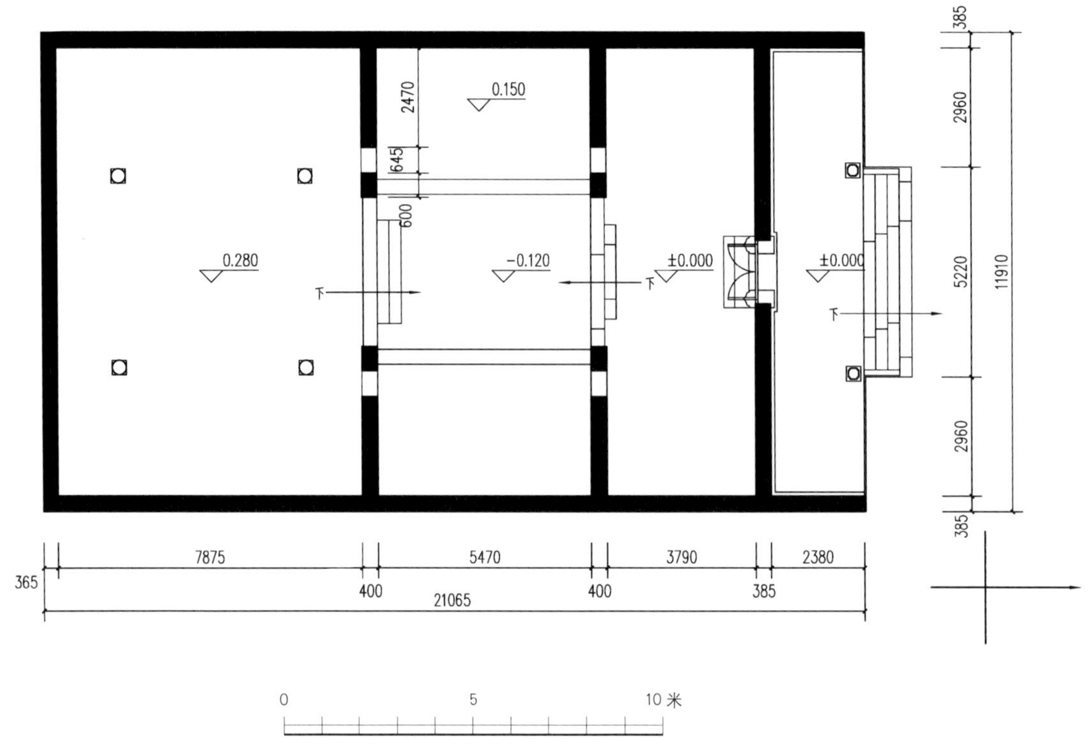

以湘公祠平面图　图片来源：华南理工建筑学院

墙。整座祠堂平面布局简洁，门厅、天井及正厅的平面及空间尺度比例合理。砖雕、石雕、木雕趋向程式化处理，风格统一协调，体现了该祠堂营建年代的流行范式。

第七章　民居

一、环境营造

《塱头黄氏家谱》中记载，第八世“朝奉于是，因前之基，立为久远之业，门外池塘，舍后园圃，多种花果草木，以为游息，计四子既长，乃界其地为四区，而各为筑室居之，宅第门连光彩而宗族子孙渐以聚盛实于此”。第十一世宗族再次分析之时，塱东社分房祖渔隐公“分得祖宅以为狭窄，乃于新园之东因自筑室以求宽广，遂自买居旁之田卒至三十余亩，挖池筑园，栽植花果竹木，立基业以为久远之计，子孙赖之”。每一次重要的分房之时，分房祖进行初步营建时都会对未来发展有所规划。每一次新的居住建筑的营建都伴随着池塘与园林的建设，并为子孙后代预留下未来发展的建设用地。

据村人口传，塱西北侧寨墙外原为某一房太公的花园，其内遍植榕树、木棉树等，而时至今日，塱东寨墙内仍保留门额为“渐入佳境”的私家花园入口大门。

塱西与塱中的小河涌是从鲤鱼涌延伸过来的，原来水极深，用来调节整个村落的排水蓄水问题，直到新中国成立前，炭步镇上的船都可直接进入，搬运货

“渐入佳境”花园入口

物，竞赛龙舟，为村落生活提供必需品与休闲娱乐。村落南面的河涌边不但有荔枝基围，也遍种其他种类的果木，如黄皮、龙眼、番石榴、杧果、柚子、木瓜、柠檬、柿子等。

由此可知，作为居住建筑不可分割的一部分，伴随着村落一开始的规划，园林营建在塱头的村落发展中就是不可或缺的部分。“门外是池塘，舍后为花园”的布局是从建村之始就确立的居住模式。

尤其是塱中与塱西社靠近深潭处的民居，更是建筑与水景结合。水边的花园住宅和大小书室，与水边景致相融合，雅致恬淡，而在这些私家的小花园之外，整个村落外围则分布着几所大型的公共园林，明灭闪耀于不同的历史时期，延续着塱头村非凡的格调与规划思想。这些分布在深潭两边及村落北侧的大小花园，辉映着村面祠堂上宛如信手拈来的诗词书画，或情思旖旎，或风骨超脱，处处彰显了塱头深厚的历史文化底蕴。

二、形制变迁

塱西社是塱头村最先发迹的地方。现状保存的布局依稀可见元末明初村落最初营建时的规划肌理，与塱中、塱东极为不同。塱西现存的六条巷子将村落划分为五个长条状的肌理，这五条建筑肌理从总体上也呈现出左右对称的布局：中间一列为友兰公祠所在地，面阔为三开间，友兰公祠以西并排两列面阔分别为27.5米、26.5米，恰恰是七开间，而右侧发育比较明晰的肌理也有一列为七开间，面阔约为27.5米。从村落单体的营建来看，与塱东、塱中不同的是，塱西各条巷子宽度一致，均为2—3米，较为宽敞，规划严整，但是长度却不一。以友兰公祠所在轴线为中心，友兰公祠两侧巷子长度最长，越往两侧巷子越短，到了村落最东端与最南端，巷子两侧基本只有三四座三间两廊的单体。

塱西社平面肌理分析图（从中可明显看出家谱中所记载的"四区"规划，每一"区"都是七开间的住宅建筑群）

从中可以推断村落发展是以友兰公祠为中心向后、向两侧推进发展的过程。

再仔细分析友兰公祠左右两侧七开间的单体序列，虽然面阔对称，但是进深方向有明显差异，整个巷子肌理在延伸到约22米的地方留下了约为2—3米的横向通道，在进深约22米的空间中，友兰公祠西面的序列保留了进深约为七进的肌理，即前后为7座三间两廊式单体。而友兰公祠右侧则为前后8座三间两廊式单体。由此可见两侧肌理都有相对独立性的布局（非简单对称式的三间两廊无限向后叠加的布局）。

1.三吉堂民居

无独有偶，在《广州市文物普查汇编 · 花都区卷》中记载，花都区花东镇有个山下村三吉堂自然村，是一个典型的客家村落，从村落整体布局看，整个村面呈左右对称式，中间为敞楹式的祠堂（祠堂布局为中间三开间的主轴线建筑加两侧对称的一开间的附属建筑），两侧以青云巷相隔，分别建有并列两座客家的

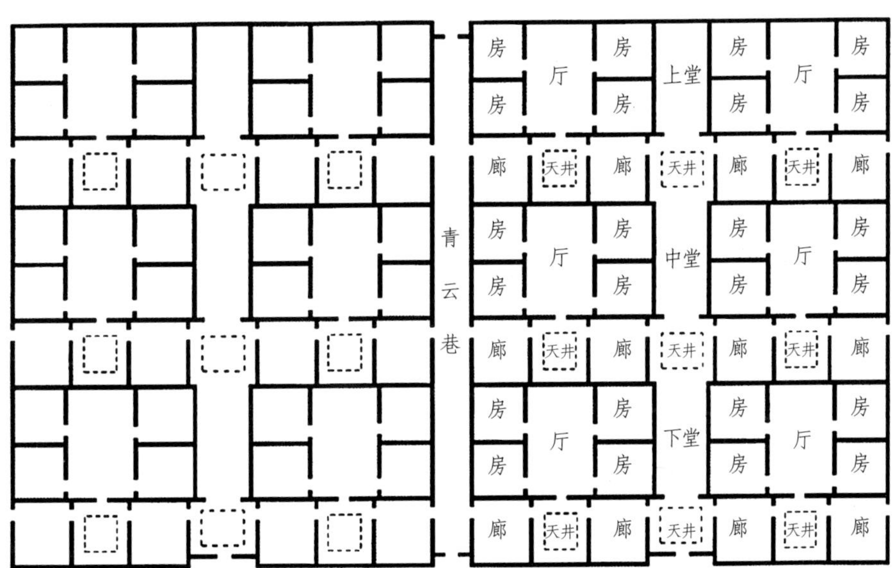

广州市花都区花东镇三吉堂村住宅平面图　图片来源：《广州市文物普查汇编 · 花都区卷》

“三堂屋”。三堂屋民宅每座面阔均为七间，约28米，俗称“七龙过脊”，三进总进深36.7米，当心间位置布置为公共的厅堂空间，以天井相隔为下堂、中堂、上堂（“三堂屋”的名称即来源于此）。厅堂两侧各有三开间，为前后相连的三个三间两廊结构，即一个三堂屋左右两侧前后共计六个居住单元，加上每个居住单元中的厅，每座三堂屋共计厅堂9间、天井9处，廊12座，房间24个，形成“九厅十八井”的平面布局。6个三间两廊式的居住单体与主轴线上的3个公共厅堂共同组成一个整体的更上一个级别的居住组团。而多个三堂屋又以同构的模式组成村落级别的共同居住组团，即4座三堂屋以两两并列的形式分布于村落祠堂的两侧，形成村落的最终布局，充分体现了村落大家庭聚居的生活模式。

三吉堂村与塱西社的布局有着惊人的相似性。从三吉堂村的平面肌理很难不让人推测，友兰公祠所在地对应着中间的祠堂，两边拱卫着的极有可能是三堂屋式的单体组团式布局。从现存较为明晰的肌理，我们可推知友兰公祠西侧并列两排三堂屋，前后至少有四座，而东侧则至少有一排，前后共两座。与三吉堂村中心祠堂两侧均有六座三间两廊单体的布局有所不同，塱西社肌理中两边多于六进的进深距离，则是因为前后两座三堂屋之间很有可能留下了横向的宽敞的通道或者是场地。

2.石头霍氏民居

前述提到，塱头黄氏于科甲博兴之后，与地方乡绅广泛结交，其中较为有名的便是同属南海的霍氏一族。在同一时期的《霍渭厓家训》[①]中有一张“合爨之图”，紧跟此图后又有文字说明，即合爨男女异路图说：

① 见[明]霍韬，《涵芬楼秘笈·家训一卷》。

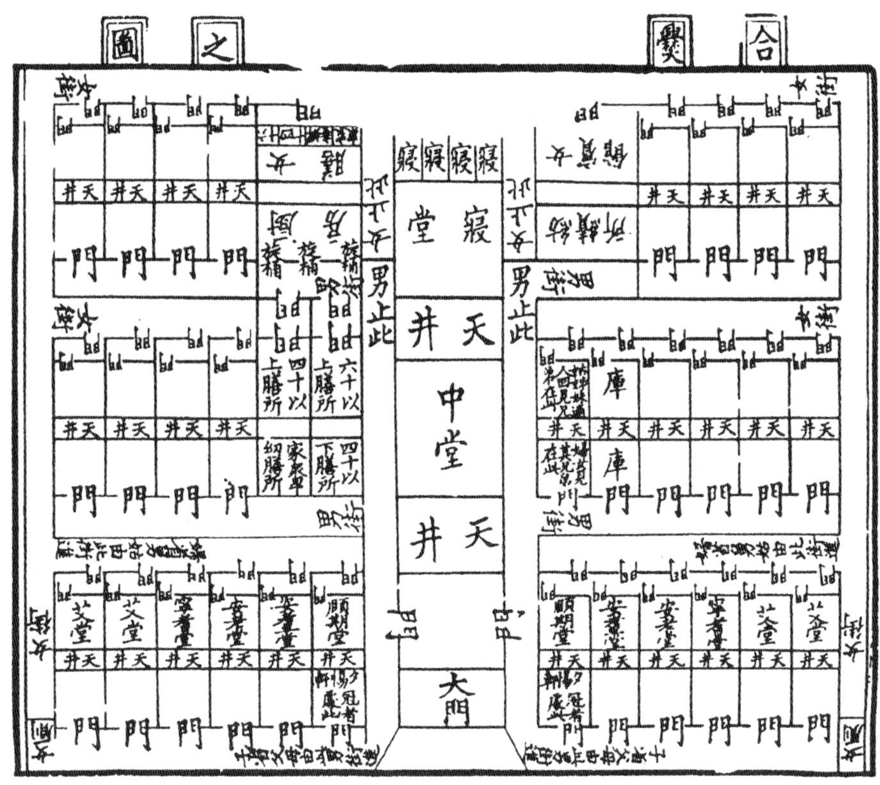

合爨男女异路图

> 凡朱扁，男子由焉。墨扁，女子由焉。阴阳之别也。男门由前，女门由后，外内之别也。人授两室。女从母。子从父。夫夫妇妇。子子女女。止其所也。男街直达。女街后转。远别也。男止中堂。女止寝堂。慎则也。女门重错。谨也。家人之义大矣哉。

霍渭厓的这幅图是在明嘉靖年间绘制的，而塱头村的四房分立的相似格局则远远早于此时。实物与文献的相互佐证，充分说明，类似于三吉堂的布局，民居围绕家庙对称分布的大家庭居住模式，其在南海地区存在的时间其实远远早于南海士大夫阶层广泛参与乡村宗族建设

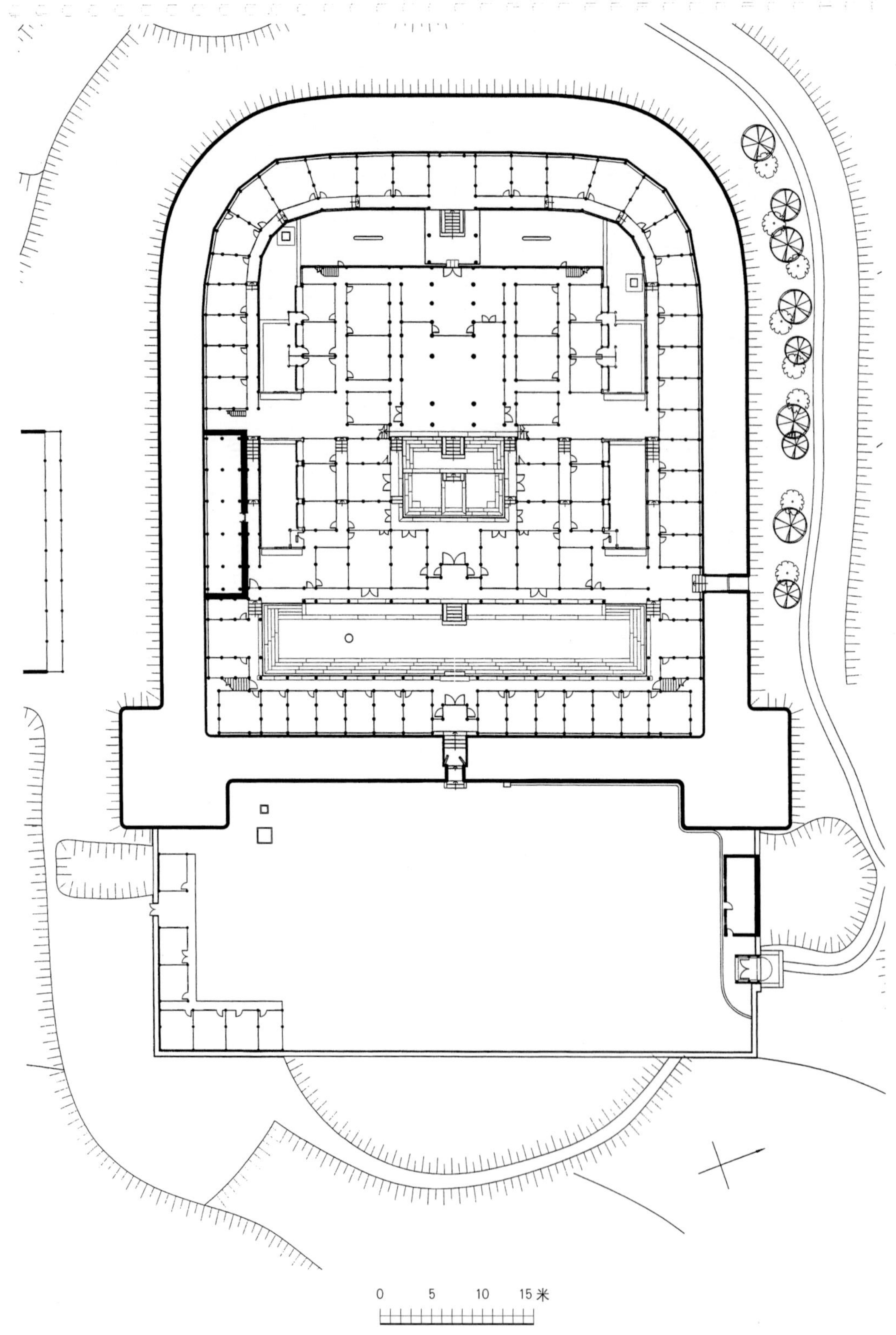

客家民居福建永安安贞堡一层平面图　图片来源：清华大学建筑学院

的时期。以往的传统总是认为珠江三角洲地区开发较晚，家庙或者是宗祠的建设兴起于明初之后，即从大的历史背景上看，是始于夏言“大礼议”之后，庶人可祭祀始祖的规定客观上促进了祠堂的建设，以南海地区为例，则是南海地区的宗族发展和建设伴随着南海士大夫阶层的兴起，士大夫广泛参与地方乡村建设，以儒学教化移风易俗，才揭开南海地区宗族发展建设的真正序幕。但是塱西社遗存的元末明初肌理却为我们提供了新的思考维度。至少在塱头村这个案例中，很有物质实体继承借用在前，理论制度的深入教化建设在后的意味。

3.客家围屋

近年来，根据黄氏宗亲对族谱的梳理与研究，有观点认为黄氏最早是从福建莆田迁移至广东，而塱西社所保存的村落肌理或许也是这一说法的佐证，此问题还有待进一步的研究论证。对比围龙屋的平面布局，从中也可以看出塱头早期元末明初时期的村落布局与客家民居的渊源关系。

客家围屋根据不同的地形与地区有多重的形式，如围拢式围屋、圆形围屋、方形围屋以及椭圆形的围屋，这些客家民居虽然形式有差异，但是存在许多共同点。如：大多规模较大，为大家庭聚族而居的形式；布局中均以公共场所——厅为轴线空间，呈现左右对称式平面布局；外围为附属房间，同时又起到围合防御的功能；屋前有禾坪与风水塘。围屋按结构及材料可分为砖石与土木两种。广府民居前期用夯土的居多，也与其类似。围龙屋的附属必备元素，如门前的禾坪（地场）以及风水塘，两侧设横屋，横屋的开门方向均面向中间的正堂，这些特征均与塱西村的布局有相似之处。

如今塱西社中所保留下来的三间两廊式的建筑单体，虽然大多是清代或者民国时期改建重建，但是初建时的平面尺度及肌理基本保留了下来。与三吉堂保存完整的三堂屋不同的是，塱西社三堂屋中轴线上的三堂，单体内部肌理早已漫漶不清，现状中被私搭乱建的杂屋所遮蔽。据村民回忆，新中国成立前很多两列三间两廊之间是有巷子可以贯穿的，可以推测，三堂屋后期伴随着小家庭居住模式的兴起，原来用于公共场所的三堂空间逐渐衰败没落，演变为联系两侧三间两廊式民居单元的私巷，甚至到更晚期，因为用地紧张，私巷被各家各户占用，建满了临时性的房屋，才成为今日我们所见到的场景。

综上所述，明代以后，随着村落宗族的发展演变，以及经济模式的转变，村落的营建模式也发生了相应的改变，三间两廊式已经完全从三堂屋式的组团中独立出来成为村落肌理中的主角，而村落的核心地带，围绕着友兰公祠这个中心位置，后期在原址上重建的民居仍然遵循着古老的肌理。塱西社在历史发展的后期，巷子虽然还在，肌理却发生了微妙的变化：在横路的北侧，村落后续的营建过程中，巷子的后半段，尤其是友兰公祠东侧，可明显看出青云巷向东北侧延伸，微微向东侧偏移，民居面阔已经由原来的七开间增加为八开间，肌理已经演变为三间两廊式居住单元各自加附属的一开间的企头房的形式。一开间的企头房在塱西社的数量并不多，分布仅仅位于村落两侧及北部的后期发展区域中。（关于企头房的起源，即一开间的单体，笔者已在祠堂一节中进行了较为详细的说明。）

三、室内布置

在标准的三间两廊居住单元中，家庭主要的活动空间围绕着当心间展开，当心间的后面多有隔断将当心间划分为两个空间，开敞的前部空间作为公共活动空间，又是仪式空间。作为仪式空间的前面部分，紧贴隔断多布置旺相堂，不同时期中堂前的旺相堂布置略有不同：其一为，中堂前摆放约两米的案台，其上供奉祖先，案台下供奉土地、三官神位，案台两侧分别开门，进入隔断后的房间；其二为中堂处隔板做两层处理，上层做退台，壁上粘贴旺相堂条幅，退台之上放置祖先神主及摆放供奉，下层则做成八扇均可开启的隔断门。第二种布置与第一种布置相较，整体的空间利用率更高，旺相堂背后的位置布置为客房，后期隔断门多为镂空雕刻，改善了客房的采光。

讲究的人家，正堂西侧山墙前摆放酸枝木家具，如桌椅，壁上挂字画，东侧很多家庭则用来放置舂米的工具。当心间与次间以墙相隔，根据房间进深，两次间对称设置两个或者四个入口。在清末民初，当心间与次间之间的墙变成木板隔断，自正脊下砌青砖的墙柱，再以简单的木板进行围合，这种做法，避免了大面

三间两廊民居当心间内景

附

塱头黄氏世系

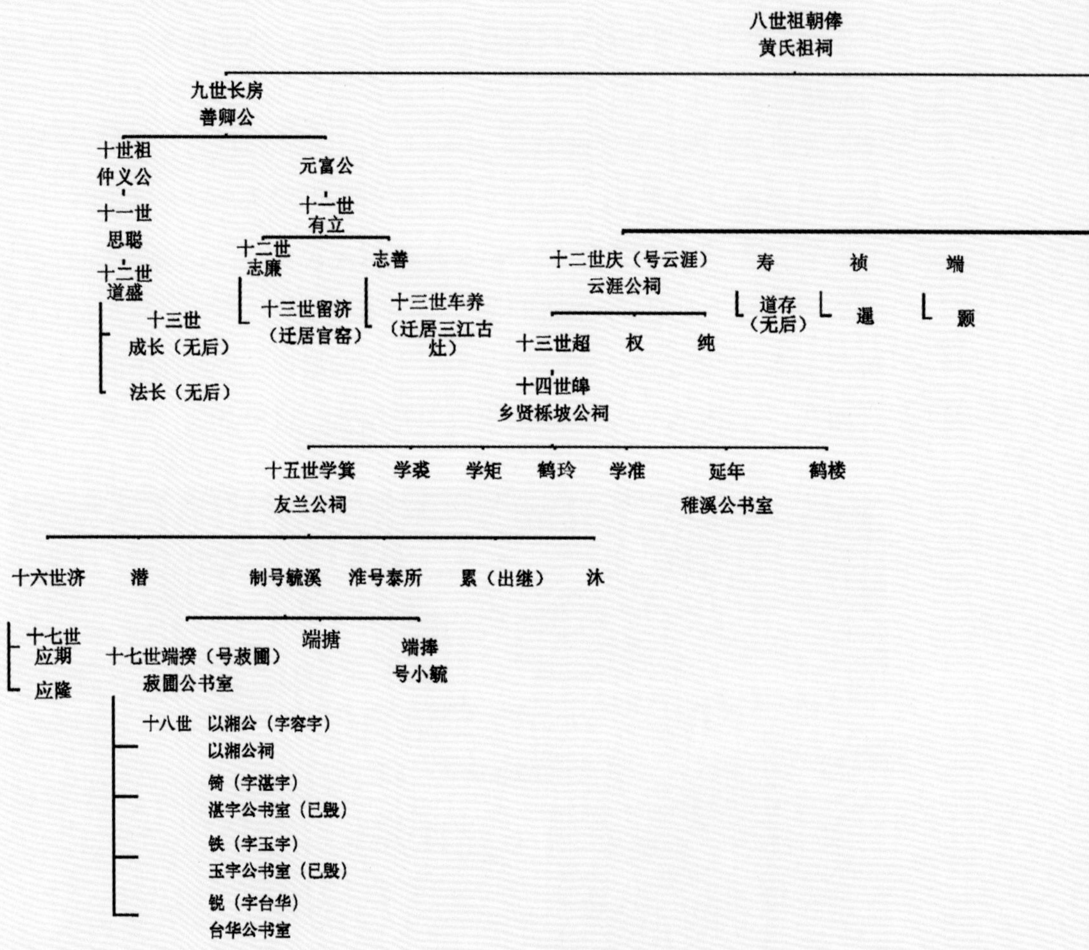

塱头八世至十八世部分世系及祠堂书室图

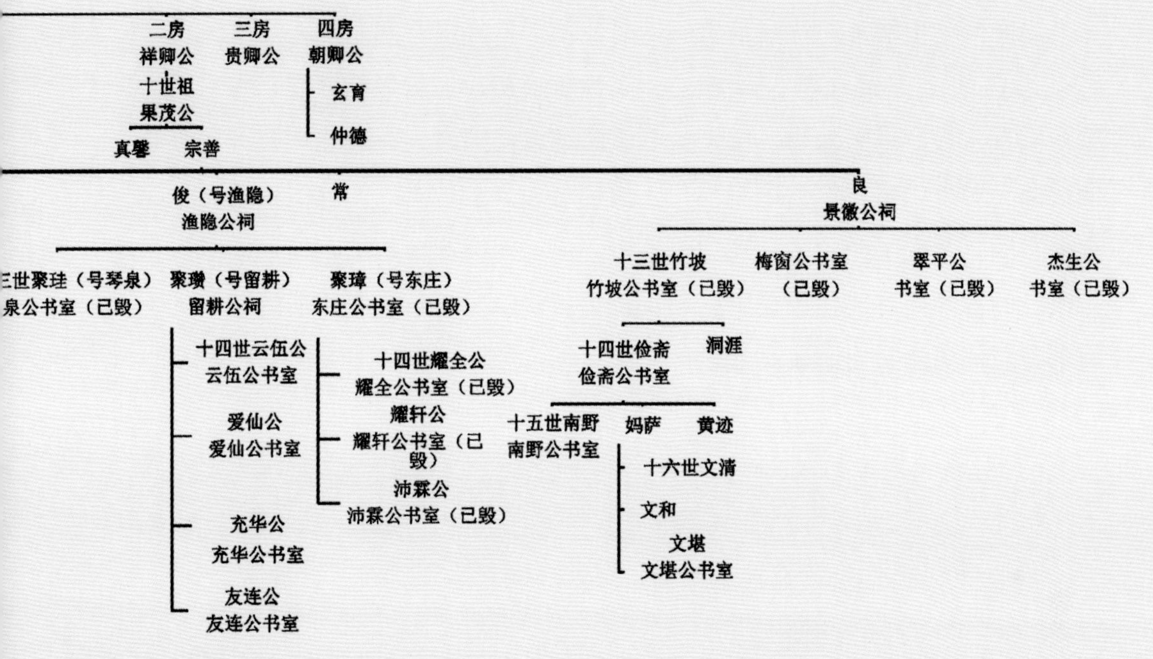
二房
祥卿公
十世祖
果茂公
真馨
宗普
三房
贵卿公
四房
朝卿公
玄育
仲德
俊（号渔隐）
渔隐公祠
常
良
景徽公祠
三世聚珪（号琴泉）
泉公书室（已毁）
聚瓒（号留耕）
留耕公祠
十四世云伍公
云伍公书室
爱仙公
爱仙公书室
充华公
充华公书室
友连公
友连公书室
聚璋（号东庄）
东庄公书室（已毁）
十四世耀全公
耀全公书室（已毁）
耀轩公
耀轩公书室（已毁）
沛霖公
沛霖公书室（已毁）
十三世竹坡
竹坡公书室（已毁）
梅窗公书室
（已毁）
翠平公
书室（已毁）
杰生公
书室（已毁）
十四世俭斋
俭斋公书室
洞涯
十五世南野
南野公书室
十六世文清
文和
文堪
文堪公书室
妈萨
黄迹

积的墙厚，增加了室内的使用面积。更为讲究的做法则是于当心间两侧山墙处做镂空雕刻的三角形梁架，梁架下可自由安装隔断门窗，使得空间更具有装饰性。因主体三开间室内空间较高，除去当心间两侧山墙外，往往沿着其余墙壁的上方留孔洞，架横梁，搁置木板，用于储物。由于两次间无对外门窗，作为卧室与存储空间，其内采光较差。在后期改良的三间两廊居住单元中，有部分三间两廊在山墙较高处设楔形小窗洞，做通风与瞭望之用，兼可采光。到了后期，两侧次间甚至改为双层，设置楼梯及在二层地板设采光洞口，增加了使用面积。

如建于清末民初的仁寿里6号，位于仁寿里巷的东侧，屋主人为黄景初，为黄景燊之兄，大概为晚清民国时人，曾在广州开酒楼名为“七妙斋”，该组建筑由一组三间两廊建筑加东面一间企头房，以及与企头房相通的花园组成。

茶塘村

第一章　地理与选址

一、自然地理

茶塘村位于广州市花都区炭步镇东南部。该地明代属广州府南海县华宁堡，清康熙二十五年（1686年），因花山一带“积盗年久未净，析南海、番禺之地设立花县，以平贼寇，巩固政权”[①]。茶塘村遂划入花县水西司即现在的花都区炭步镇管辖至今。

花都区地处珠江流域的北江下游，东、北两侧与从化区、清远相接，山脉连绵起伏，西、南两侧与佛山、广州各区接壤，多是平坦的台地和冲击平原。炭步镇就位于花都区西南部的平原地带，周边水网密布，河涌纵横。此处地势西北高、东南低，东为巴江河（白坭河），西为芦苞涌，南为官窑涌，镇内主要河流均从西北流向东南，其后不远处曾有一片巨大的内湖，俗称“万顷洋”，那里就是巴江河、官窑涌和芦苞涌的交汇之处。

古代交通多走水路。沿着巴江河或官窑涌，便有几条小小的河涌通向炭步镇东南腹地：一条从官窑涌由南向北上溯，叫作金

① 孔昭度等修.利章纂.花县志.民国十三年铅印本

溪，另一条由巴江河由东向西上溯，但径流很短。这两条河涌两侧分布着汤氏家族的大小村落。交通虽然方便，但因地势太低，农业发展有很大局限。低地近水，便是炭步镇东南汤氏村落所共有的特点。

二、村落选址

茶塘村和周边大量村落都是以汤姓为单一姓氏的血缘村落。相传汤氏先祖汤贵随宋室南渡，从河南开封府祥符县党踞村出发，经河南商丘入安徽，一路艰辛跋涉，先后辗转于广州穗城，最终定居于南海金利司汤村（今佛山市南海区和顺镇汤村）。汤村是中山汤氏（汤氏郡望的一支）落脚广州的第一个地方，因此被称为“中山首第”。每当清明祭祖，分散各地的汤姓子孙都会回到汤村，齐聚一堂，共同缅怀先祖。汤贵之子纲、维、统、纪四兄弟也于此时随父入广，后因恐失其故祖，遂令幼子纪公返还河南，以祀薪传，其余三兄弟则于广州扎根落户，生息繁衍，世代相传，其中维公定居于新会，统公定居于增城，纲公则依然定居于南海汤村。纲公之子穆公再次分支，迁居今花都区炭步镇石湖村处。其后纲公之孙義公生三子，其各自支脉先后分家，长子宽二仍留居于石湖村，次子宽三一支迁居于石湖山村，三子宽四一支则迁居于石湖山村西侧的茶塘村。所以据汤氏族谱记载，汤氏家族自汤村分支至石湖，又从石湖分支至石湖山和茶塘，几村有确凿的血缘关系。

石湖村为汤氏辗转至花县树立根基之地，位于炭步镇东部，临近北江下游白坭河，发祥于塘唇社坟堡巷。相传，该村村前有一大湖，湖底为一天然大石，故名石湖村。石湖先祖功勋卓著，至五世汤观锡时已受三朝俸禄，其子丹山公、龙山公、瑞山公亦开枝散叶，耕读传家，村落规模与宗族势力皆逐渐发展壮大。石湖村作为长房，在汤姓家族中地位显赫，清同治十年（1871年）由石湖村坎头社汤金铭主持修建的汤氏家庙亦位于石湖村内，以图敬宗收族，福荫子孙。

石湖山村与茶塘村于同一时期立村，且地点相邻，皆位于炭步镇东南部。汤氏先祖自定居石湖村以来，仅三世，子孙便各自分家，另起炉灶，足见当地地势低洼，对农业发展造成了很大的局限。在广府地区，水乃是村落命脉，故新村选址则以邻近小河涌为首选，石湖山村与茶塘村的新村所在地地势平坦，两村之间即为金溪涌，顺此河涌而下便可进入官窑涌，之后沿珠江河道通达四方。村前河涌不仅为石湖山村、茶塘村提供了发达的水陆交通系统，而且也为村落居民提供了适于日常农耕灌溉的水利条件，是另立新村必不可少的自然条件。从风水角度而言，哥哥的石湖山村的风水格局较茶塘村更胜一筹，其背倚山丘，村前临水，所谓“前有照，后有靠”的风水宝地，村落环状分布，呈东西南北四个方向的自然村。相比之下，弟弟的茶塘村则地势较低，且无山丘可依，选址于此处，推测应是立村之初根基未稳，以求同宗力量相互依靠与支持的缘由，茶塘村风水格局的让位，也体现了在宗族社会中长幼有序的伦理观念。

三、立村传说

关于茶塘立村的具体过程，村中流传已久。相传，茶塘始祖逸时公曾于白坭山高坡上偶见白鹤飞临，所落之处田土广袤，河涌纵横，为一处风水宝地，遂请风水大师进行规划布局，立村于此。最初规划以白鹤为原型，村北为头、颈，村中为胸，村南为臀，臀前土茔为足。而后，后代子孙继而修筑风水基，建风水屋，以聚紫气祥云，福荫子孙。

这样的传说固然多有附会，但在其中却可见茶塘村最初的历史。在广府地区，河滩、海滩开发过程中往往有“鱼游鹤立”这一阶段。这意思是说河滩水浅——鹤可立于水中，水中游鱼可见，这样的河滩很适合养鱼养鸭，经过十几年甚至几十年的鱼鸭养殖后，沙土养分也会逐步调整，滩涂会被最终改造成适合农耕的水田。所以在明清两代地方管理中，“鹤立”之处往往是滩涂开发的半成品，与荒滩全然不同，对于风水师和普通农民而言，也是吉祥的风水宝地。

由此可见，茶塘立村之初，其地本是金溪河滩，经过汤氏家族长期改造，方形成今天的水塘、农田与宅地。

第二章　商业历史

一、农耕的局限

中国自古以来即为农业社会，土地是百姓生存的根本。但是茶塘村的农业却为自然条件所限。据民国时期《花县志》载："第四区以近西南地势低水道缺故旱涝均甚，虽土多冲积，表土常厚而农业之受损失者最多。"[①]其中第四区即指炭步镇所属区域，可见此处地势低洼，深受洪涝所害。据茶塘村民所述，自清代立县以来，茶塘村曾经历过八次严重水患，损失惨重。清康熙五十一年（1712年），粤省水灾，巴江河沿岸一片汪洋；雍正九年（1731年），西隅大水，水深逾丈，田庐房屋倾毁甚多；乾隆四十三年（1778年），淫雨成灾；道光十二年（1832年）五月巴江河水患；光绪三年（1877年），巴江河大水，清远石角决堤百余丈，泛滥成灾；民国三年（1914年）五月，北江大水；民国四年（1915年），入夏，淫雨成灾，西北江同时暴涨，三水县内大塘至芦苞堤围四处溃决，白坭、赤坭、炭步一带皆成泽国，

① 孔昭度等修.利章纂.花县志.民国十三年铅印本.

史称“乙卯大水”，茶塘亦灾情严重，稻田被淹，房屋倒塌，村民流离失所；民国二十年（1931年）五月，暴雨成灾，巷可泛舟。现在茶塘村祠堂、民居外墙上还依稀可见当年洪水泛滥时一人多高的水位痕迹。这些无法预测的水患不仅对茶塘村村民的生命财产造成严重的威胁与损失，同时也对农业发展造成了致命的打击。在1949年建国以前，水利尚未整治阶段，茶塘村农田仅可种植一季水稻，且村民人均仅两亩地，每亩地产粮食不足三百斤，农业发展局限很大。

二、商业的发展

明代中期，随着大航海时代的到来，海外市场对中国丝绸、瓷器等商品的需求量大为增加，加之嘉靖年间由于“宁波争贡事件”导致泉州、宁波市舶司被罢，仅存广州作为唯一的通商口岸，承担起全部的海外贸易，使得广州在这一时期商业贸易得以蓬勃发展，社会经济达到空间繁荣。在这样的历史背景下，茶塘村民也必然不会囿于被自然条件所累的农业开发，而是主动顺应大环境的趋势，弃农从商，越来越多的村民开始投身于商业大潮之中。茶塘村北五里处，白坭河南岸，因交通便捷，商贸繁荣，于明清时期渐成圩市，称“炭步圩”。茶塘村占尽地缘优势，村面前一条大路直通炭步，村民于此自发经营，客聚如潮，越发兴隆，相传炭步圩中有一条繁华的商业街，其大部分店面均为茶塘人所开，足见其擅于经营生意的能力。此外，茶塘村北社有一条“财主佬”巷，名“足徵里”。据村民讲述，居住在足徵里的先民，便发迹于炭步圩，因为擅长做生意，广集财源，在足徵里买下了大片土地建宅，而这里也逐渐成为“财主”的聚居地，民国以前更是被称为“华尔街”，为茶塘村昔日的富足留下了实物的见证。

此外，茶塘人还大力发展榨糖、制糖业。不仅在村落中种植甘蔗，经营榨糖作坊，而且还于塱头村购置田地，种植甘蔗，营建作坊，制作黄砂糖，销往四里八乡。

茶塘人不仅在炭步镇经营得有声有色，也有不少人背井离乡，远去广西梧州谋生。梧州位于广西省的东部，地处珠江流域中游，为桂江、浔江、西江的交汇之处，水陆交通十分发达，顺西江而下，昼夜之间即可到达广州。明清时期，梧州是广西对外贸易的中心和最大的通商口岸城市。

三、金溪的影响

茶塘村东南方向，西南涌北岸，为金溪圩。这里虽不及炭步圩往来便利，但也是茶塘村民定期进行货物交易的主要圩市，更为重要的是金溪圩在明清时期还是一处水路交通枢纽，不仅为村民提供了便利的货物运输途径与商业交易场所，更是茶塘村民外出谋生、拓展视野的必经之地，并且“金溪墟（即今金溪圩）上通官窑，下通省会，南与和顺相犄角，东北复与花县番禺毗连，位置甚为重要”①。其中省会的商业发达程度自不必说，官窑更是闻名遐迩的工商业重镇，自宋代起便已是商旅往来之地，明代时更趋繁荣，并因其水路航道四通八达，自古便有“百粤通衢”的美誉。在西南涌淤塞之前，官窑一直是区域经济发展的重要驱动力。此外，据道光年间《南海县志》记载：“广州与佛山，佛山与南海县属内航线：金溪埠至佛山，有二渡。”②可见，金溪圩不仅通达官窑，而且有官方的轮渡、航线直达佛山。佛山是

① 南海县政府. 出巡纪事[M]. 天成印字馆.1930.12：57.

② [清]郑梦玉等修.[清]梁绍献等纂.南海县志.清道光十五年修同治十一年刊本.

继官窑衰落之后迅速崛起的又一商业重镇，明清时期其商业贸易的发达程度甚至一度超越广州。由此可见，金溪圩凭借其水路航道的天然地理优势，令茶塘村在发展过程中，始终与广府地区的商业重镇存在密切的交通与商业贸易往来，成为受益于官窑、佛山的经济繁荣而发展壮大的商业村落之一。

四、佛山的影响

佛山崛起于明清时期，是举世闻名的“天下四聚”之一，同时也是中国传统的工商业城市的典型代表。佛山的一跃而起，既依赖于民族资本主义萌芽以及珠江三角洲经济快速发展的物质条件，同时也是逐渐占据水路交通要道契机之下的必然产物。在明清以前佛山仅是以农耕为生的自然村，但随着连通中原地区与广州的北江支流芦苞涌、西南涌相继淤塞，舟楫难行，佛山涌取而代之，此后，西江与北江则在三水汇聚后由佛山涌流经佛山继而通达广州。佛山因此占据了西、北两江沟通中原与广州的交通要冲，地位举足轻重。清道光十一年（1831年）的《佛山忠义乡志》（卷十二）描述了佛山作为交通枢纽商贸往来、船只云集的盛况：“禅山（佛山），东南一巨镇也。其西北一带，上溯湞水，可抵神京，通陕洛以及荆吴诸省。四方之来游者日以万计，然皆以舟舶泊岸，不少劳余力也。”明清时期，佛山已是重要的工商业城镇，其中铸造业更是闻名遐迩。佛山铸造业主要分为两种经营模式：一种是家庭小作坊，另一种是家族大作坊。[①]以家庭为单位的铸造业，凭借灵活的经营方式，庞大的数量单位，构筑了佛山名扬海

① 申小红．明清佛山家族铸造业探析——以佛山地方志、家谱等史料为考察中心[J]．文史博览(理论).2011(01)

外的铸造产业。但是佛山虽以铸造业闻名，但其本地却不产铁矿，原料匮乏，因此清朝政府规定广州、南雄、韶州、惠州、罗定、连州、怀集等地生铁必须运往佛山而后加工。可见佛山涌重要的水路交通网络与佛山铸造业发达的经营模式，极大地影响了佛山及其周边城镇的经济职能。此外，佛山的铸造业还深刻地影响了汤氏村落的发展。汤氏先祖入粤之后在南海的立村之地汤南村，即位于里水镇和顺北部，这里不仅铸造业繁荣，而且与佛山关系密切。《广成公传》载："吾家广成得铸冶之法于里水，由是世擅其业。"[①]其作者李待问即是明万历年间南海佛山镇人。可见，元末明初佛山附近里水乡铸冶业已十分发达，并且还为佛山冶铁业培训了一批工艺匠人。

茶塘村的产业发展也深受佛山铸造业的影响。通过实地调研可知，在炭步镇范围内，茶塘村是最先于村内发展铸造作坊的村落，并且铸造技术得以世代传承，规模不断壮大。现在的茶塘村已是广州市花都区大名鼎鼎的铸造村，茶塘人以擅于经营的商业头脑将起初维持生计的铸造技术，逐渐发展为村落的支柱产业。

五、禅炭公路的影响

茶塘村东侧有一条重要的公路——禅炭公路。民国十八年至二十五年陈济棠治粤期间，曾大力发展经济产业，以应对民国十八年世界经济危机所造成的低迷状态，如推广糖蔗种植，发展制糖业，营建制糖厂等，为了满足相应的交通运输，还筹建了多条公路，炭步镇东侧的禅炭公路则于此时建成。[②]从公路

① 《李氏族谱》卷五《世德纪》之《广成公传》.

② 佛山市地名志编纂委员会编. 佛山市志1979-2002第一册：57.

命名中我们就可以发现这是一条从炭步通往佛山的公路。在经济发达的情况下，是对水路交通的补充，同时我们也可从中看到炭步镇与佛山之间渊源颇深的、密切的经济往来。

第三章　村落的格局与演变

一、风水格局

立村之初，当务之急便是对村落进行水利建设。水是广府地区立村发展的命脉，无论农业灌溉、还是交通出行均与水利息息相关。发源于西南涌的小河涌自东南方向迤逦而来，绕茶塘村南，由村落西南角而入，河涌的走向确定了水口的地理位置，成为村落全部建设的前提与基础。水口自古被认为是村之门户，在风水格局中具有重要意义。茶塘村所在地势虽无山脉可依，但其水口位置恰好位于茶塘村西南角与石湖山村东南角相对之处，虽无重山却仍呈夹峙之势，可见立村之时，汤氏先祖因势利导，利用河涌流向进行围垦、改造，最终确定水口位置，以人工之力弥补先天不足。除了水口位置的选址，茶塘人还注重水口环境的营造。这里有矗立百年的高大古榕，其作为茶塘村的风水树，枝繁叶茂，足以福荫子孙，象征着村落与宗族的兴旺与昌盛，同时也为村民提供了集聚畅谈的公共场所。村落外围一周则结合小河涌人工挖掘多个池塘，其中东侧有长塘、牛栀塘，南侧为花园塘、塘仔和黑石塘，西侧则有大塘、小塘和顺便塘。村民以塘为

茶塘村水塘、分社与现存巷道门楼位置图

田，在水池中养鱼，塘基则种植经济作物，现在在茶塘村的水塘边上就可以看到一排排列整齐的龙眼树，每至丰收时节，硕果累累。这些或大或小的水塘不仅满足了居民日常生活、生产所需，而且还具有“聚财”的风水意义。此外，鱼塘还有“护城河”的防御作用，大大小小的鱼塘彼此相接，无塘之处，则垒起高大的夯土寨墙，或种植密不透风的翠竹，形成结实的竹篱笆，在茶塘村周边形成了一道坚固的防御体系。

由水口处进村，华美壮丽的祠堂、书室面向池塘依次展开，形成严整壮美的村面景观，十分气派。每座祠堂、书室之后，则是排列整齐的民居建筑，构成了广府地区典型的梳式布局。茶塘村横向宽约336米，巷深约200米，古建筑占地面积约6.7万平

茶塘村祠堂、书室建筑分布图

方米。垂直于水塘方向共分布25条巷道，每条巷道均建有门楼，上书巷名，但由于历史原因，现仅存足徵里、光宗里、德星里、抡秀里四处门楼以及埋于地下的“洞天深处”门楼匾额。茶塘村村面并非笔直整齐的界面，而是对位于前面的大塘、小塘和顺便塘，村面逐渐后退，形成了阶梯状的村面形态。茶塘古村现分为南社、中社与北社三个片区，南社为村口处乡约建筑至文裕家塾一带，中社为友峰汤公祠至万成汤公祠一带，北社为肯堂书室至敬止汤公祠一带。

二、早期中心

茶塘村虽为典型的梳式布局，村落整体呈长条状，但是其内部结构仍旧十分复杂。从现场调研情况分析，村落南侧部分应为茶

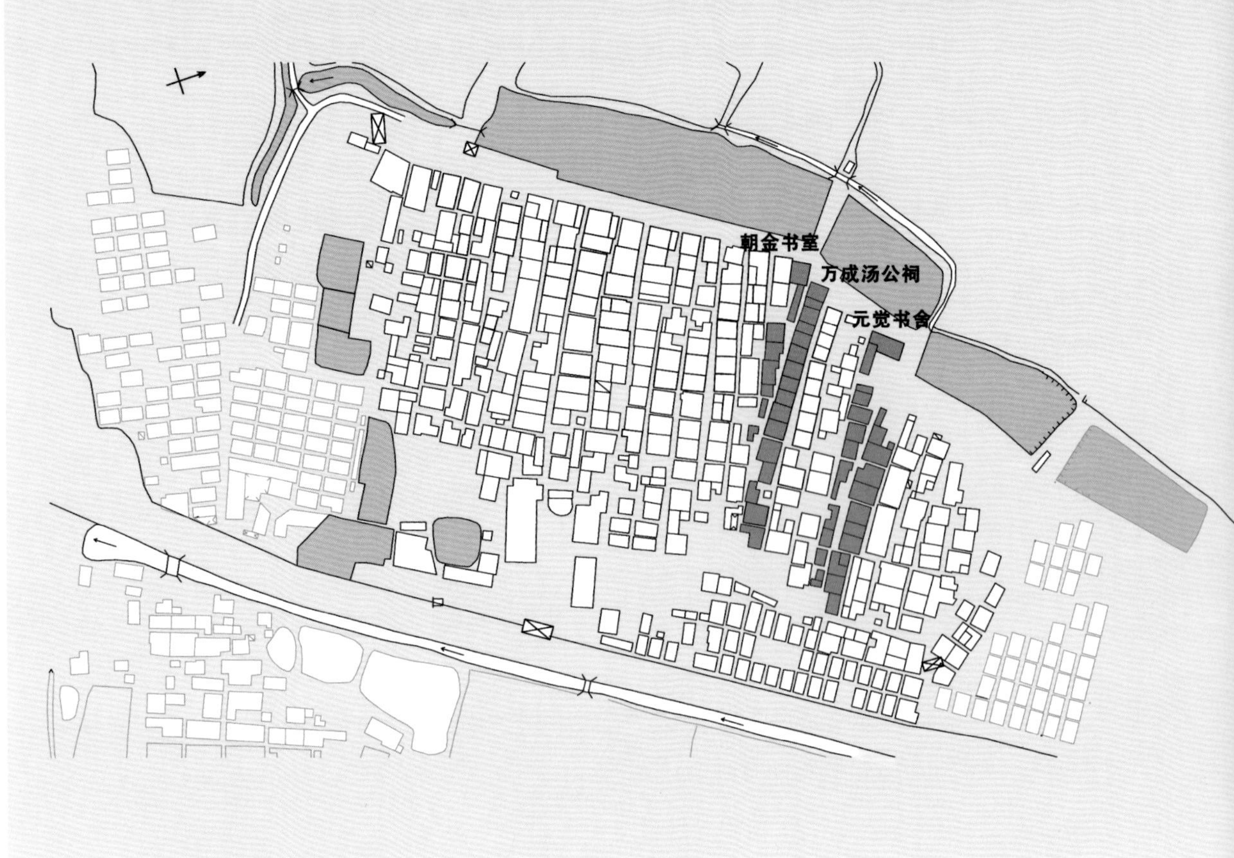

茶塘村地势跌落位置示意图

塘村的发迹之地，即现在村落的南社与中社所在之处，原因如下：

1.地势高低

茶塘村村落地形东高西低、南高北低。若驻足于朝金书室与万成汤公祠之间的巷道光宗里，则可明显地发现地势成坎状跌落的现象，朝金书室其后的民居建筑，在同一所房屋中，出南侧大门，巷道地坪与房屋地坪基本持平，但若由北侧大门而出，则要向下走四五级台阶才能步入巷道，所有建筑仿佛坐落于高一米左右的台明之上，地势跌落十分明显。此外，万成汤公祠作为村面建筑，向东后退28米，除了顺应水塘位置的逼近，适当向后调整之外，也有向东以寻求更高地势以避水患的考虑。并且，从现状来看，万成汤公祠门堂台明几乎全被掩埋，已无须踏跺沟通内、外，而祠堂前的地坪应是1949年后期为防止水患而重新填埋加高的，可见万成汤公祠在始建之初地势更为低洼。因此，推测万成汤公祠一带应不是建村之初的所在地。

元觉书舍以北为茶塘村村落布局的第三组团，正对顺便塘。这一地段的建筑残损相对严重，历史信息保留较少，但仍可清晰地发现该地段的民居多为三间两廊的基本形制，形式较为统一，但是与万成汤公祠引领下的第二组团相似，为适应向东逼近的顺便塘，村面建筑又向东后退近三十米，并且在南北方向也存在地势的跌落。因此可推测这一地带应为茶塘村最后营建的部分。但因其地势过低，着实不便居住，居民也自觉花费钱财进行整修以便继续居住的意义不大，因此房屋日渐残损，现已坍塌大半，不成规模。

茶塘村万成汤公祠台明踏跺被掩埋

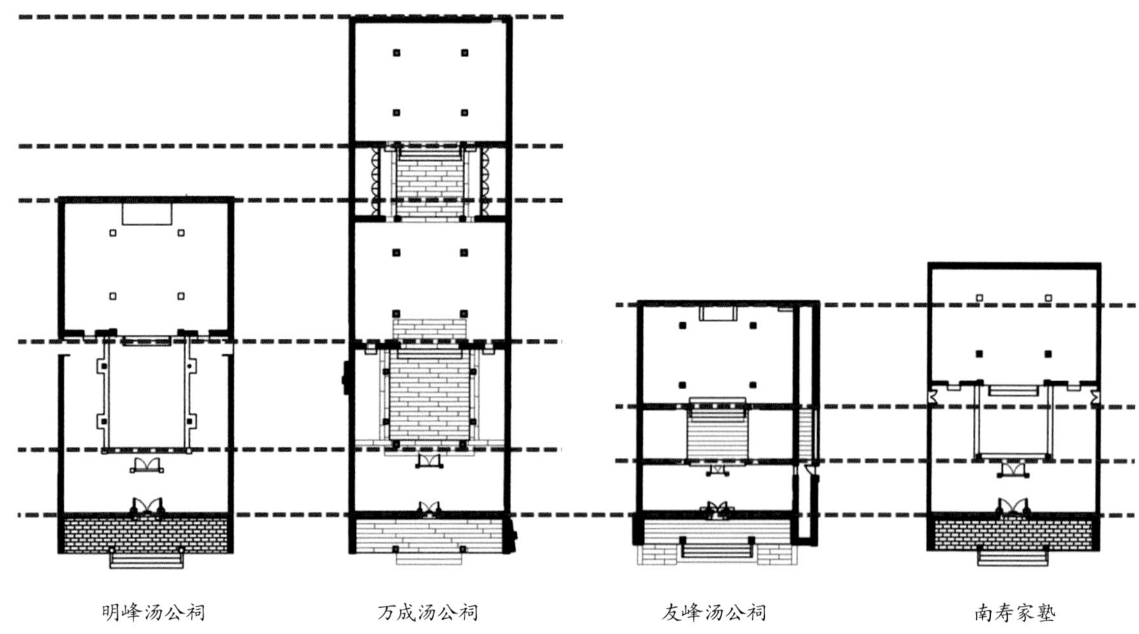

茶塘村明峰汤公祠平面尺度对比图　图片来源：清华大学建筑学院

2.祠堂形制

茶塘村现存进深三进的祠堂仅有万成汤公祠。肯堂书室虽为三进，但是其第三进院落与建筑并不符合寝堂的规制，推测应为后期由民居改建而成，这里不做赘述。万成汤公祠所在位置既是大塘与小塘的交界处，也是南北方向第一处地势跌落之地，而在此位置建造较高等级的三进祠堂应该并非无心之举。村落中可与万成汤公祠一较高下的祠堂也并不是看似同为三进的肯堂书室，而是位于村落组团入口位置的明峰汤公祠。明峰汤公祠是进入茶塘村后的第一座祠堂，左右有青云巷，为一路三间两进的平面形式。之所以称明峰汤公祠与万成汤公祠最为相近，主要有以下两点原因：

第一，明峰汤公祠虽为两进建筑，但是其门堂、院落与寝堂的建筑尺度均要比同为两进的万良汤公祠、友峰汤公祠以及南寿家塾等大出许多，其每一进建筑、院落的面阔与进深尺度反而与三进的万成汤公祠约略相同。

第二，明峰汤公祠第一进院

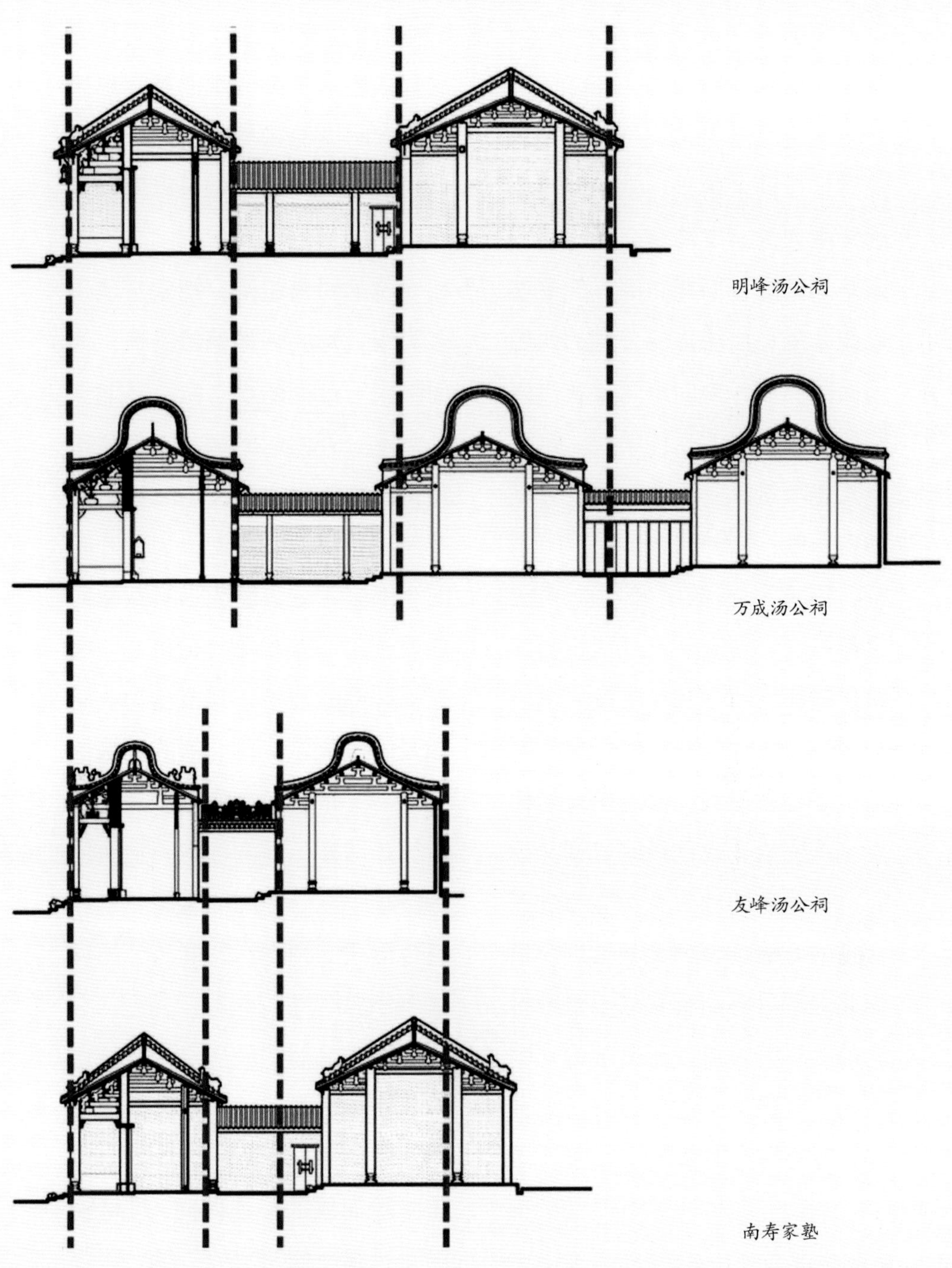

茶塘村明峰汤公祠剖面尺度对比图　图片来源：清华大学建筑学院

落建筑形式独特。因为明峰汤公祠的建筑尺度宏大，所以第一进院落也比其余两进祠堂的院落更为开敞通透。友峰汤公祠、南寿家塾的两廊仅面阔一间，无立柱以作分隔，而明峰汤公祠的两廊却面阔三间，中间用两根花岗岩石柱承接其上的瓜柱梁架，这一形式也与进深三进的万成汤公祠如出一辙。

因此，虽然明峰汤公祠仅进深两进，但是其尺度规模与建筑形制在营建之初均是按照三进祠堂进行设计与施工的；虽然其后由于种种原因，未能按设计构思全部完成，或已经建成却又拆除，但是它的地位与功能与进深三进的万成汤公祠十分接近。根据此上种种再结合其位于整个村落的入口处，可以得出结论，明峰汤公祠的重要性与万成汤公祠相比应是有过之而无不及的。

3.村落形态

茶塘村村落形态呈长条状，内部是十分典型的梳式布局，民居建筑也以三间两廊的基本形式居多，村落结构简单明晰，但是通过现场调研，仍然可以发现其中丰富多样的结构形态。与大塘相对位的村落组团，祠堂与建筑多为组合形式，如德馀书舍，为面阔仅一开间的小书室，其北侧则建造一开间的厨房，与其紧密相接。德馀书舍后面第三排的公共建筑也模仿其形制，为一开间的小书室，名为绍艺书室，朝向巷道开门。万常汤公祠也是一座三间两廊的建筑，其南侧为一座一开间的房屋。再北侧的允卿汤公祠与文裕家塾也均是五开间的建筑，即在三间两廊的祠堂两侧各修建一座一开间的房屋。这种组合形式的祠堂在友峰汤公祠以南十分常见。

祠堂之后的民居建筑也以这一区域最为复杂多样，包括传统的三间两廊，以及在此基础上加建偏厅而成的一连四间，封堵住三间两廊一侧厢房的一偏一正等建筑形式。而村落的其他区域，民居多以三间两廊为主，形式较

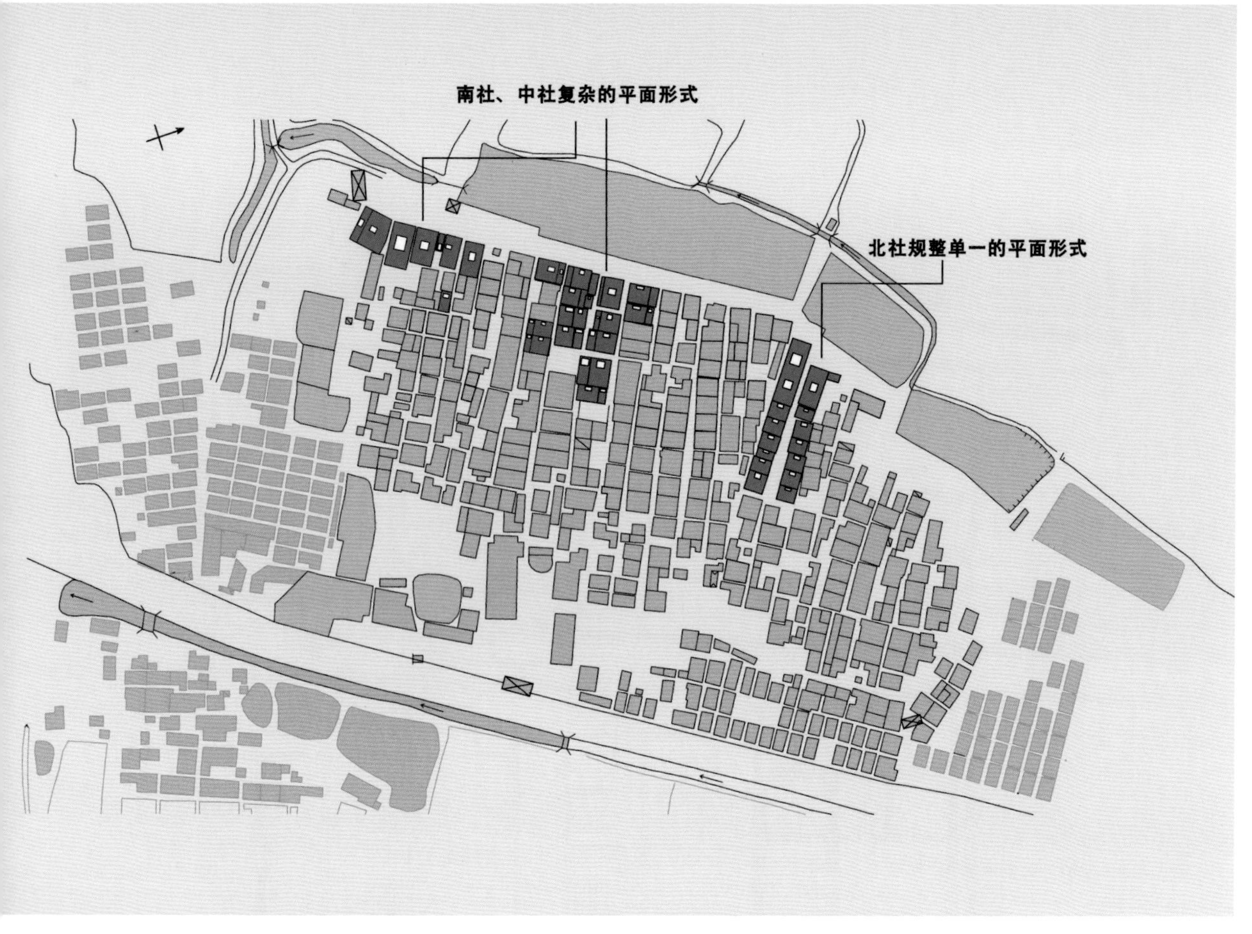

茶塘村平面肌理示意图

为单一。由此推测，友峰汤公祠以南的区域应是茶塘村最初的立村之地，尤其允卿汤公祠至友峰汤公祠一带，因祠堂相互组合，总面阔必然增大，且其后的民居建筑则多为四开间或三开间与一偏一正组合而成的五开间，面阔尺度多达十七米左右，这应是茶塘村立村之初，地广人稀之时，规划建造了足够宽阔且可以满足后续适当加建的巷道尺度。其中祠堂的组合、民居形式的多样化也反映了在历史演进过程中这里所留下的丰富的历史信息，关于人口的变化以及身份地位的变动等。

除此之外，这一部分的村落格局、使用功能也是最为全面、最具公共性的。村口处建有大量的公共建筑，如乡约、洪圣古庙、南寿家塾等，洪圣古庙的南侧还有一棵百年古榕，村民们时常在炎夏的午后，相聚于此，休闲娱乐，下棋聊天，此外洪圣

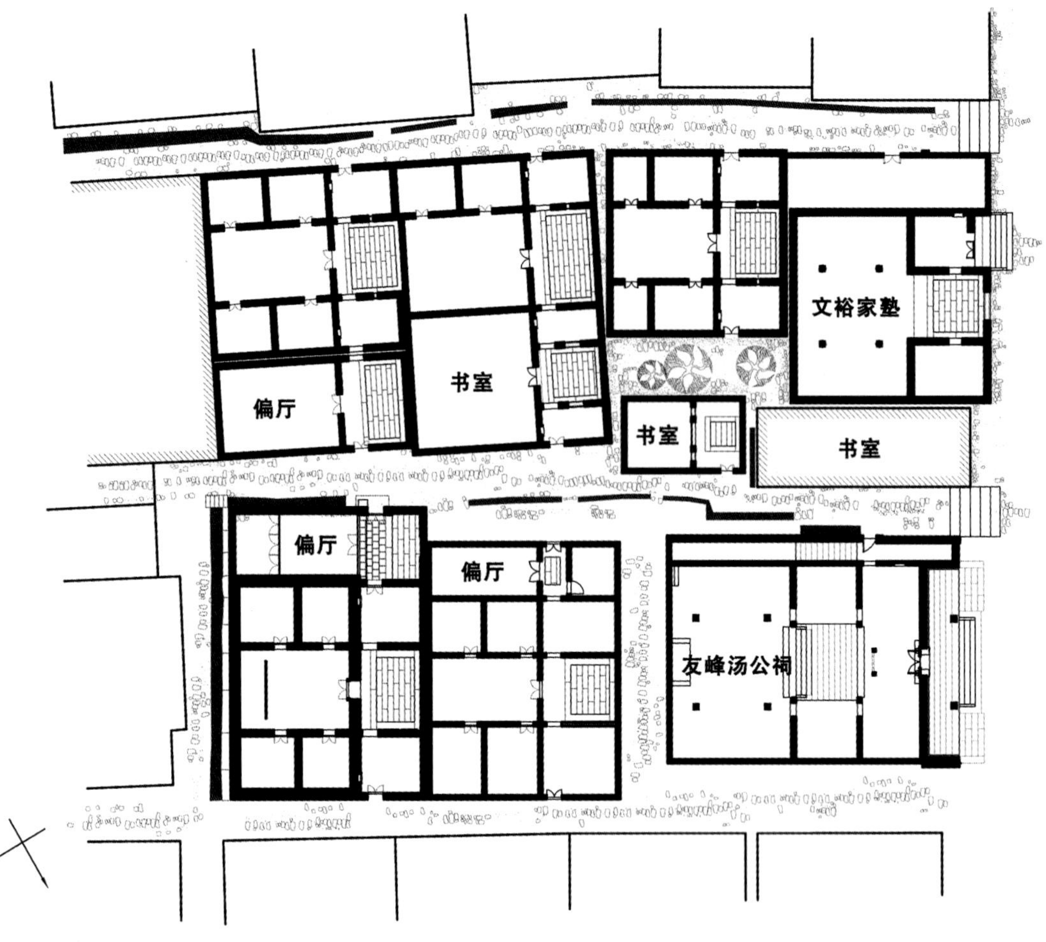

茶塘村友峰汤公祠南侧巷道住宅平面形式　图片来源：清华大学建筑学院

古庙之前的空地亦是村落中举办唱戏、抢炮等民俗活动的指定场所，因此可以推断这一区域从建村之初到现在都是村落中最为重要的公共活动场所。

村落最北侧的建筑组团，则更多地是公共服务用房。如元觉书室北侧的附属建筑以前为牛栏、屠宰场，后面是医院，抗日战争前有中西医和妇产科，广州教会的西医也在那里开过医馆。因此，这一区域的建筑主要是作为附属的服务功能用房而存在的。

三、大型住宅的崩解

茶塘村虽然相传始建于宋代，有着长达七百年的村落历史，但是村落结构与建筑形式却几经沧桑，变化巨大，已很难再现其建村之初的面貌。茶塘村现存祠堂与民居建筑多建于清朝晚期与民国时期，其中“财主佬”巷足徽里建造年代最晚，其建筑形式为村落中最为标准、规整的三间两廊形式，是广府地区梳式布局以及三间两廊建筑形式的典型代表。在上文中，我们通过对村落营建过程的分析，已经推测出友峰汤公祠及其后的民宅应是茶塘村的立村之地。茶塘村的建筑若以祠堂及其之后的民居作为一个单位，即将建筑以“列”作为单位，则可发现其分布并未呈现出梳式布局的均质化特征。其中位于大塘正中的以同风书舍、友峰汤公祠、文裕家塾以及允卿汤公祠为首的四列建筑布局松散，之间巷道宽度远大于其他巷道，祠堂与其后的民居建筑也多为四开间甚至五开间，面阔在十七米左右，远大于三间两廊建筑的十一米左右的总面宽。因此，我们将以上四列建筑作为特例，独立出整体的村落平面，单独分析。需要指出的是，其宽裕的宅基地固然与建村之初地广人稀的人口状况有关，但除此之外，立村之初茶塘村民的家族生活方式同样也是不容忽视的一个方面，村民的生活方式直接影响着作为家族生活载体的住宅建筑。如果以足徽里为代表的三间两廊仅仅是分家析产后，适合于小家庭生活的建筑平面形式，那么在聚族而居的血缘村落形成以前，是否存在过“同居共财”的大家庭？当时的建筑形式与三间两廊又有何不同之处？

在珠江三角洲地区，并非仅存在以三间两廊为基础的梳式布局这一种村落形态，其中客家民居以围龙屋的形式始终保持着大家庭的居住方式。围龙屋的核心部分以堂屋与横屋组成。其中堂屋即是围屋内部的祠堂，举办祭

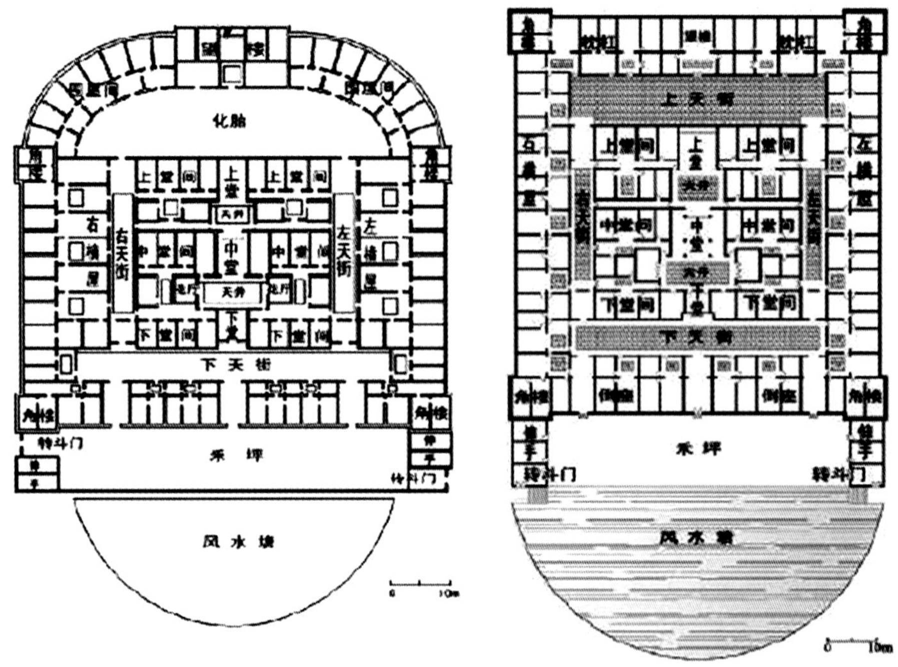

惠州市惠阳新墟镇大塘世居、惠阳秋长镇会龙楼总平面图　图片来源：杨星星．清代归善县客家围屋研究[D]．华南理工大学 2011.52

祖、庆典、议事、宴客等活动，一般分为下堂、中堂和上堂三个部分。早期围屋，常会沿祠堂通往两侧横屋部分的通道布置堂间，称为“通廊式”，或者在堂间部分依天井组织若干个房间，每一个房间都表现出较强的独立性。至道光年间，堂间部分则参照斗廊式形制布局，内部空间组织表现出由一个个单元房构成的特征。①这种斗廊式布局与广府村落中的三间两廊平面形式十分相似，具体平面布局可以参照广东省深圳市坑梓镇田段心村龙田世居、惠州市惠阳新墟镇大塘世居以及惠阳秋长镇会龙楼。其中堂屋与堂间合称为“正屋间”，正屋间则是整个围屋的核心部分。

① 杨星星. 清代归善县客家围屋研究[D]. 华南理工大学 2011.133—134.

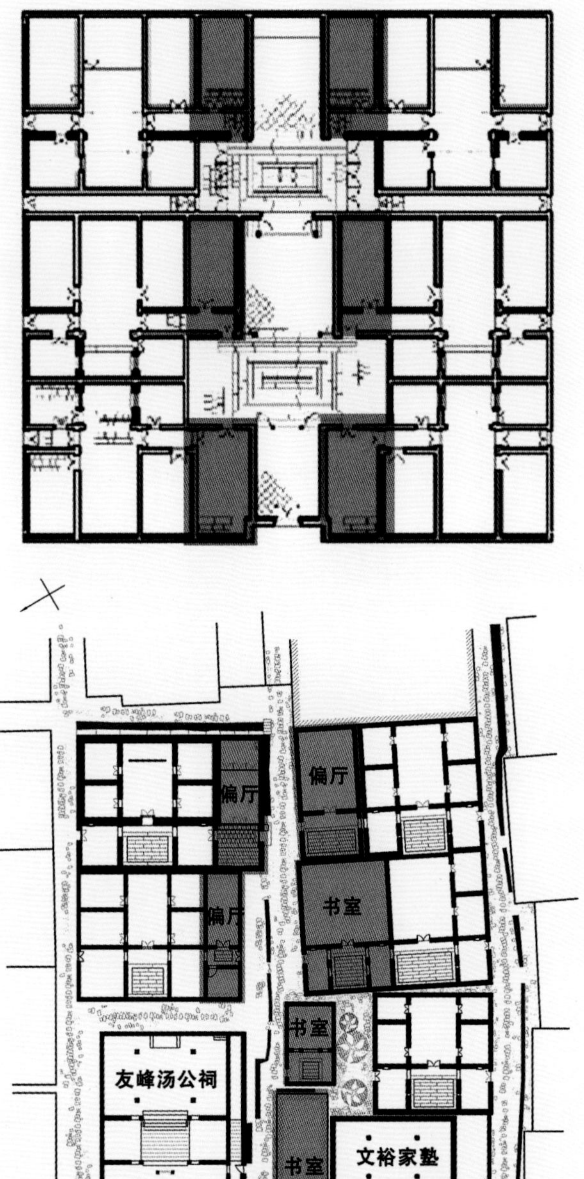

龙田世居与茶塘村平面对比图　图片来源：杨星星．清代归善县客家围屋研究 [D]．华南理工大学 2011.134；清华大学建筑学院

广东省广州市花都区花东镇山下村三吉堂　图片来源：http://cjq516121.blog.163.com/blog/static/173139301201375342461/

将龙田世居正屋间平面与茶塘村文裕家塾与友峰汤公祠一带平面进行对比，可以发现以下相似之处：

首先，将文裕家塾与友峰汤公祠两列建筑视为一体，其民居建筑中一连四间的偏厅均布置在巷道两侧，即以中间巷道为轴线，两侧一连四间的民居成镜像布置。这一点与以龙田世居为代表的围龙屋内部堂间部分十分相似。其次，龙田世居中间为三堂式祠堂，两侧为类似于三间两廊平面形式的具有居住功能的堂间。可见其平面布局为具有公共功能的建筑位于中间，两侧为居住建筑。反观茶塘村，虽然现在文裕家塾与友峰汤公祠之间为巷道，并非祠堂，但是具有公共属性的一连四间住宅中的偏厅，几乎全部布置在中间巷道一侧，且有部分单开间独立的小祠堂取代了一连四间偏厅的位置，纷纷紧临中间巷道而建，这一点在空间的功能属性方面与龙田世居极为相似。至于文裕家塾与友峰汤公祠中间的巷道曾经是否为累世同居的大家庭中的祠堂，现在我们已经无从得知，但是无论平面形式还是功能属性，都与客家民居十分相似。

以上这种客家民居在地域上也并非与茶塘村毫无关联，在现今广东省广州市花都区境内即有类似平面布局的客家民居，如位于花都区花东镇山下村的三吉堂古建筑群等。此外，在广府地区不仅客家人存在过累世同居的大家庭，由中原地区南迁广府地区的世家大族也曾有过累世同居的阶段。如广东南海霍氏，其《霍渭厓家训》中的合爨之图，即反映了这种同食而居的生活状态。

四、商业特点

通过对茶塘村以及炭步镇其他村落的调研可以发现，茶塘村最大的特点就是没有大宗祠，但是各房派的房支祠与书室建筑却异常发达。这些房支祠规模不大却数量可观，整齐划一地排列开来，构成了壮美的村面景致。茶塘村无汤氏大宗祠应归结于两点原因。首先茶塘村先祖并非汤氏嫡长子，在封建伦理思想占据主导地位、身份等级制度森严的社会，本身即不具备营建祖祠的资格。其次，茶塘村作为远近闻名的商业村落，其村落形态深受商业发展的影响。随着手工业的兴盛，茶塘村民从事个体经营的人越来越多，从而导致以传统农耕为基础、需宗族内部分工协作的农业社会生活模式逐渐瓦解，以小家庭为单位的生产生活方式占据主流，个人财富积累迅速且庞大，个人意识以及在宗族组织中身份地位的被认同感显著增强，因此，越来越多的房派开始为本房派祖先修建房支祠、书室等建筑。如今，祠堂中精美繁复的灰塑、陶塑装饰，仍能够体现出茶塘村当时商业发达、村民富足的生活状态。

第四章　庙宇

一、历史沿革

洪圣古庙是茶塘村唯一的庙宇，坐落于茶塘村村口迎水的基围上，始建于清嘉庆丙子年（1816年），重修于清光绪壬寅年（1902年），后于2003年再度重修。现在洪圣古庙内还存有2003年的重修碑记：

> 洪圣——全名为“南海广利洪圣大王”。相传：洪圣乃唐代大官。曾出任广利刺史。一生刚正不阿，爱民如子。据说洪圣精于天文地理，能准确预测天气及风暴。拯救不少受天灾蹂躏之民众。乃民所景仰之贤臣。洪圣逝后，士庶上书朝廷，表述其功。皇帝阅其悼文，遂将洪圣德行诏布天下，诰臣子以之为楷模。并敕封为“南海广利洪圣大王”。传说洪圣逝后，虽灵升仙界，却魂系凡间，□施恩济世，赐福村民。故后人建庙纪之。
>
> 溯：洪圣古庙始建于嘉庆丙子年，距今一百八十七年，重建于光绪二十八年，古庙根基坚实，古朴庄严，历为祈福祭祀之圣坛。且神

威显耀，德惠茶塘。庙宇雕梁画栋，金碧辉煌，人物花鸟栩栩如生。可谓之艺术殿堂，文化瑰宝。然而悠悠岁月，古庙历尽沧桑，几经劫难，至上世纪中叶，店内神像，钟鼓祭器已荡然无存：陶塑、砖木雕刻、柱联壁画也严重毁坏。乃至神灵漂泊，庥泽无门。欣逢盛世，村中贤能志士佥议古庙修缮，乃众之所欲，筹措善款，聘能工巧匠，原貌复古。庙宇重光，福荫后人。劳力者精神可嘉，有口皆碑。捐资者功德长存，光耀千秋。为弘扬好施乐善之美德，谨将芳名勒石铭载。

修缮洪圣古庙临时工作组撰

二零零三年十二月二十八日

由以上碑文可知，洪圣文化与海神文化息息相关，洪圣大王最为人津津乐道的本领正是可以准确预测出海洋气候的变化，使出海的民众免受风暴海浪的侵袭。从这一点也可以看出茶塘村与广府地区海洋贸易、海神信仰密切关系。起初，洪圣大王是南海神庙供奉的对象，洪圣古庙则是官方祭祀“岳镇海渎”的庙宇，因广州早在宋代就已经是重要的海上贸易港口，关系着东南沿海地区的经济命脉，所以历代帝王都十分重视南海神的拜祭，南海神庙也在这一过程中多次得到皇帝的敕封，如“广利”“洪圣”等封号均为唐宋时期皇帝赐予。后由于广州常年作为通商口岸，海洋贸易愈发繁荣，从事海洋运输的民众与小码头也日益增多，因此，越来越多的村落相继建造起洪圣古庙以祈求出海平安。在这一过程中，洪圣古庙也由官方的祭祀神庙逐步走入民间，成为广府地区被广泛供奉的重要庙宇。[①]

① 孙利龙. 洪圣文化与妈祖文化源流比较分析研究[J]. 广州航海高等专科学校学报. 2011(03).

二、庙宇选址

洪圣大王作为南方沿海地区居民信奉的海神，与水关系密切，因此选址常位于村口低洼处或迎水的基围上，以便于镇住水患。茶塘村也不例外。茶塘现存的洪圣古庙虽位于村口，是进入村落之后的第一座建筑，与迎水的基围相对而立，但据当地村民讲，洪圣古庙原先并非建于现在的位置，而是坐落于村子的西南角，与现在的洪圣古庙一路之隔。通过现场调研也可以发现，原基址恰好处于地势低洼处，且与水塘基围相邻，而且这一位置现仍残存有当年洪圣古庙大门两侧的楹联。

三、建筑形式

茶塘村的洪圣古庙十分华美壮观，远近闻名，花都很早以前便有“茶塘庙，塱头桥”的民谣，这其中的庙即指洪圣古庙，可见其知名度之高。洪圣古庙坐东朝西，面阔三间，17米，进深两进，21米，占地面积357平方米。庙宇坐落于高一米的台明之上，左右两侧为塾台，明间西侧出踏跺九踩，左右有抱鼓石。第一进门堂面阔三间，进深十三檩，于第四、五根檩木之间砌砖墙，明间开大门，将门堂分隔为前檐廊下空间与室内空间两部分。墙体由青砖垒砌，水泥批荡，花岗岩石材垒砌半米高的强肩，门框也为花岗岩石材，上书朱色“洪圣古庙”四字，再上为装饰壁画，寓意满堂吉庆。大门两侧亦有“南国沐洪庥泽流花邑，海邦沾圣德惠普茶塘”的楹联，楹联虽为石材，边框处亦雕刻竹节纹样。

洪圣古庙第一进门堂的梁架形式为插梁式，其中廊下为驼峰斗栱梁架，室内为沉式瓜柱梁架。雕刻精美的三步梁一端插于檐下雕刻繁复精致的蟠龙石柱内，另一端插入砖墙中，其上对位于第二根檩条之下放置立柱，再上放置坐斗，开十字形斗口，

茶塘村洪圣古庙

进深方向承托双步梁，一端插于墙内，一端悬挑于坐斗之外，面阔方向承托两道横栱，直抵第二根檩木下皮。三步梁与双步梁间随枋，其上雕刻繁复的戏曲人物。第一、二根檩条间斜置龙鱼形水束，龙头一侧联系第一根檩条，鱼尾一侧联系其上的第二根檩条，是扶植檩木、增强联系不可或缺的斜向承重构件。以此类推，在双步梁之上，对位于第三根檩条下，亦放置驼峰，其上承坐斗，进深方向承托单步梁，面阔方向承托两道横栱，直抵第三根檩木下皮。此后再于单步梁上对位于第四根檩条置坐斗，其上承托两道横栱，直抵第四根檩木下皮。其中第二、三、四根檩条之间均有龙鱼形水束相连接。面阔方向檐柱与山墙间无虾公梁联系。

第一进门堂室内则为沉式瓜柱梁架。室内用四柱，分别支顶内侧檐檩以及内侧第三根檩条。跨度最大的七架梁一端插入砖墙内，另一端则插入支顶第三根檩条的木柱之内，其上放置瓜柱支顶内侧第四根檩条，其上的六架梁则一端插入砖墙内，一端插入第四根檩条之下的瓜柱内，以此类推，直至双步梁上的脊瓜柱支顶脊檩为止。檐柱与金柱之间有双步梁相连接，其上立高瓜柱支顶内侧第二根檩条，有单步梁一端插入金柱内，一端插入高瓜柱内，主要起连接作用。

洪圣古庙天井并非露天院落，而是在其上建筑了一座歇山式屋顶，仿佛一座亭子屹立其中。屋顶的前后两坡皆搭于门堂与正厅屋顶之上，形成天井处十分昏暗幽静的空间氛围。天井地面有条石铺砌，梁架亦采用沉式瓜柱梁架。天井两侧为两廊，均面阔一间，中间开门，可通向两侧，两廊为卷棚顶，门堂与正厅檐檩之下的花岗岩柱承托两廊两端雕刻精美的博古梁架。

洪圣古庙的正厅即为供奉洪圣大王塑像之所。面阔三间，进深十三檩，用四柱，沉式瓜柱梁架，四根木柱分别支顶于内侧与外侧的第四根檩条之下。七架梁两端插入木柱之内，其上承瓜柱，分别支顶两侧的第五根檩条，其上的六架梁两端则插入瓜柱之内，以此类推，直至双步梁上承托的脊瓜柱支顶脊檩为止。檐柱与金柱之间亦有四架梁相连接，其上有瓜柱承托内外第二根檩条，三架梁一端插入金柱，一端插入四架梁之上的瓜柱内。三架梁之上立瓜柱支顶内外第三根檩条，有单步梁一端插入金柱内，一端插入三架梁之上的瓜柱内。

洪圣古庙的山墙与屋顶十分华丽，山墙采用村落中唯一的水式山墙，与洪圣古庙可镇住洪水、保佑百姓免受水患之灾的宗教功能相呼应，门堂屋顶正脊之上布满色彩鲜艳的陶饰，为茶塘村装点了一道亮丽的天际线。

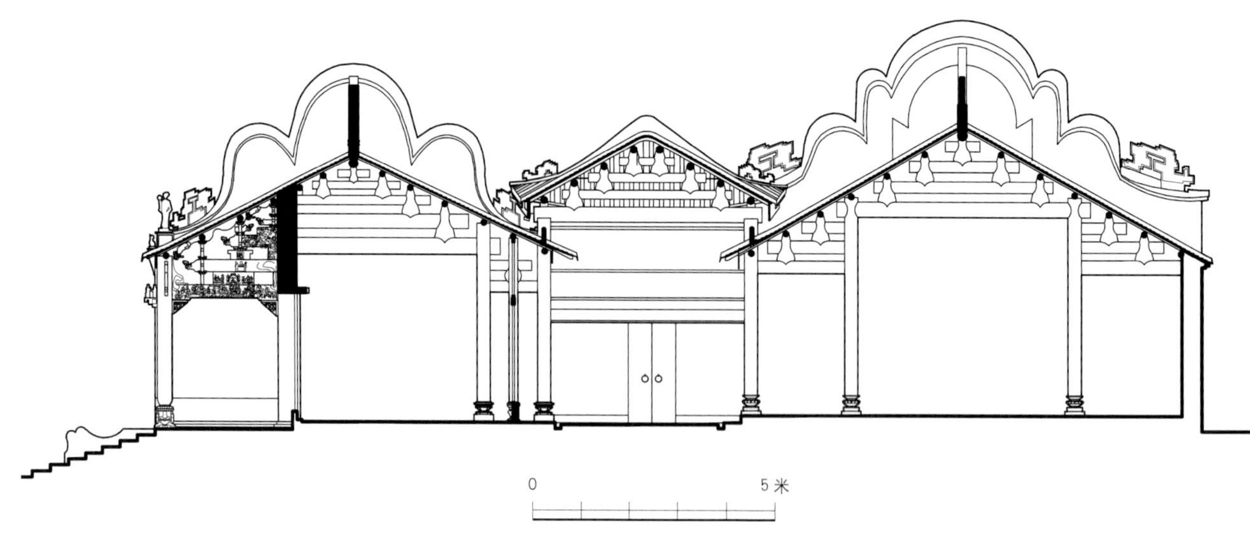

茶塘村洪圣古庙剖面图　图片来源：清华大学建筑学院

茶塘村洪圣古庙屋脊局部

茶塘村洪圣古庙屋脊局部

四、装饰手段

洪圣古庙不仅建筑形式宏丽壮观，而且装饰题材也丰富多样，令人赞叹不已。古庙镌有七副楹联，融合文学与书法于一体，不仅丰富了装饰题材，而且增强了建筑的文化内涵。其中大门两侧楹联“南国沐洪庥泽流花邑，海邦沾圣德惠普茶塘”为鹤顶格，将“南海”“洪圣”分嵌两联，意韵飘逸，令人回味不已。此外，洪圣古庙前檐廊下梁架亦雕刻有精致生动的人物戏曲故事、花草鸟兽纹样，十分精美，并且极具岭南特色的壁画也装点着洪圣古庙的室内外空间。装饰手段与题材都十分丰富。

第五章　祠堂

一、祠堂等级

茶塘村村面分布着众多风格古雅、气势宏壮的祠堂，其中包括公祠与书室建筑，这些均是供奉祖先神主牌位、举行祭祀活动、执行家法族规、议事饮宴之所，是村落中最为重要的公共建筑，同时也是凝聚宗族血脉，振兴家族事业宏伟理想的物质载体。目前，按照祠堂等级可将祠堂建筑分为四类，其中明峰汤公祠、万成汤公祠以及敬止汤公祠为最高等级祠堂；万良汤公祠、万常汤公祠、友峰汤公祠、南寿家塾、肯堂书室等两进祠堂为第二等级；寅所书舍、同风书舍、性所书舍以及正亨书舍为第三等级；德馀书舍、绍艺书室以及保和书室为第四等级。

其中第一类祠堂为明峰汤公祠、万成汤公祠以及敬止汤公祠，分别是南社、中社和北社中最为重要的祠堂建筑。明峰汤公祠是进入茶塘村后第一座房支祠，紧邻洪圣古庙，左右有青云巷与之相连，建筑尺度宏大，地位举足轻重。万成汤公祠位于中社与北社的交界处，具有一定的分社作用，并且万成汤公祠还是村落内唯一真正意义上的三进祠堂，其重要性不容忽视。而敬

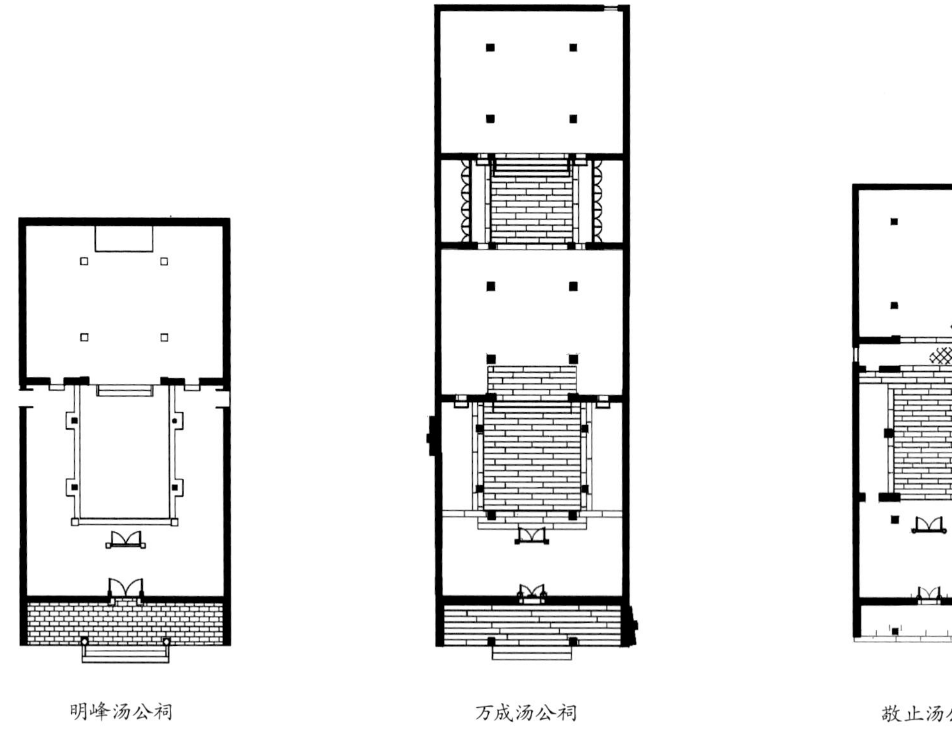

茶塘村第一类祠堂平面图　图片来源：清华大学建筑学院

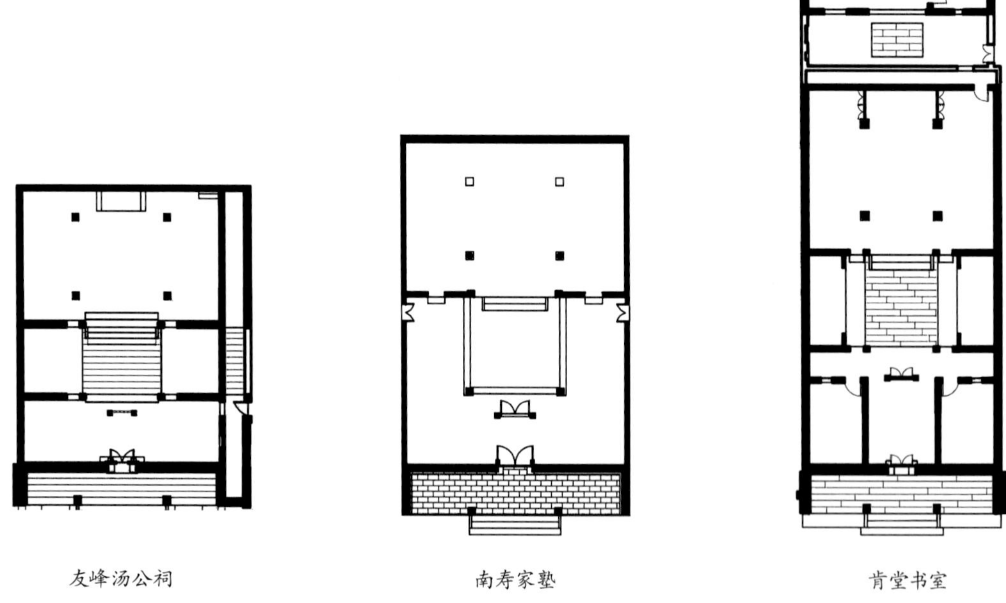

茶塘村第二类祠堂平面图　图片来源：清华大学建筑学院

止汤公祠则位于茶塘村的边缘处，是最后一座房支祠。相传，敬止汤公祠原为茶塘村内陈姓家族的房支祠，后在宗族势力日益强大的过程中，杂姓聚落逐渐演变为单一姓氏的血缘村落，陈姓家族不仅遭到排挤，甚至被迫改为汤姓，敬止汤公祠也由原先的陈氏祠堂改为了汤姓祠堂。明峰汤公祠、敬止汤公祠虽为两进祠堂，但是其门堂、寝堂与院落的空间尺度皆与三进的万成汤公祠相近，院落两廊均非一开间，中有花岗岩石柱承托梁架，尺度宏大，空间开敞。

第二类祠堂为茶塘村内最为普遍的房支祠形式，分散地分布于茶塘村村面，以南社最为集中。这类祠堂均为两进建筑，且门堂、寝堂进深较小，院落两廊均为一开间，空间较为狭小，但装饰华丽。

第三类祠堂与三间两廊的建筑形式十分相似。大门为吞口

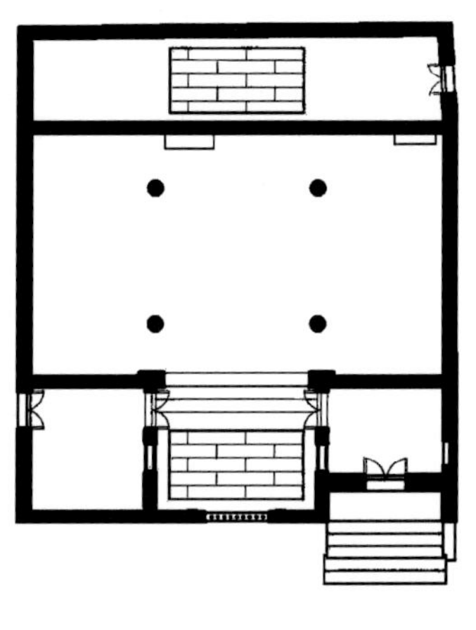

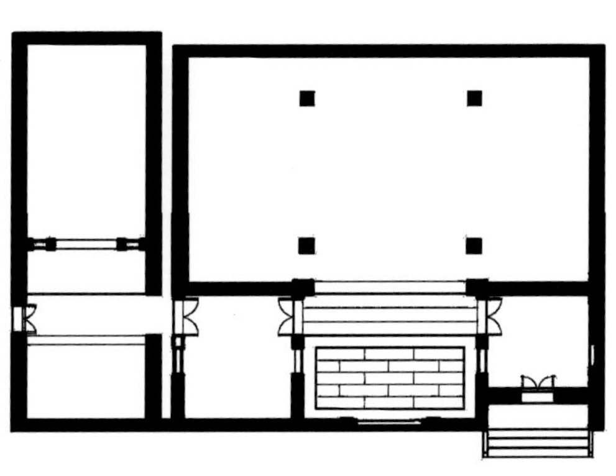

同风书舍

茶塘村第三类祠堂平面图　图片来源：清华大学建筑学院

茶塘村第四类祠堂——德馀书舍

式，虽开于正立面，却偏于一侧，跨入大门即为厢房，建筑进深仅一进，无门堂。寝堂三开间，全部开敞，有花岗岩石柱承托其上梁架结构与屋顶，平面布局与三间两廊式住宅基本相同，仅建筑尺度更大，且更为开敞，相比于住宅更具有公共属性。

第四类祠堂则为一开间的小书室，前为天井后为厅堂，形制较为简单。这类祠堂多位于村落内部，与三间两廊住宅相偎依，很少独立存在。

二、重要祠堂建筑形制分析

1.明峰汤公祠

明峰汤公祠位于茶塘村村南，是进村后的第一座祠堂，两侧有青云巷，南与洪圣古庙相连，北与南寿家塾相接。

明峰汤公祠为一路三间两

进的平面形式，人字形山墙，博古屋脊，由西至东，依次为门堂、院落与寝堂。门堂建于高0.47米的台明之上，明间西侧有踏跺三踩，两侧有抱鼓石。门堂用四柱，通檐十一檩，柱子均为花岗岩材质，其上承托前后檐檩，于第四、五檩之间砌墙开门，同时将门堂分割为前檐廊下空间与室内空间两部分。祠堂的立面与廊下空间作为远观与近观的视觉重点，是装饰最为集中的地方。打磨平整的青砖砌筑起祠堂严整的立面，明间处开大门，门框为花岗岩材质，质地细腻，严丝合缝，上书“明峰汤公祠”五个大字。

仅一门之隔，便内外有别，门堂也采用了对内对外两种截然不同的梁架形式。驼峰斗栱式梁架构件丰富，形式复杂，并且极具装饰性，十分符合近观门堂

茶塘村明峰汤公祠正立面

所需的视觉效果。廊下即采用驼峰斗栱式梁架，三步梁一端插于檐柱内，另一端插入砖墙中，其上并对位于第二根檩条之下放置类似驼峰的长方体构件，雕刻精美的戏曲人物，再上放置坐斗，开十字形斗口，进深方向承托双步梁，梁一端插于墙内，一端悬挑于坐斗之外，坐斗面阔方向承托两道横栱，直抵第二根檩木下皮。第一、二根檩条间斜置龙鱼形水束，龙头一侧联系第一根檩条，鱼尾一侧联系其上的第二根檩条，是扶植檩木与增强联系不可或缺的斜向构件。以此类推，对位于第三、第四根檩条下，分别于双步梁与单步梁上放置类似驼峰的构件、坐斗和双层横栱，分别承托梁与檩条，龙鱼形水束作斜向联系，构成廊下极富装饰性的梁架结构。门堂室内空间则为简洁的沉式瓜柱梁架。最下端的七架梁一端插入墙内，一端插入支撑檐檩的石柱中，其上摆安瓜柱，支顶第三根檩条；其上的五架梁则一端插入墙体，一端插入瓜柱之中，以此类推，直至双步梁上摆安瓜柱支撑脊檩为止；第二、三根檩条间有单步梁，起拉结联系的作用，梁两端分别插入第二、第三根檩条下的瓜柱内。

第一进院落较为方正，条石满铺地面，南北为两廊，各面阔三间。第一进院落空间开敞，进深尺度达八米左右，已超过门堂进深。大尺度的院落必然被赋予更重要的建筑功能，因此空间感受更为开阔，形式更为隆重。两廊与门堂的交接处没有利用砖墙作空间的封闭与视觉上的遮挡，仅以花岗岩的石柱作为门堂的梁架支撑，令门堂的次间与两廊彻底贯通，行走与驻留皆更为开敞明亮，两廊的梁架形式亦一览无余。此处作为空间转换的节点，专门对两廊梁架进行了特殊处理。在两廊的第一榀梁架处采用了极具装饰性的博古梁架，两廊空间低矮，更为接近人的尺度，采用整版博古梁架，不仅形式华丽，而且更易于观者欣赏。其余为沉式瓜柱梁架，梁一端插于砖

茶塘村明峰汤公祠廊下驼峰斗栱式梁架

茶塘村明峰汤公祠寝堂梁架

墙内，一端插入花岗岩石柱中，两廊皆为卷棚顶。

寝堂建于0.39米高的台明之上，明间西侧出踏跺三踩，两侧有抱鼓石。寝堂面阔三间用四柱，共十三檩，沉式瓜柱梁架，无边榀。四根木柱分别支顶于内侧与外侧的第四根檩条之下。七架梁两端插入木柱之内，其上承瓜柱，分别支顶两侧的第五根檩条，其上的六架梁两端则插入瓜柱之内，以此类推，直至双步梁上承托的脊瓜柱支顶脊檩为止。檐柱与金柱之间亦有四架梁相连接，其上有瓜柱承托内外第二根檩条，三架梁一端插入金柱，一端插入四架梁之上的瓜柱内。三架梁之上立瓜柱支顶内外第三根檩条，有单步梁一端插入金柱内，一端插入三架梁之上的瓜柱内。

明峰汤公祠与万成汤公祠虽然在平面形式上存在两进与三进的明显差别，但是二者却存在着许多不可忽视的相同之处。首先，建筑尺度相似。明峰汤公祠的建筑面阔与总进深均远大于其他两进院落的祠堂建筑，而与三进院落的万成汤公祠极为相似。其次，天井两廊建筑形式相近。明峰汤公祠与万成汤公祠第一进院落尺度均较开阔，两廊均面阔三间，有花岗岩石柱支撑其上的梁架结构，且两廊与门堂交接处并未砌砖墙予以分隔，而是以花岗岩石柱承托门堂檐檩，形成空间的融合与视觉的通达。并且，明峰汤公祠两廊与门堂交接的第一榀梁架与万成汤公祠两廊的全部梁架均为装饰性极强的博古式，突出了空间感受与装饰效果。与其他两进祠堂狭小、封闭的院落与两廊相比，差别显著。

2.友峰汤公祠

友峰汤公祠位于南社与中社的分界处，为一路三间两进式祠堂，南侧搭建一附属建筑，即厨房，面阔两米左右，进深与祠堂相同。友峰汤公祠虽然建筑与院落的空间尺度较小，但是从其复

茶塘村友峰汤公祠正立面

杂的镬耳山墙、两廊屋顶处精美的低温陶装饰构件均可看出这座祠堂的特殊地位。

友峰汤公祠占地面积205平方米，面阔11.8米，进深17.4米，纵深方向依次为门堂、院落与寝堂。门堂廊下部分为驼峰斗栱式梁架，其余皆为沉式瓜柱梁架。门堂与寝堂均为镬耳山墙。

友峰汤公祠的第一进门堂建于0.55米高的台明之上，明间西侧出踏跺三踩，两侧有抱鼓石。门堂面阔三间，仅前廊用两根花岗岩石柱支顶檐檩下皮，门堂与院落两廊交接处，于次间砌砖墙以支撑。门堂进深九檩，于第三、四檩处砌砖墙，明间开门，将门堂划分为前檐廊下空间与室内空间两部分。

虽然同为两进的祠堂，但

茶塘村友峰汤公祠廊下驼峰斗栱式梁架

万良汤公祠与南寿家塾在建筑形式上则更为接近。首先，以上二者均为人字山墙，而友峰汤公祠为镬耳山墙。其次，在建筑立面上，万良汤公祠与南寿家塾，大门较宽，但是其周边的花岗岩门框宽度窄小，约占明间宽度的2/3。友峰汤公祠的大门与花岗岩门框布满整个明间立面，两榀梁架皆插入花岗岩砌筑的门框之内，虽然中间木门尺度较万良汤公祠与南寿家塾窄小，但是其花岗岩门框更宽，等级更高。再次，仅有友峰汤公祠在门堂与两廊的交界处，砌砖墙以承檐檩。友峰汤公祠两廊屋顶为卷棚式，但于靠近天井一侧有轩，通往门堂与寝堂的砖券门洞亦开在此处，形成偏离两廊纵向中轴的通道。而万良汤公祠与南寿家塾门堂檐檩均有石柱支撑，且两廊与寝堂交接处的砖券门洞均开在正中位置。最后，友峰汤公祠的装饰最为华丽。

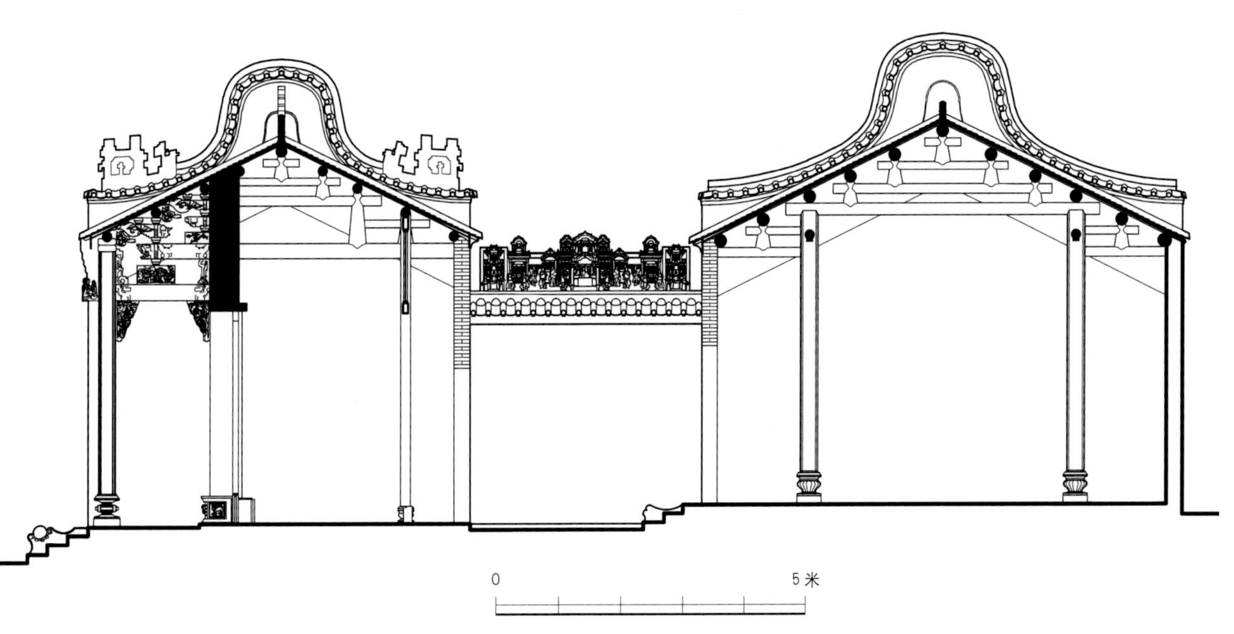

茶塘村友峰汤公祠剖面图　图片来源：清华大学建筑学院

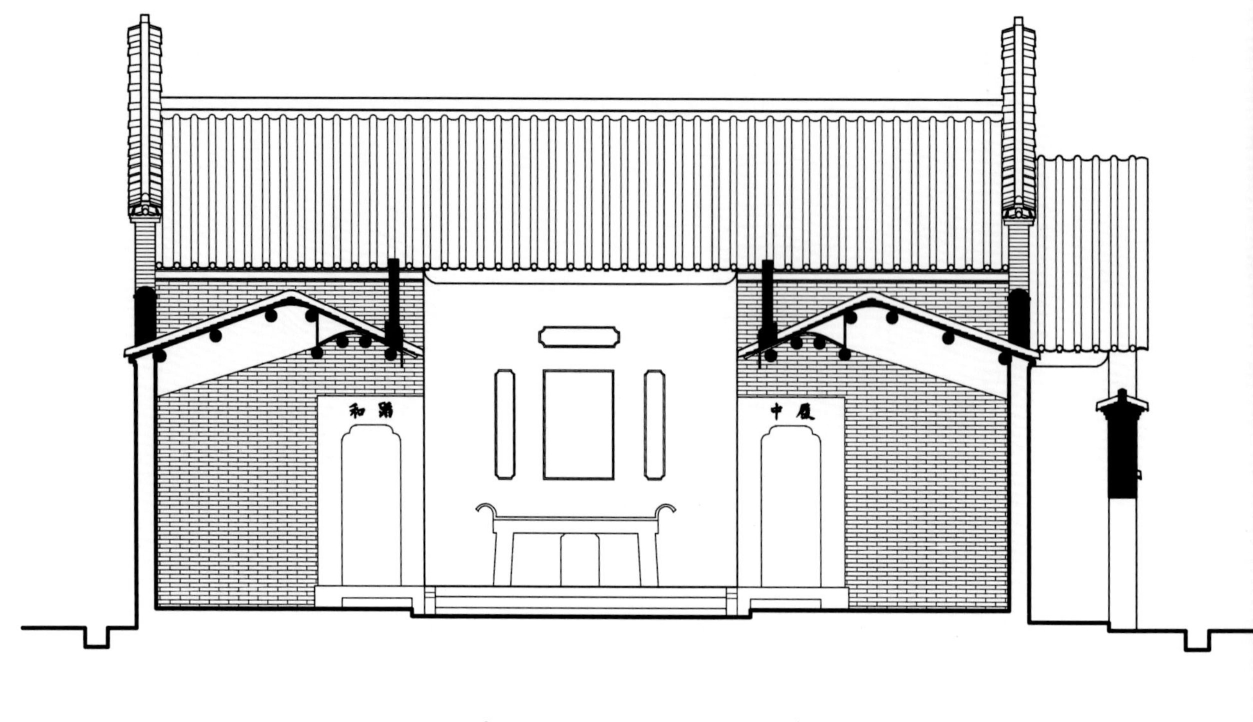

茶塘村友峰汤公祠剖面图　图片来源：清华大学建筑学院

第六章　住宅

一、住宅的平面形式

茶塘村民居基本符合广府地区三间两廊的平面布局，并在此基础上结合宅基地面积、家庭人口以及使用功能的变化演变出更为丰富多样的平面形式。其中包括一开间的企头房、两开间的一偏一正和四开间的一连四间。民居建筑基本遵循广府地区梳式布局形态，整齐地排列于第一排祠堂、书室建筑之后，仅个别民居位于村面。

1.三间两廊：

三间两廊的平面形式在村落中分布最广，面阔在9—12米之间，进深则以9—11米居多。三间两廊建筑面阔三间，进深三间，坐东朝西。两侧厢房开大门，均朝向巷道，呈南北方向，厢房常作厨房使用，多为单坡屋顶，屋顶朝向中间的天井倾斜，所谓“四水归心”。天井地面为条石铺装，两侧与厨房地面交界处有排水口，可将雨水排入屋外巷道的公共排水沟中。天井以东正对的即是厅房，进深两间，是家庭生活起居最为重要的场所。部分厅房后部由木槅扇分隔出神后房，且上设阁楼。据说当一家之中儿子相继结婚成家，

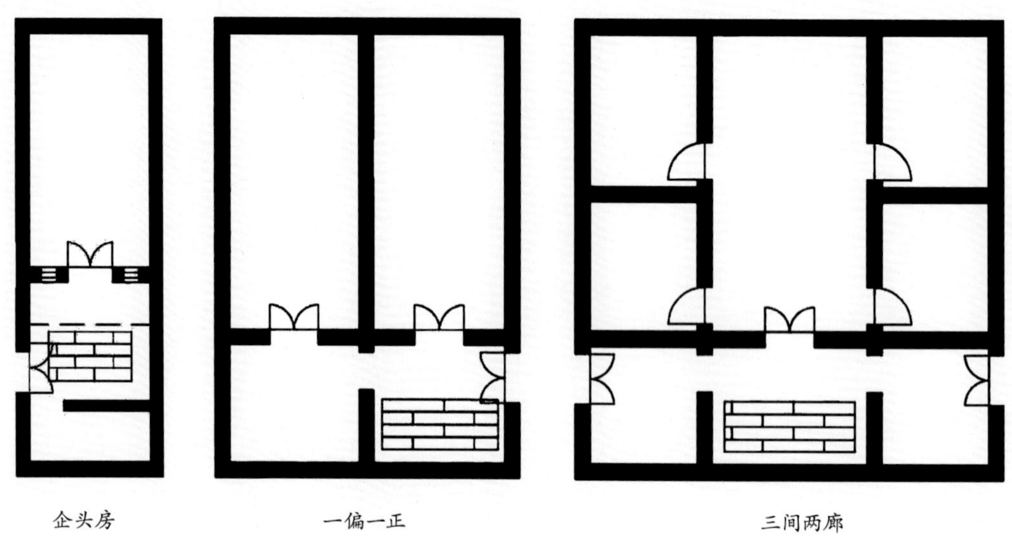

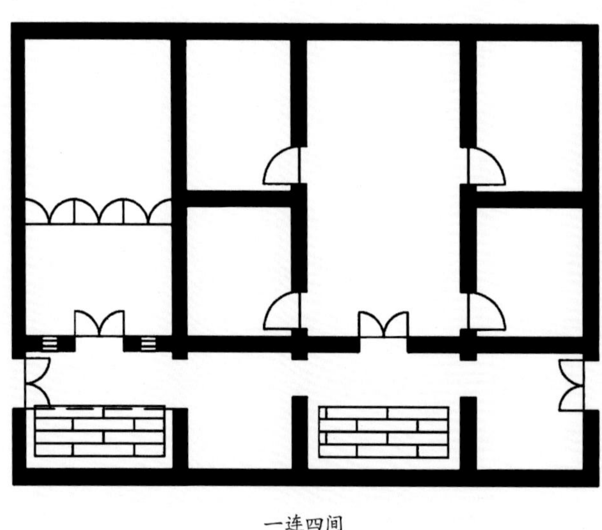

茶塘村住宅建筑平面形式

厢房住满之时，自家的老人便搬到神后房的阁楼上居住，以腾出卧室给成家的晚辈使用。厅房的后檐墙或神后房的槅扇上张贴“旺相堂”，这里是全家人上香祭拜的地方。厅房屋顶处檩条排列密集，厅内无柱无梁架，山墙搁檩。厅房在整个民居中位于正中，是最为重要的空间，而且功能十分复杂，不仅是全家生活起居的公共场所，而且后墙设旺相堂，兼有祭祀功能，部分民居的厅堂在南侧还设有舂米的工具，可见也兼有生产劳动的功能。厅房两侧次间常以砖墙或木槅扇分隔为前后两间，作为卧房使用，四间卧房均朝向厅房开门，卧房空间较为闭塞，仅于山墙面开侧高窗，光线十分昏暗。

虽然茶塘村多数民居早已无人居住，院落内杂草丛生，室内也空无一物，布满灰尘，已无法再现当年人丁兴旺、热火朝天的生活场景，甚至也并未留下完整的家具、摆设等引人追思的生活物件，但是我们仍然可以从眼前的青砖残瓦中体味到这里曾经或富足或拮据的生活状态。其中最为显赫的人家当数居住在“财主佬”巷足徼里的村民们。足徼里的先辈们据说是同一户人家的几兄弟，善于经营，在炭步圩做生意起家，逐渐发达，于是在足徼里买下大片田土建宅。足徼里巷的建筑约略同一时期建成，建筑形式也大同小异，均为三间两廊，山墙为镬耳山墙，在民居建筑中镬耳山墙是地位、身份与财富的象征，足徼里的民居几乎全部采用镬耳山墙，成连绵起伏之势，十分壮观。

此外，民居建筑的装饰题材也是丰富多样的。梳式布局下的三间两廊民居以前一座房屋的后檐墙为自家前檐墙，围合成厨房与天井，因此，三间两廊的民居是没有传统意义上的立面的，所有对外的装饰均体现在两侧入口大门处和山墙之上。大门多采用花岗岩门框，门楣处雕刻“三多进宅”“五福临门”等吉祥用

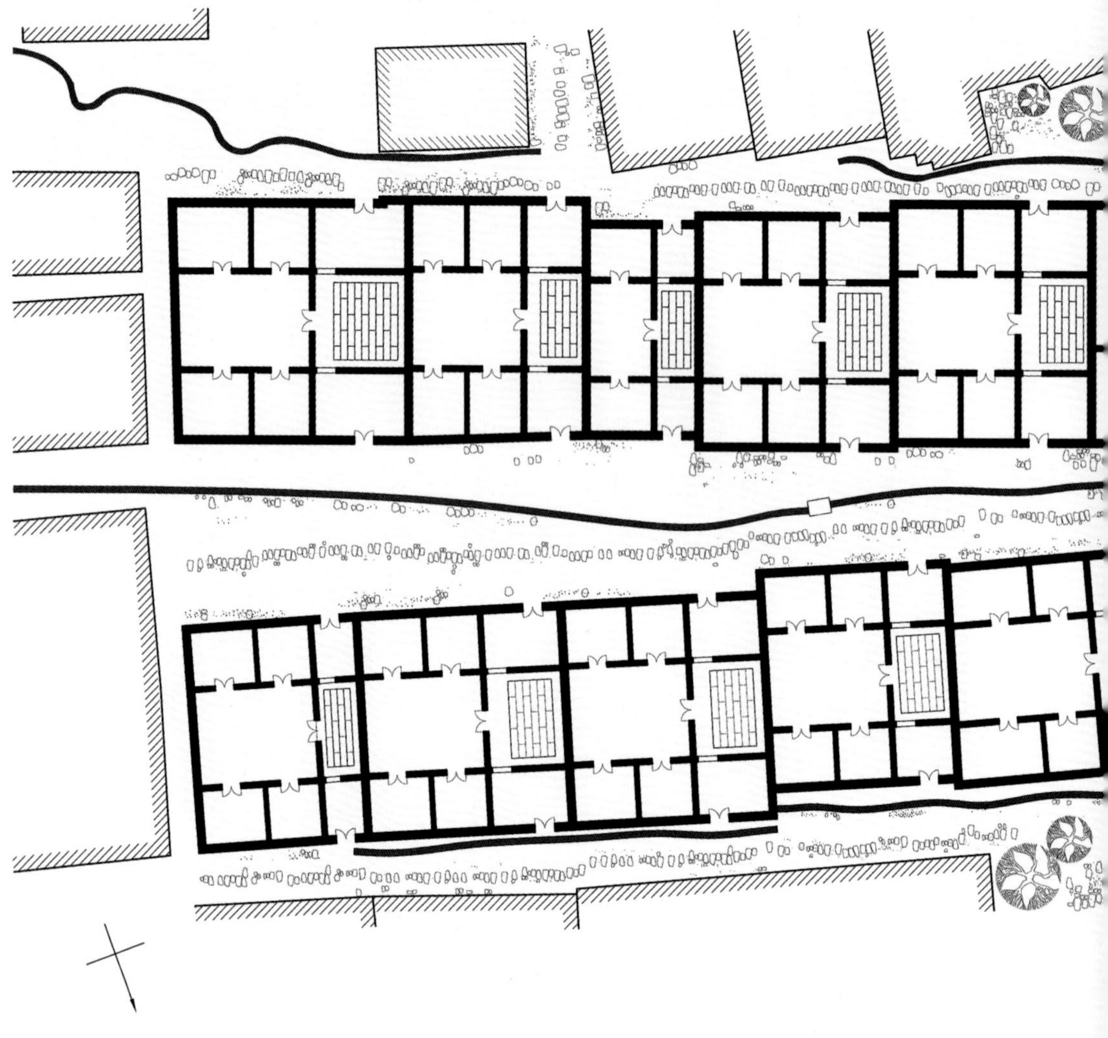

茶塘村足徵里平面图　图片来源：清华大学建筑学院

语，门楣两角处雕刻有蝙蝠、铜钱等纹样。大门之上为叠涩门头，部分门头下装饰精美的灰塑。山墙博缝处亦有莨苕纹样的灰塑装饰。灰塑作为广府地区传统的装饰艺术，被广泛地应用于屋脊、山墙、门头以及墀头之上，极富当地特色。足徵里以及友峰汤公祠后面部分民居，因家庭富足，在厅房处使用了具有一

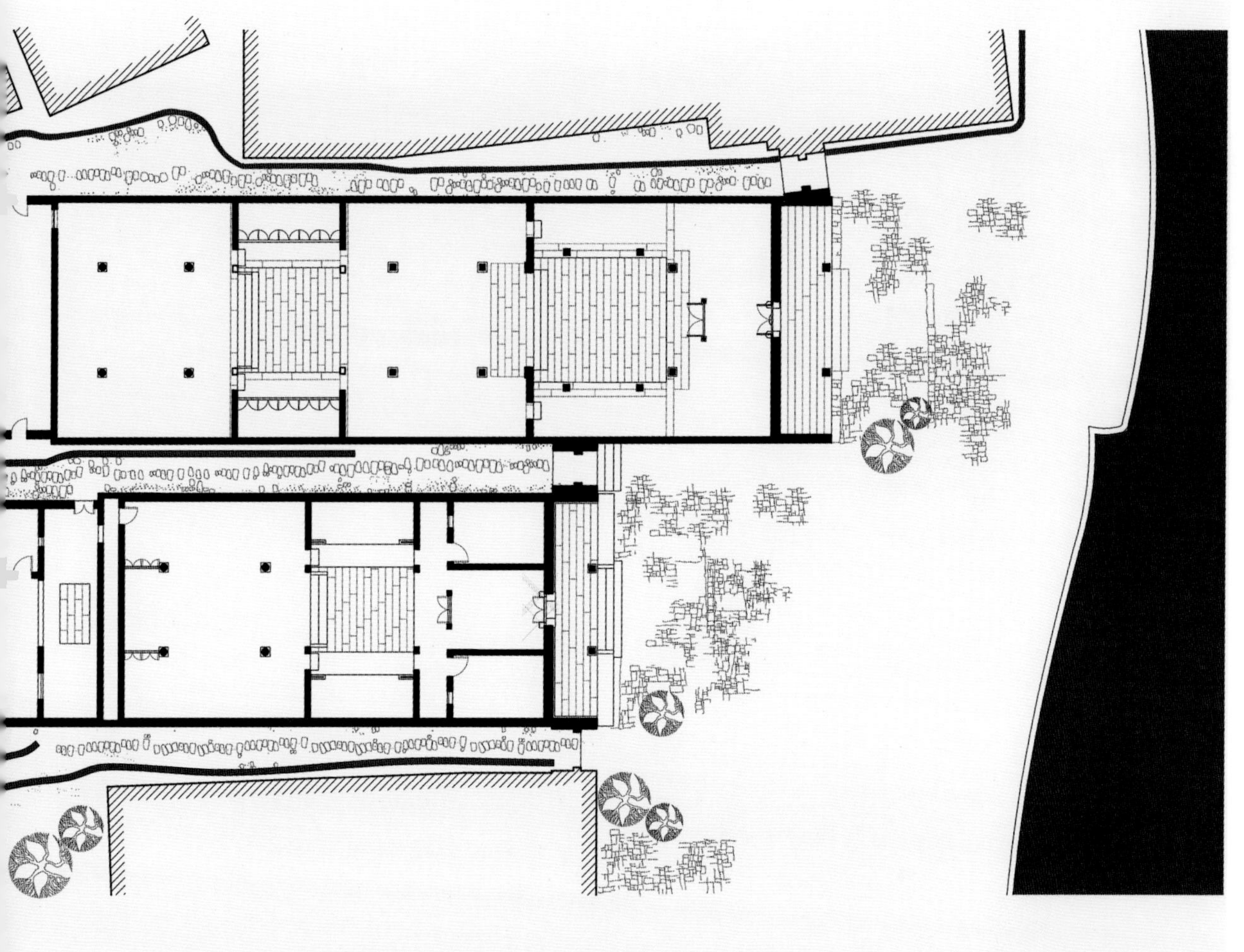

定防御性的趟栊门，以保证自身家庭财产的安全。

2.一连四间

一连四间的平面形式，在茶塘村具有一定的分布规律和特点，主要集中在村落南社与大塘相对应的中间位置，即紧密并呈块状地分布在允卿汤公祠至友峰汤公祠一带，同风书舍后部也有

茶塘村民居灰塑

少量分布。这一地段的用地划分、祠堂建筑形式与等级都具有十分显著的特点，因此，其后的民居建筑也相应地采用了不同的建筑形制。一连四间从平面形式来看，是在三间两廊的基础上于侧面再搭建一开间偏厅而成，前为天井，后为厅堂。据当地村民说，这一间临时搭建出来的偏厅，仅仅是为缓解人口压力，用作居住之用，但是通过调研可以发现，大部分一连四间的偏厅在空间感受、内檐装修等方面均体现出更高的等级。如厅堂与天井的交接处为避免空间的生硬转换，而采用卷棚轩作为过渡的灰空间，形成从室内到室外空间的一种转换。厅房正对天井的墙壁处常采用琉璃花窗作为装饰，其上又有精美的灰塑点缀檐口，俨然一副公共建筑的装饰手段。而且，一连四间的民居建筑，其面阔可达15—17米，若村落从规划之初即确定采取梳式布局进行统一规划，则巷道宽度应早已确定，因此并不存在后期因人口众多而随意搭建偏厅的余地。因此，一连四间的民居，应是在建村之初地广人稀并且大家庭同居共财的房舍基址上建立起来的。

结合镬耳山墙、华丽的内檐装修、精美的灰塑装饰，以及在村落中占据的特殊位置，可见一连四间的建筑形制应为一种等级较高的民居建筑。

3.一偏一正

除此之外，面阔两间的一偏一正民居，也穿插在茶塘村“规整”的梳式布局中，集中分布于允卿汤公祠至友峰汤公祠一带。从平面形式上看，一偏一正的住宅仿佛直接截取了三间两廊建筑的2/3，即包括天井、正厅以及一侧的厨房与卧房。天井位于巷道外侧，进入大门即为天井与正厅。这样的平面形式令人不禁猜测其应该是三间两廊的“大家庭”分家析产后的结果。事实上，这种一偏一正的住宅在村落中也确实并非独立存在，而是与其他一偏一正或者是一开间的企头房并列而至，而且在与另一侧房屋相隔的墙壁上往往有后期封堵出入口的砌砖痕迹。因此，一偏一正式住宅应是茶塘村民生活方式演变过程中的阶段性产物。

4.企头房

一开间的企头房与一偏一正相似，也并非独立的住宅形式，而是由一连四间的偏厅演化而来，且与一连四间相同，分布于南社允卿汤公祠至友峰汤公祠、同风书舍一带。在平面形式上，企头房根据居住功能的改变对一连四间的偏厅进行了相应的调整：缩小了天井面积，而在前端围砌出一间小厨房，厅房则作为生活起居之用。这一住宅形式虽然看似简单，但它的产生同样也与村民家庭生活方式的变化息息相关，反映了茶塘村某一历史阶段的建筑特征。

二、住宅平面形式的演变

1.演变历程

位于友峰汤公祠与文裕家塾之后的民居建筑平面形式最为

丰富，装修最为华丽。通面阔四间17米的宽敞尺度，精致的门头，坚固的趟栊门，雅致的槅扇以及精雕细塑于山墙博风处与屋脊之上的灰塑艺术，无不显示着民居主人的财富与身份。这种一连四间民居建筑的偏厅，前为天井，室内、外交界处有卷棚轩形成过渡空间，大门两侧为透雕的琉璃花窗，一反民居建筑封闭、私密的空间性质，而具有公共空间的宏敞与开放性。室内装修华丽，雕饰精美的木槅扇将室内一分为二，以作为房主人休闲娱乐之所。这间偏厅虽然为三间两廊的附属建筑，偏居一侧，然而其屋宇之内装修的华丽程度，足见房屋的主人绝不是因为人口增加在不得已的情况下而增加居住用房的穷苦人家，而显然是身份显赫、财富充盈的大户村民为自己另辟的一处休闲享乐之所。

居住建筑功能与形式的发展是与其家庭状况的变化密切相关的，一连四间中的偏厅建筑正是这种住宅形式演变的集中体现者。起初，村落中一部分兴旺发达的村民营建了偏厅作为自己的小书室，后因家庭的衰败，致使一连四间的偏厅被“征用”，失去了其“超然物外”的功能属性，而变为纯粹的居住空间。他们在偏厅的天井处自行搭建了一间小厨房，仅在一侧留门出入。加建厨房后的偏厅，独立性增强，逐渐摆脱了对三间两廊主体居住建筑的依附，而独立成户。这时的偏厅，虽然在位置上仍旧与三间两廊的主体建筑毗邻，然而其在建筑形式上已蜕变为一种新的平面形式——企头房。

此时单开间的偏厅作为一种居住建筑——企头房，已彻底从三间两廊的建筑形式中独立出来。通过调研与测绘，我们总结出茶塘村现存的三种企头房的平面形式，经过对比可以发现，其平面布局并未发生根本性的改变，但是空间感受却逐渐产生了变化，空间属性也逐渐从居住建筑向公共厅堂回归。

第一类企头房最先从一连四

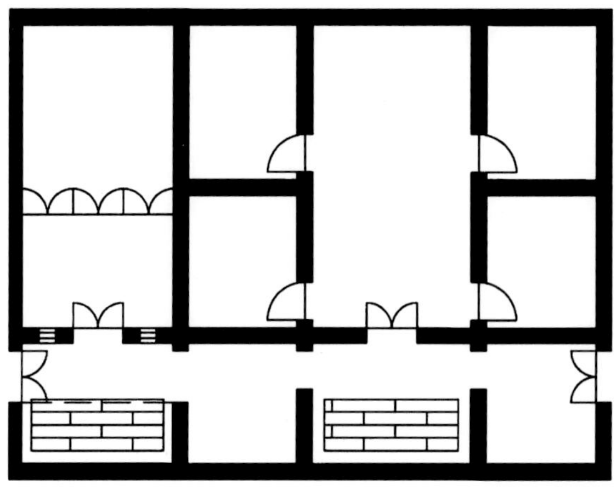
一连四间

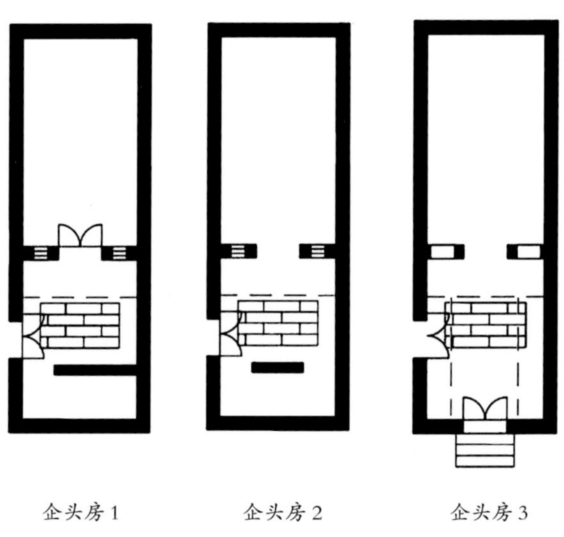
企头房 1　　企头房 2　　企头房 3

企头房平面演变示意图

间中装饰华丽的偏厅演变而来，在天井处加建了厨房，由具有一定的休闲娱乐等公共属性的空间演变为纯粹的居住空间。

第二类企头房房厅与天井之间的大门消失，室内外空间彻底联通，房厅不再作为居住建筑使用，其公共性逐渐加强；厨房功能随之淡化，由单侧开门转变为双侧开门，室内外空间界限模糊，此时的企头房已经开始由居住空间向公共空间过渡。

第三类企头房的建筑空间则更为开敞。厨房已彻底消失，天井面积扩大，前开大门，天井与室内房厅隔墙处的镂空琉璃花窗，彻底演变为可以通行的拱券门洞，上有批檐，在天井两侧形成窄廊，可遮风挡雨，且具有一定的仪式感。此时一开间的企头房已与三开间祠堂建筑的平面形式如出一辙，演变为一开间的小书室。随着建筑功能的转变，建筑空间也由封闭转为开敞，由私密的居住空间转变为开敞的公共空间。

2.演变原因

在花都区的古村落中，茶塘村最大的特点就是祠堂多，并且装饰华丽，这是周边其他村落都无法匹敌的。在这些祠堂、书室建筑中，广泛存在的一开间小书室则是茶塘村的又一特色。通过上文的分析，我们可以推测这些一开间小书室的原型就是居住建筑一连四间中的偏厅。

茶塘村作为炭步镇的商业村落，远近闻名，明朝初期，广州即设市舶司管理海上对外贸易。即使在倭患十分严重而全面"海禁"的嘉靖年间，广州也以"广中事例"而继续维持着海上贸易往来，商业逐渐发展壮大，财富也得到快速积累。在全球贸易的大背景下，广州由于得天独厚的地理优势，使境内的大部分人都走上了商业与手工业的道路。茶塘村凭借金溪涌发达的水路交通，与商业重镇佛山有着密切的商业往来，从而成为炭步镇最先发展铸造业的村落。商业的发达促使茶塘村民不再依赖宗族力量而进行改善农业发展的水利建设，而是逐步摆脱了宗族内部因通力协作而产生的人身依附关系的束缚，因此，越来越多的人宗族观念渐趋淡薄。在村落的祠堂建设上，则表现为不存在体现宗族实力的大宗祠，而体现各房派实力的房支祠、书室建筑层出不穷，排满了整个村面。在居住建筑的建设上，则表现为一连四间住宅中偏厅的出现。这些装饰华丽的偏厅作为房主人休闲娱乐、读书会友的场所，已经不再纯粹地承担居住功能，而是倾向于公共属性，这一建筑功能的转变正是个人财富快速积累、个人意识被强化的结果。房主人在世之时，这些偏厅作为其陶冶情操、直抒性灵的休闲场所，主人去世后，这里则成为子孙后代追思先人的小祠堂，这便是茶塘村商业繁荣在村落建筑上的又一表现。

第七章　建筑装饰

一、壁画

茶塘村庙宇、祠堂甚至民居都偏爱于以壁画进行装饰，这些壁画成宽条状，仿佛展开的文人卷轴画一般，广泛分布于门堂前廊、室内山墙、两廊墙面与各自屋桁下的交界处。其画面构图颇似一件件装裱完整的横披字画，每幅画都用颜料勾勒出画框，其上绘有底纹，于画心位置构图作画，这样的壁画并不与建筑融为一体，而是试图营造出一种独立于建筑之外的纯粹的装饰画效果。

壁画题材与内容包括神话故事、山水花鸟、历史典故等题材，这些壁画内容不仅表达了乡野村民祈求平安祥乐、子孙昌盛的美好愿望，而且还担起了“成教化、助人伦”的宣传伦理思想、实施封建礼制教育的重任。

虽然茶塘村壁画题材丰富，但是无论壁画选材、表达主题，以至于构图手法、人物多寡均有一定之规。

首先，大门正立面上的壁画数量与建筑面阔开间数相对应，如三开间祠堂，则门堂前廊檐下壁画也按照开间数量和尺度分为三幅，并且两次间壁画主题、构图，甚至人物的数量都成

茶塘村洪圣古庙正立面"蓬莱仙境"壁画

左右对称之势。如洪圣古庙南、北两次间壁画主题分别为“蓬莱仙境”与“瑶池醉乐”，均为神话故事题材，且人物构图均为四人。再如肯堂书室两次间壁画主题为“饮中八仙”和“香山九老”，表达了古代文人士大夫林间聚饮、诗酒相酬的文人雅趣，且两幅壁画人物众多、数量约同、构图均衡。

第二，祠堂门堂室内即正立面壁画的背后，也对应各开间在桁檩下绘有壁画，两次间壁画左右对称，当心间一幅常为《教子朝天图》，仅以黑白两色，绘制水墨云龙，鞭策着汤氏子孙励精图治、报效国家。

第三，三开间房支祠两侧山墙壁画均为题字与壁画的组合形式，因屋面与山墙之间的交界线为斜线，壁画也平行于交界线倾斜布置。靠近脊檩处为题诗，靠近檐檩处则为壁画。

第四，一开间小书室或者

茶塘村洪圣古庙正立面“瑶池醉乐”壁画

大门偏于一侧的采用吞口大门的书室建筑，其上壁画仅有一幅，但两侧常题有诗文，试图营造出三开间大祠堂中的壁画构图效果。

下文将对茶塘村寺庙、部分祠堂、书室的壁画进行具体描述。

1.洪圣古庙

前廊大门之上壁画均无题诗，且皆出自一位画师之手，其主题由南至北依次为：“蓬莱仙境”“满堂吉庆”“瑶池醉乐”。其中“蓬莱仙境”与“瑶池醉乐”均为神话故事题材，左右对称地绘制于大门两侧。南、北两侧山墙均为壁画与题诗的组合形式，其中南侧为一幅山水画，题诗为唐代大诗人杜牧的《山行》——“远上寒山石径斜，白云深处有人家。停车坐爱枫林晚，霜叶红于二月花”。北侧山水画色彩稍显艳丽，题诗也是一首山水诗。

茶塘村洪圣古庙前廊南侧山墙壁画

茶塘村洪圣古庙前廊北侧山墙壁画

茶塘村肯堂书室正立面"香山九老"壁画

茶塘村肯堂书室"饮中八仙"壁画

2.肯堂书室

前廊大门南、北两次间之上壁画主题分别为"香山九老"与"饮中八仙"，当心间壁画由于磨损严重，内容不详。南侧山墙为山水画，题字虽已漫漶不清，但仍可看出所提内容是汉文帝派遣太常晁错向秦国博士伏生学习《尚书》的历史故事。北侧山墙为山水画，题字为《圣教序释文》中的"盖闻二仪有像，显覆载以含生；四时无行，潜寒暑以化物。是以窥天鉴地，庸愚皆识其端。明阴洞阳，贤哲罕穷其数"。

3.明峰汤公祠

门堂室内也于前廊砖墙、两侧山墙与其上屋桁交界处绘壁画。前廊砖墙当心间背面绘水墨云龙，为《教子朝天图》，仅用黑白两色，却气势磅礴。两侧为题诗，南侧为唐代大诗人孟浩然的《春晓》，北侧题诗脱落，难以辨识。南次间壁画主题为“和气致祥”，北次间为“秘授玲珑”。山墙壁画亦为题诗与壁画的组合形式，靠近脊檩处为题字内容。南侧山墙题诗为唐代大诗人王勃的《秋日登洪府滕王阁饯别序》中的“闲云潭影日悠悠，物换星移几度秋。阁中帝子今何在？槛外长江空自流”，壁画为花鸟题材；北侧山墙题诗内容为唐代诗人张继的《枫桥夜泊》，壁画亦为花鸟题材。第一进院落两廊砖墙之上也绘有壁画，明峰汤公祠两廊均为三开间，因此对应分布三组壁画。因壁画现在脱落严重，漫漶不清，仅能依稀辨别第一幅为山水画，中间第二幅构图形式较为特殊，将一整幅画面分为矩形、圆形等不同形状与大小的小幅壁画，有的仅为壁画，有的仅为题诗，多呈上下两行进行构图排布；第三幅为人物题材壁画。两廊壁画构图形式一致。

茶塘村明峰汤公祠门堂当心间〞教子朝天图〞壁画

茶塘村明峰汤公祠门堂北侧〞秘授玲珑〞壁画

茶塘村德馀书舍正立面“竹林七贤”壁画

4.德馀书舍

大门之上正中位置绘“竹林七贤”，表达了一种不愿流于世俗、清静无为、肆意欢饮、不问世事的文人隐士之风。壁画南侧题诗为唐代大诗人李白的《清平调·其一》，北侧题诗为宋代政治家、文学家王安石的《元日》。两侧山墙均为翠色山水画。正门背面正中为黑白水墨的《教子朝天图》，南侧题诗为唐代诗人李白的《客中作》，北侧题诗为唐代诗人王昌龄《芙蓉楼送辛渐二首》中的“寒雨连江夜入吴，平明送客楚山孤。洛阳亲友如相问，一片冰心在玉壶”。

二、砖雕

岭南地区砖雕艺术最为精彩的展现莫过于建筑的墀头部位，它以多块青砖采用浮雕、圆雕、透雕等多种手法雕刻镶嵌而成，手法精细，富有层次，十分美观。茶塘村祠堂建筑的墀头也装饰着这样精美绝伦的砖雕，令人不禁驻足观赏。这些装饰华丽的墀头，其砖雕构图一般分为上、中、下三个部分，例如友峰汤公祠最下端常为吉祥花卉、岭南佳果，中间为戏曲故事与历史典故等，上面为如意斗栱相叠加组合的装饰题材。

茶塘村友峰汤公祠墀头砖雕

墀头部分的砖雕艺术创作题材十分丰富，多以花鸟果木、历史典故、戏曲故事、建筑构件等作为创作主题。其中，斗栱作为支撑建筑结构的木构件转而作为另一种材质，即砖雕的装饰题材，是十分少见的。在岭南建筑的结构构架以及砖雕装饰中，我们仿佛可以窥见斗栱的演变过程。在建筑结构中，驼峰斗栱式梁架从支撑整个屋檐的主体梁架结构退居为局部的廊下空间梁架，本身的承重能力已显著减弱。不仅如此，墀头部分的最上层所雕刻的如意斗栱式样，则说明斗栱已更进一步地演化成单纯的装饰纹样，而毫无结构作用可言了。

坡头社

第一章　汤氏源流

据坎头社留存下来的零星家谱资料记载，坎头社汤姓一支发源于河南开封祥符县柴贝村，濛公时至雄州为官，南宋高宗绍兴三十二年（1162年），金兵犯境，时任山西淮东参议刑部山西清吏司员外郎的汤纲，携弟汤维、汤统、汤纪及佑公、什公、亿公、文泽、朝佐、濠径南迁到雄州，宋末时，因受胡妃事件牵连，汤氏族人于德祐二年（1276年），自南雄珠玑巷避祸南迁至广东各地。据传说，众人行至南海金利胭脂塘时，忽逢大蛇挡道，遂卜择而居，是为南海汤村，后来又分发各地，开枝散叶。纲公后人到花县石湖、石湖山、茶塘等地，维公后人到新会岗州、统公后人到增城，纪公回河南等地。①

第二世穆公（敬止）时开始移居石湖村，发祥地为塘唇社坟堡巷，今亿寿里4号。因此地前有小河，河中有一大湖，湖底乃平坦天然大石，故名石湖村。三世义公生三子，分别为居湖公、悦湖公、隐湖公。长子居湖公留居石湖村，悦湖公迁石湖山村，

① 南雄珠玑巷先民刻有一百五十二个姓氏，江氏排第一，汤氏排第二，现离珠玑巷三公里处有一个小元村大江河队，有汤氏宗亲百多人。

隐湖公则迁茶塘村发展。居湖公生二子，为观锡、观铭。相传三世、四世、五世、六世均被封为“中议大夫”，到五世观锡公时已受三朝俸禄，故观锡公号三朝奉，其弟观铭公是四朝奉。观锡公三子分别为丹山、龙山、瑞山，为石湖村三大房分房祖。龙山公二子，次子元音，为坎头、赤岭、东方社之祖；三子元仪，号泰山，是塘唇、格桥社之祖。而丹山公长子仲荣为贡员，仲容生二子，分别为渔隐、耕逸，其后代分别繁衍发展成边头、中社。

第二章　村落布局

一、环境

石湖村自塘唇社坟堡巷发展至今，已有塘唇、赤岭、牛栏塘、坎头、格桥、东方、边头、中社、杞岗，共计九社之多。[①]时至今日，在石湖村众社之中，坎头社也是保存最为完好的一个。中国传统的八卦方位中，西北为坎，作为石湖村的其中一个分支，坎头社的位置位于村落发迹的西北面（最早发迹于塘唇社坟堡巷），这大概就是坎头社最初名称的由来。

坎头社最初的选址方位就位于一条河涌的北侧。此处地势本来很低，从村面现状看，每个巷口皆设台阶，巷子与村前地坪有将近一米五的高差，这是建村伊始对自然地形的人工改造，通过抬高地面，来防止水患，但实际上起的作用可能不是很大。如今在村面及巷子中段的民居墙上，仍可见“某年某月某日某时水满平至此”的字样，在村面的祠堂墙壁上也多有横向的线条划痕，据村民记忆，这些划痕皆是历年水患留下的水位记录。水对于坎头

① 今赤岭社已划归红峰村下。

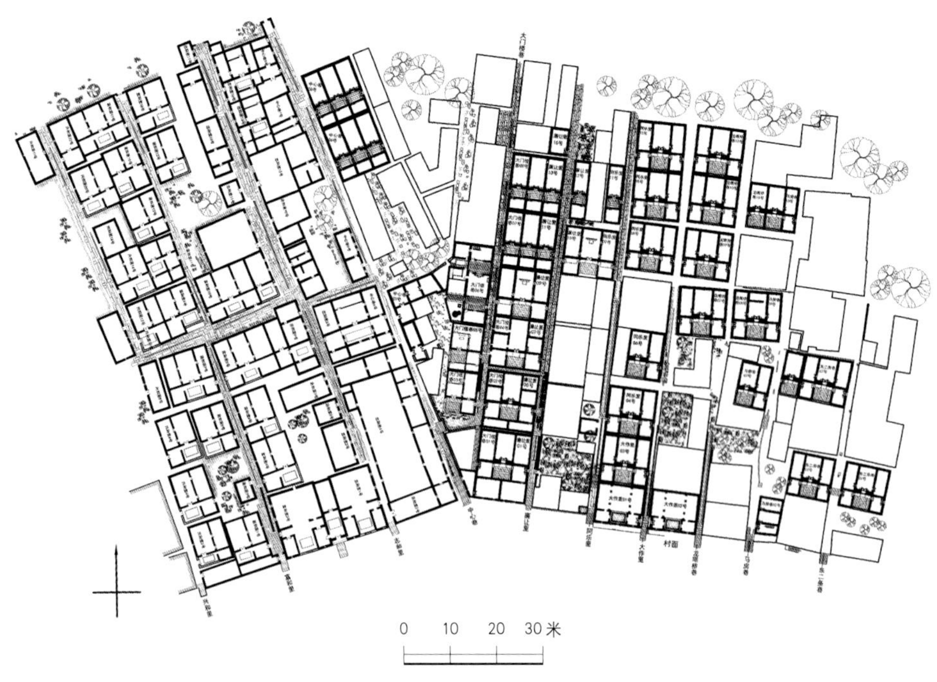

坎头社总平面示意

社而言，意义复杂，很有“成也萧何，败也萧何”的意思。一方面借助着河涌的地理优势，坎头社成为水路运输的码头，借以立村；另一方面，当地居民又饱受水患漫延之苦。与其他靠近河涌的村子相比，坎头社与河涌的关系更加紧密，村面处的池塘与其说是村落的风水塘，不如说更多的是起到河涌的避风港与码头的作用。

坎头社没有围墙，村落周边利用自然因素来防卫，村落东、西、南三面环绕池塘与河涌，村落北侧则密密种植簕竹林，竹林中有供村人行走的隐秘小路。簕竹竹林枝叶交错，几乎密不透风，据说下雨之时，走在其中都不会湿衣。靠近西北的一处，簕竹林留有北向的出口，设门楼，门楼外，则是坎头社的田地，田地平整广阔。此外在簕竹林包围之内，村落的西侧与东北侧均有大型的花园，据汤氏后人传说，花园内以果木花卉池塘为主，仅有少量点缀式建筑，装修精美，用以休憩与待客。

玉虚宫现状图

二、水口

坎头社的水口位于村落的东南巽位方向，其水口景观是在清道光年间才正式完善的，由河涌、树木、道路以及玉虚宫、社稷坛共同组成。现状中的玉虚宫坍塌已久，只遗留下石质的门头，雕工精美，森然庄严。从遗留物及遗址来看，玉虚宫为三开间的敞楹式门头，后面仍有坍圮的三开间的正房，推测原状为两进深，是两侧有厢房的院落式布局。门头的石柱上有道光年间的字样，据村人传，此玉虚宫及汤氏家庙均为汤氏族人汤金铭主持修建。玉虚宫原位于河涌的南岸，道光年间重新规划才迁移至河涌北岸，面南，正对汤氏家庙的方向。

玉虚宫前的河涌之上架设简易的木桥，平时可通人，撤去木板，则可通船。过木桥，对岸有路直通汤氏家庙，河涌这边则有与河涌并行的入村道路，蜿蜒向西。在离木桥不远处，道路东侧端头是社稷坛，一平米见方，矮小活泼。

由玉虚宫前的道路再向西，两侧长满簕竹与芭蕉，浓密森郁，围合感强，走过约五十米的距离，道路的西端尽头，在高大婆娑的水翁树掩映下的是文昌阁。两层的文昌阁横跨道路两侧，是村落正式的入口，从文昌阁底层的门洞进入，视线豁然开朗：近景处为亭亭如盖的水翁树；不远处则是坎头社整齐的村面、开阔的村前地坪，以及村前波光粼粼的池塘；更远处的池塘南侧为河涌，池塘与河涌之间有堤坝相隔，堤坝之上同样树木婆娑。整个进村路径张弛有度，虚实掩映，很有曲径通幽的意境。在石湖村的家谱中，记载有石湖八景，分别为流水双榕、塘头奇石、坎头水翁、大南归牧、游鱼听钟、细桥清风、赤岭松峰、亭荫赛奶。[1]其中的“坎头水翁”指的就是坎头社村落水口的景观。有入就有出，与入口的文昌阁相对应的，在村面西侧的结尾处，另有一座阁楼，作为村落向西面的出口。

坎头社水口树

① 民国时有塘唇社海山、边头社韵举修石湖村至炭步圩、五和圩的道路及凉亭。

河涌之上架设小桥

三、村面

坎头社以中心巷为界，分为西社与东社，两边其实分属不同的两个房派。两个房派的朝向有偏差，形成的整个村落平面呈斗状，村面边界则为折线，村人称此布局有聚财之意。

村面"倒座"室内

坎头社的村面与其他村落的村面相比，最大的特色便是较为封闭。村面最前排的单体建筑是一列卷棚顶的"倒座"，这些"倒座"虽然平面布局似乎是与紧跟其后的三间两廊组成四合院落，但是往往又侧面面向巷子单独开门，自成一体。在广东梅县流行的三堂两横加围屋式的民居形式中，在村面位置往往也设置倒座房，作为仓库，用来收贮谷物。坎头社作为一个接待来往船只的码头式村落，是各类货物的集散场所，村面位置的这些"倒座"，可能功能与此类似，那就是作为货物存储的地方。

作为商业氛围浓厚的村落，坎头社的信仰更加多样化，在

坎头社大作里 1 号小厅细部

中心巷的巷口处，紧靠西侧的祠堂边有红砂岩的高台，而红砂岩旁边的一间“倒座”，据村民回忆，原先摆放有数十个小型的神像，在特定的日子里这些神像被放置在室外的红砂岩高台上，方便对面河涌上来往的船只祭拜。这个祭台所在的巷口以及其前面的地坪成为村落实际意义上的中心场所。在这样的村落生活中，功利性的民间信仰占据主导地位，祠堂的地位似乎并不是很显要，村面的四座祠堂，分属两个房派，位于中心巷的左右两侧，立面处理简洁低调。

四、街巷

坎头社目前所留存的巷子从西至东，依次为兴和里、富和里、志和里、中心巷、大门楼巷、廉让里、同乐里、大作里、龙眼桥巷、马房巷、东二条巷（为近年来新编巷名）。这些巷子以中心巷为界，分为东西两社，两社建筑朝向有角度变化，名字也有差别。巷子西社名称较为统一，寓意着对富足安定和谐生活的向往；而东社的街巷名称则较为混乱，龙眼桥巷及马房巷似乎只是对巷子之前历史状态的描述。从东西两社的布局肌理可以判断，历史上坎头社经历了从西到东、由南往北的发展过程。只是在后续发展的某个阶段，西社又进行了大规模的重建，并对巷子进行了统一的命名。

第三章　格局演变

一、西社

以中心巷为界，两侧的村面分别有两座祠堂。西侧靠近中心巷的一座据说是坎头社的总祠，现状已经拆毁，翻建为二层的新式楼房。志和里与富和里之间的是另一处祠堂，形制耐人寻味，这再次让人联想到石头霍氏的《合爨男女异路图》。此祠堂面阔七间，入口为“凹”字形，当心间为单独一间的正房，前有天井。两侧为对称式布局的两座小型祠堂，形制均为三开间的三间两廊，当心间天井两侧各有门开向两侧的祠堂厢房墙壁处。这样的布局使得当心间空间成为两侧单体所共有的公共空间。这种七开间的布局肌理与塱头村塱西社的类似，反映了村落早期大家庭聚族而居的生活模式。

西社由四条南北方向的巷子划分为三条，横向则由中间地段的一条东西向的巷子划分为前后两个部分。以横巷为分界，南、北的巷子前后位置发生了错动，且宽窄也发生了变化。很明显，村落的建设在时间上是一个由村面向村后建设的关系，横巷南面靠近村面的片区很明显是村落早期的营建区。南北走向的三条肌理，即中心巷与兴和里之间的区域以标准的三间两廊单体为尺度依据，面阔方向为中间一条是七开间，两侧对称分布为四开间的两条。进深方向则约为前后四个三间两廊单体的尺度。

在横巷往北，村落发展的后期，才分化出三间两廊、一偏一正、一开间（企头房）的单体模式。目前，此片区上保存下来的建筑多为晚清民国时期重建的。在延续从前村落肌理的基础上，单体则因地制宜，较为自由。西侧一条前四排均为并列的一偏一正房，第五排为三间两廊加一开间的形式。

东侧一条，即中心巷与志和里之间的区域保存状况不佳，村面位置的祠堂已经拆除，只保留了第四排即最后一排的单体（中心巷4号），为一座三间两廊式的单体，面阔比常见的三间两廊单体要宽。这为村落早期布局提供了另一条思路，即不排除早期村落建设中三间两廊式尺度要比后期的宽敞很多。这也解释了西侧现状肌理较为松散的原因，现状中

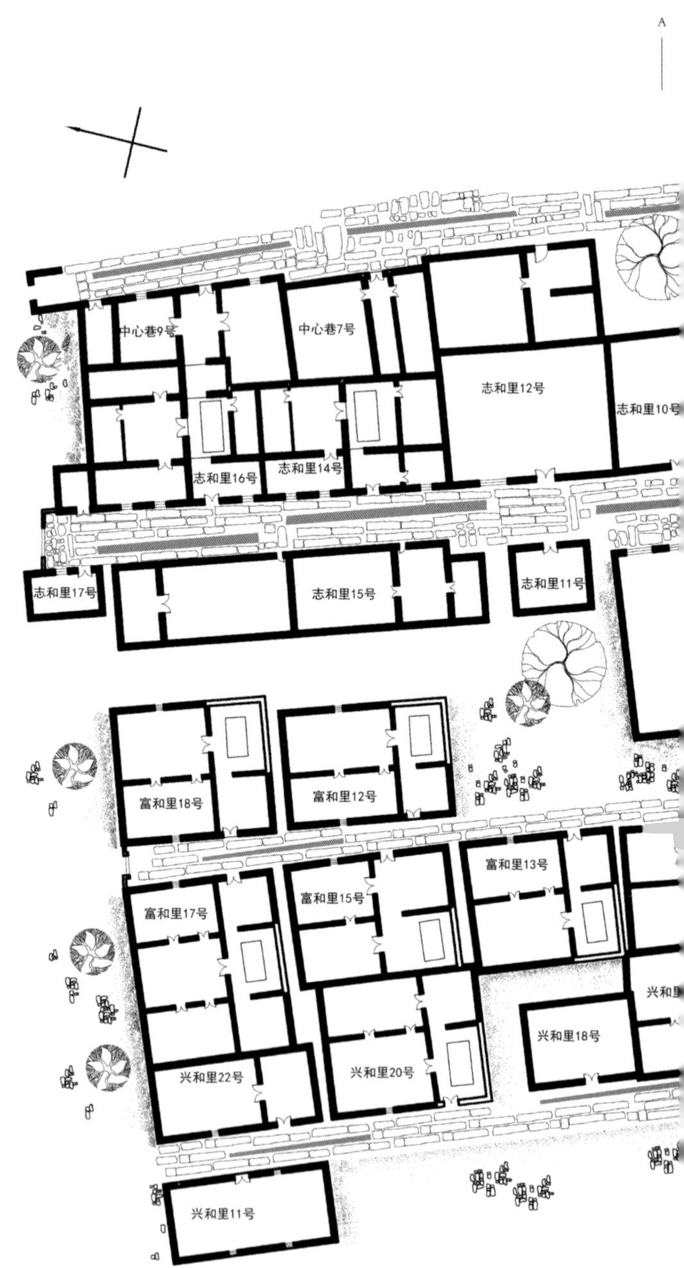

坎头社西侧总平面

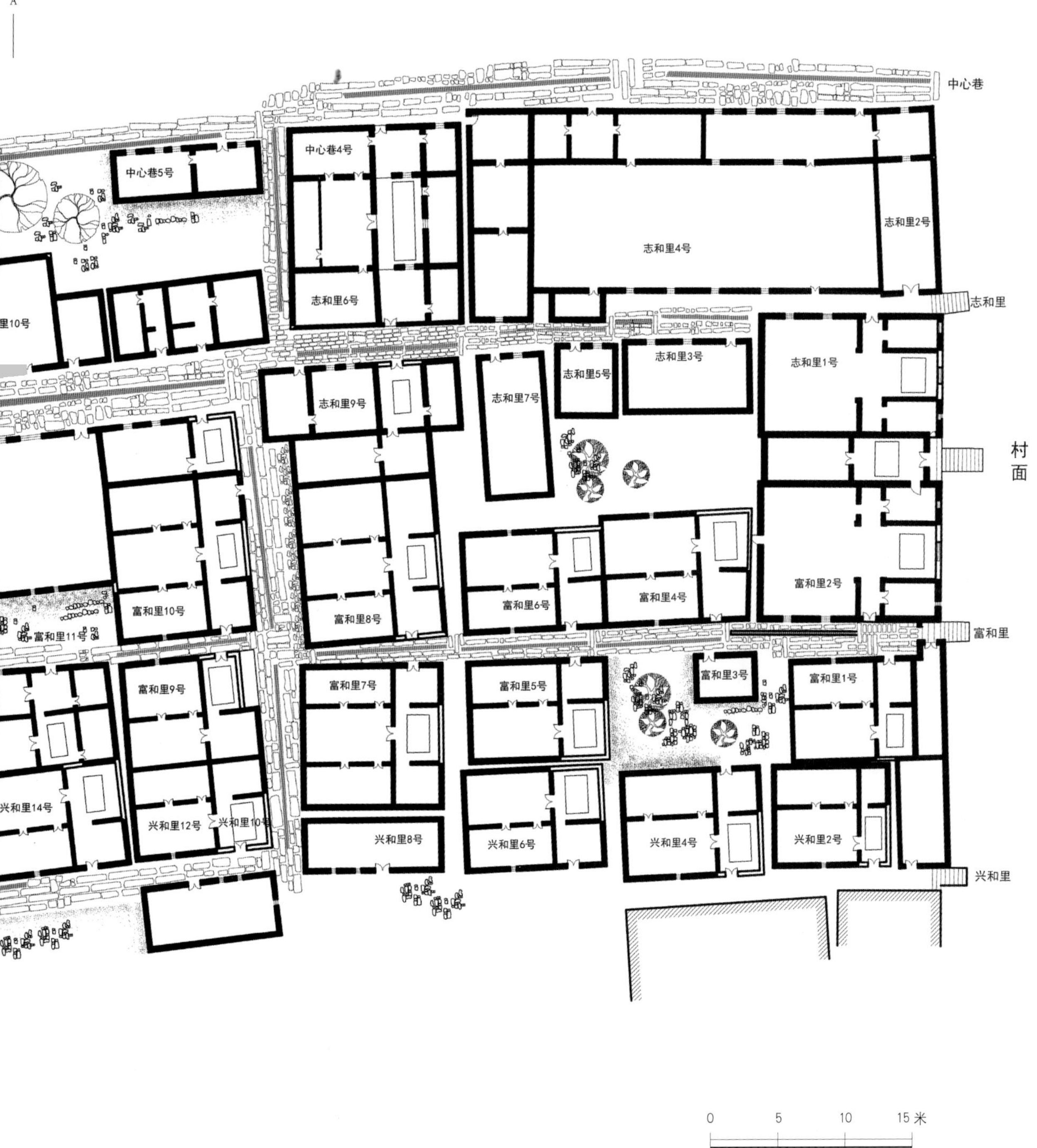
中心巷
中心巷5号
中心巷4号
志和里6号
志和里4号
志和里2号
志和里
里10号
志和里9号
志和里7号
志和里5号
志和里3号
志和里1号
村
面
富和里10号
富和里8号
富和里6号
富和里4号
富和里2号
富和里11号
富和里
富和里9号
富和里7号
富和里5号
富和里3号
富和里1号
兴和里14号
兴和里12号
兴和里10号
兴和里8号
兴和里6号
兴和里4号
兴和里2号
兴和里
0 5 10 15 米

由大尺度的三间两廊之后，陆续建成了小尺度的两座并排的一偏一正式单体。每个一偏一正的单体与相邻单体在位置上都略有错动，正房的方位也没有规律，很明显是在时间上陆续建成的原因。

兴和里与富和里之间的地段规划保存较好，建筑年代相比中心巷附近更晚近。横街后第一户（富和里9号），据村民回忆为清末民初下南洋的村人致富后回乡所建。坎头社在清末民初经历过匪患、水患等一系列的危机，大量的村民背井离乡，下南洋去讨生活，兴和里与富和里一带即是此次下南洋归来后的建设成果。此次复兴建设后，西社规划相对整齐，建筑单体更加趋向于小型化，多为一偏一正式，少数为三间两廊，其侧加建一开间。

横巷两侧的这两片虽然肌理有所变化，但是整体方整，说明村落每个阶段的发展均有前期的规划。在村落的巷子结尾处均设门，入夜，村面与村尾的巷门关闭。防守极为严密。

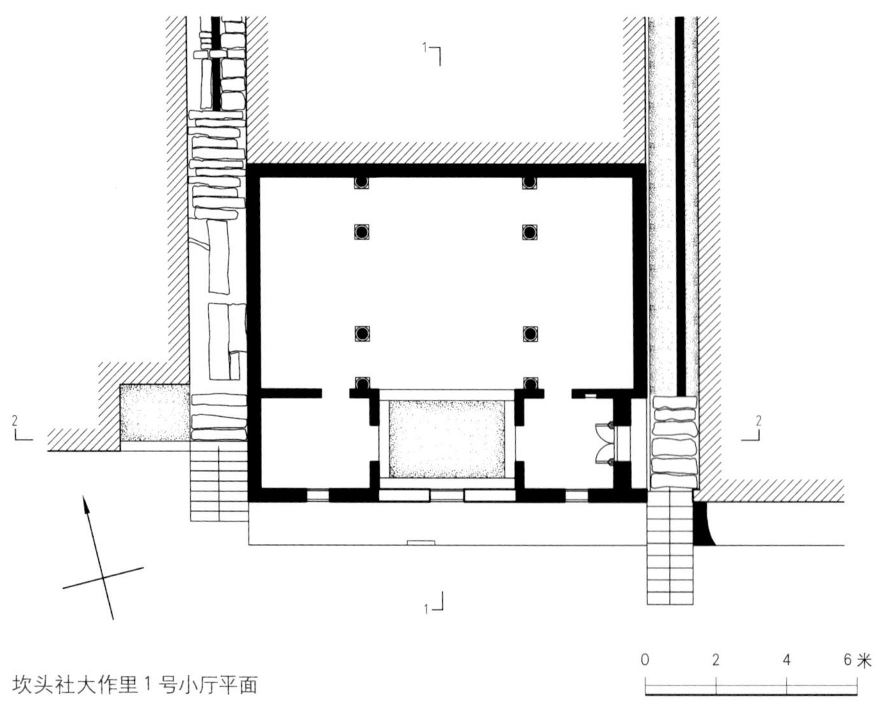

坎头社大作里1号小厅平面

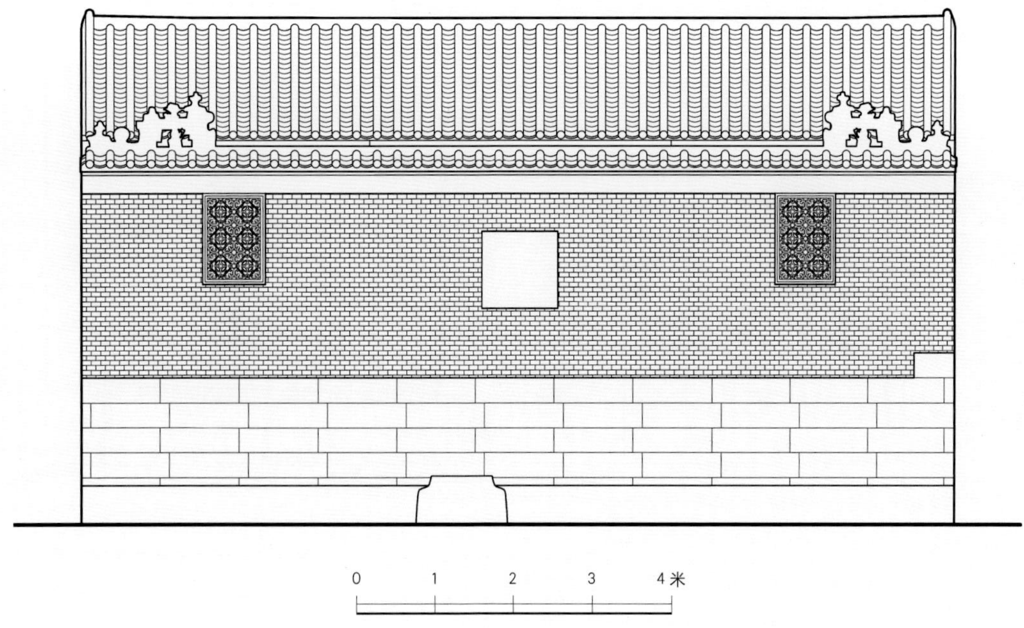

坎头社大作里 1 号小厅正立面

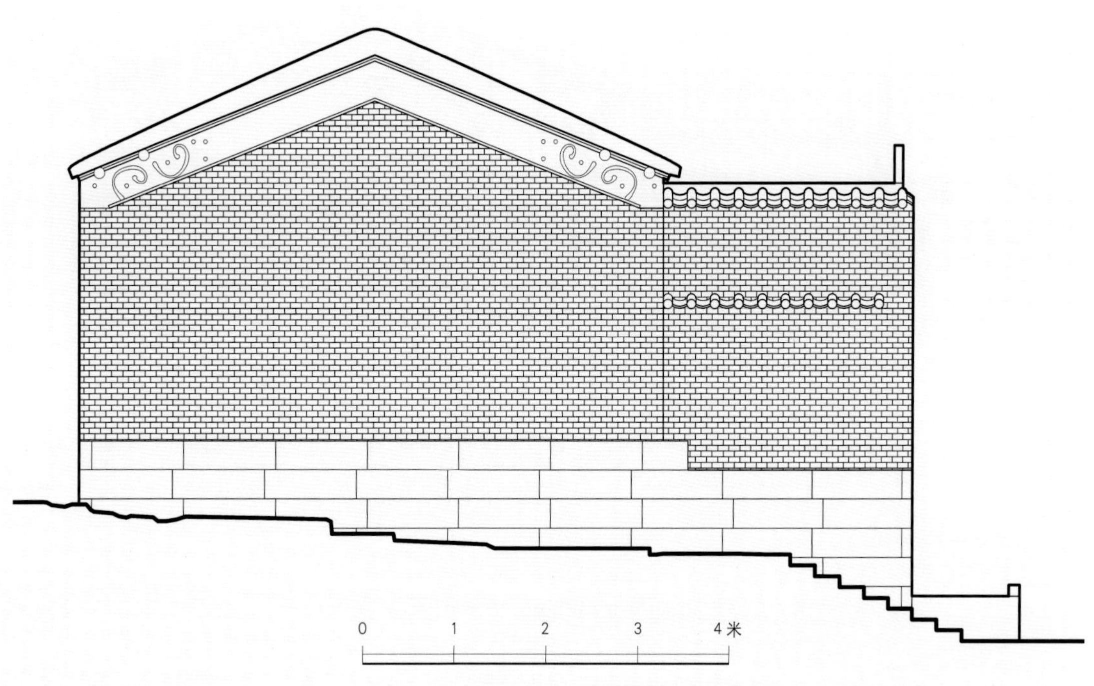

坎头社大作里 1 号小厅侧立面

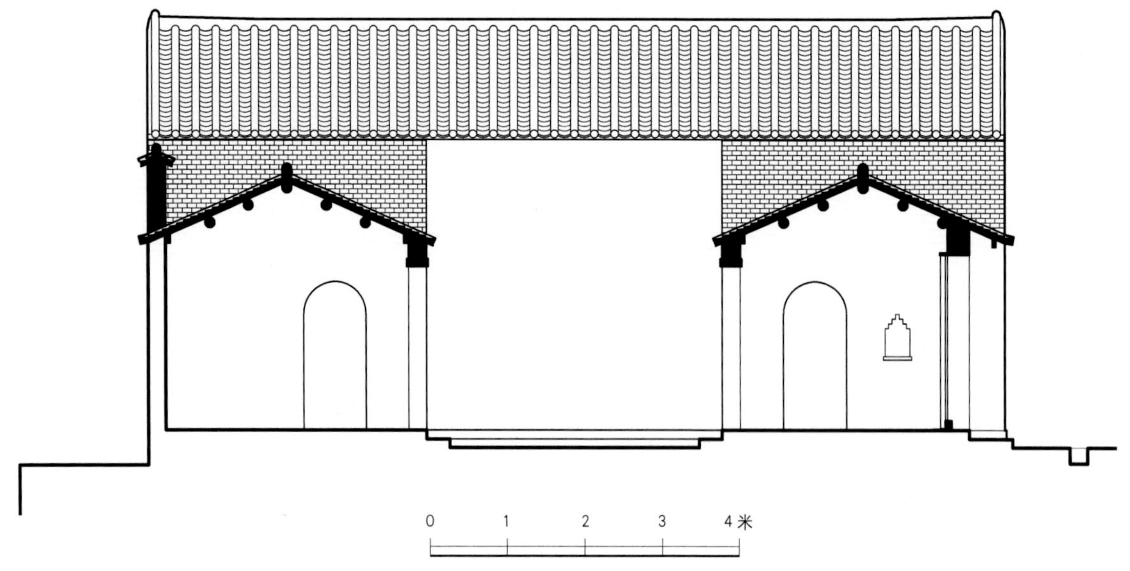

坎头社大作里 1 号小厅横剖面

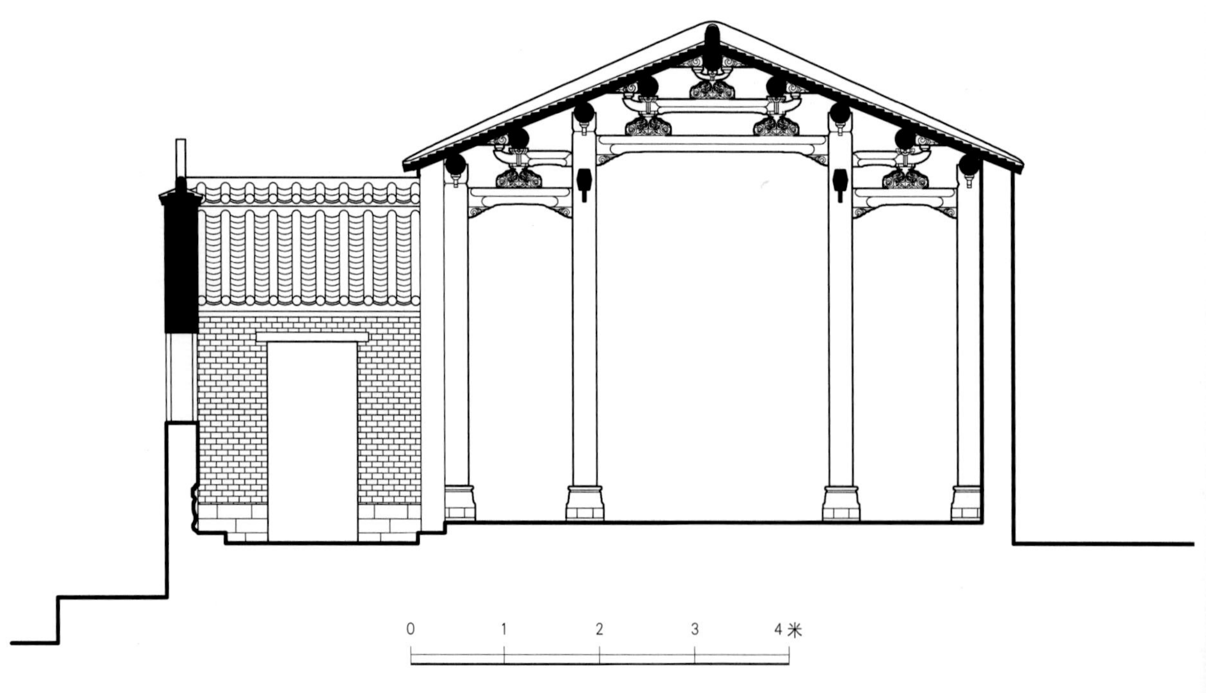

坎头社大作里 1 号小厅纵剖面

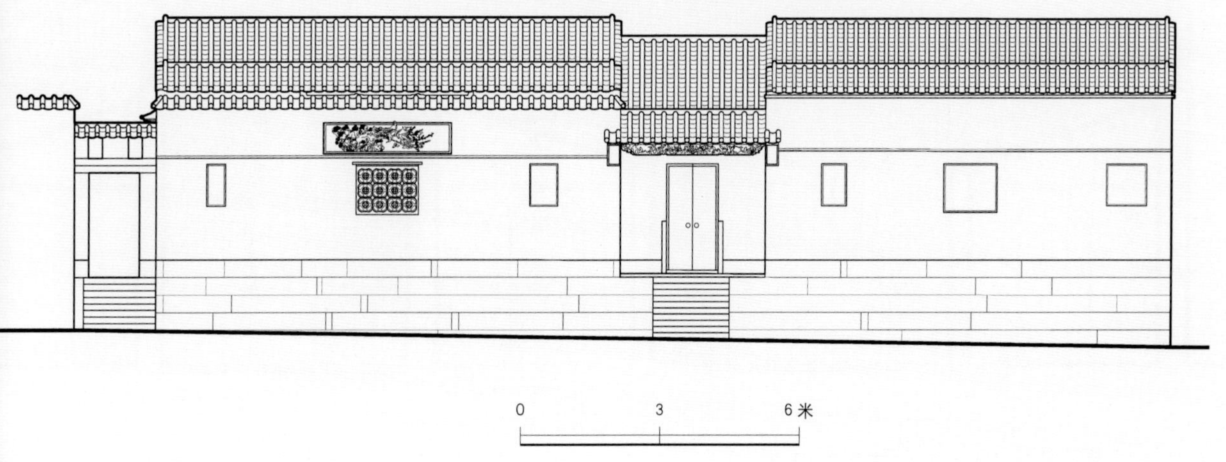

坎头社富和里 2 号小厅正立面

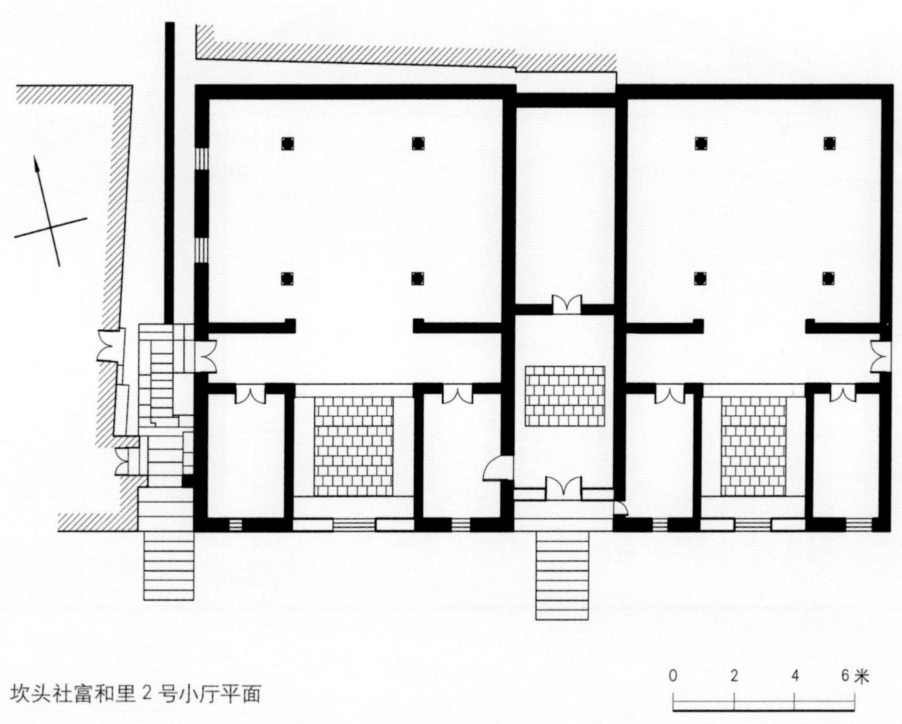

坎头社富和里 2 号小厅平面

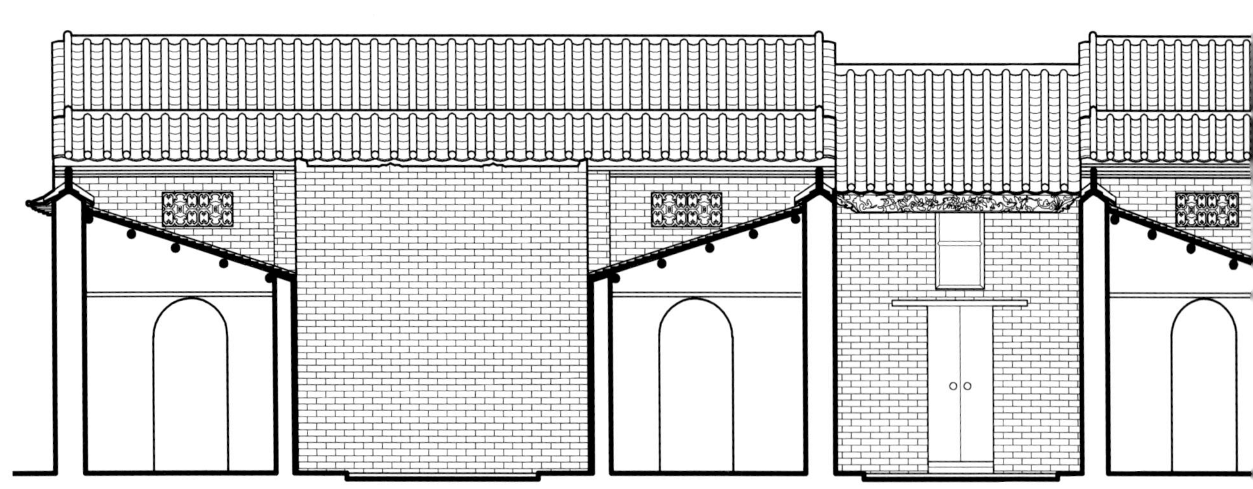

坎头社富和里 2 号小厅横剖面

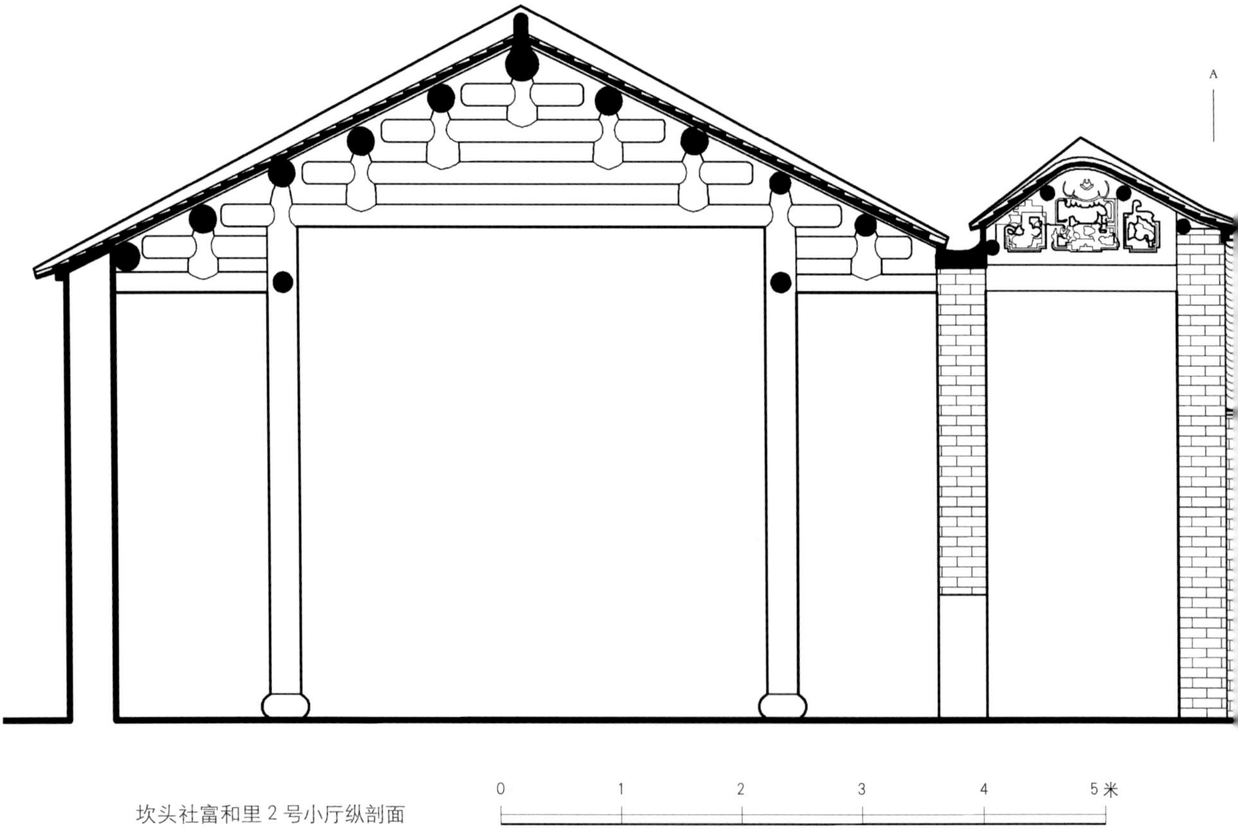

0 1 2 3 4 5米

坎头社富和里 2 号小厅纵剖面

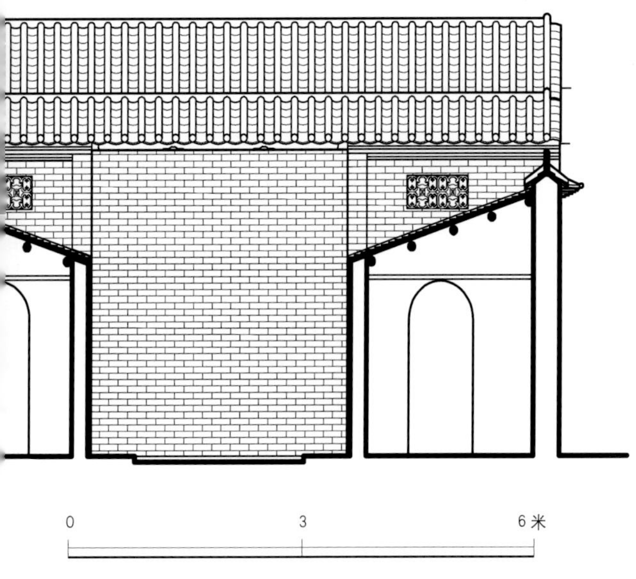

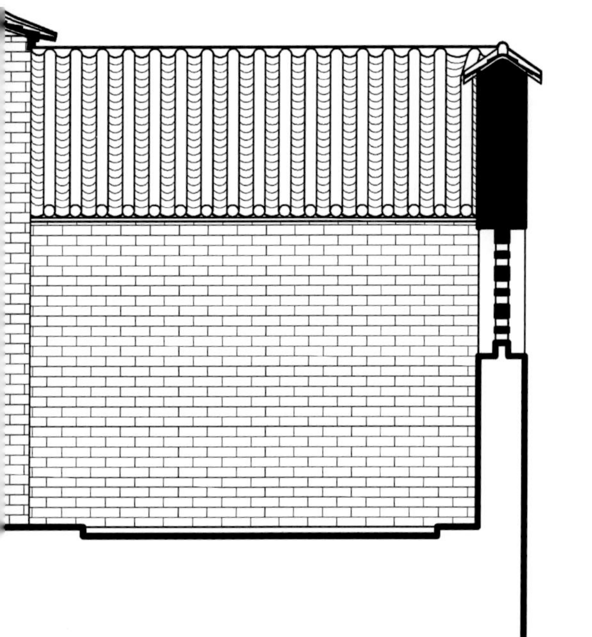

二、东社

大门楼巷与廉让里巷之间的民居几乎是坎头社保存最为完整的片区。这些民居面阔一致，但内部格局却发生了变化，位于村面的汤金铭民居与紧跟其后的廉让里5号（大门楼巷2号）在三间两廊的基础上均有倒座。汤金铭民居倒座进深较大，约5米；廉让里5号的倒座进深较小，更像是一道室内的走廊，其内部一分为二，各有门与两侧厢房相通。廉让里之后的民居现状坍塌了一半，基址满铺了红砂岩，是东社这一支房派的祖屋所在地。在祖屋的后面紧跟着一座标准的三间两廊式单体。再往后，廉让里巷子的两侧（西侧两座，东侧一座），是三座面阔与外观均与三间两廊式相似的建筑，走进去则另有乾坤：每个单体内部划分为并列的三个小单元，每个单元由天井隔开正房与倒座两间房，三个天井并列有门相通，三座单体共有九个相同的居住单元。

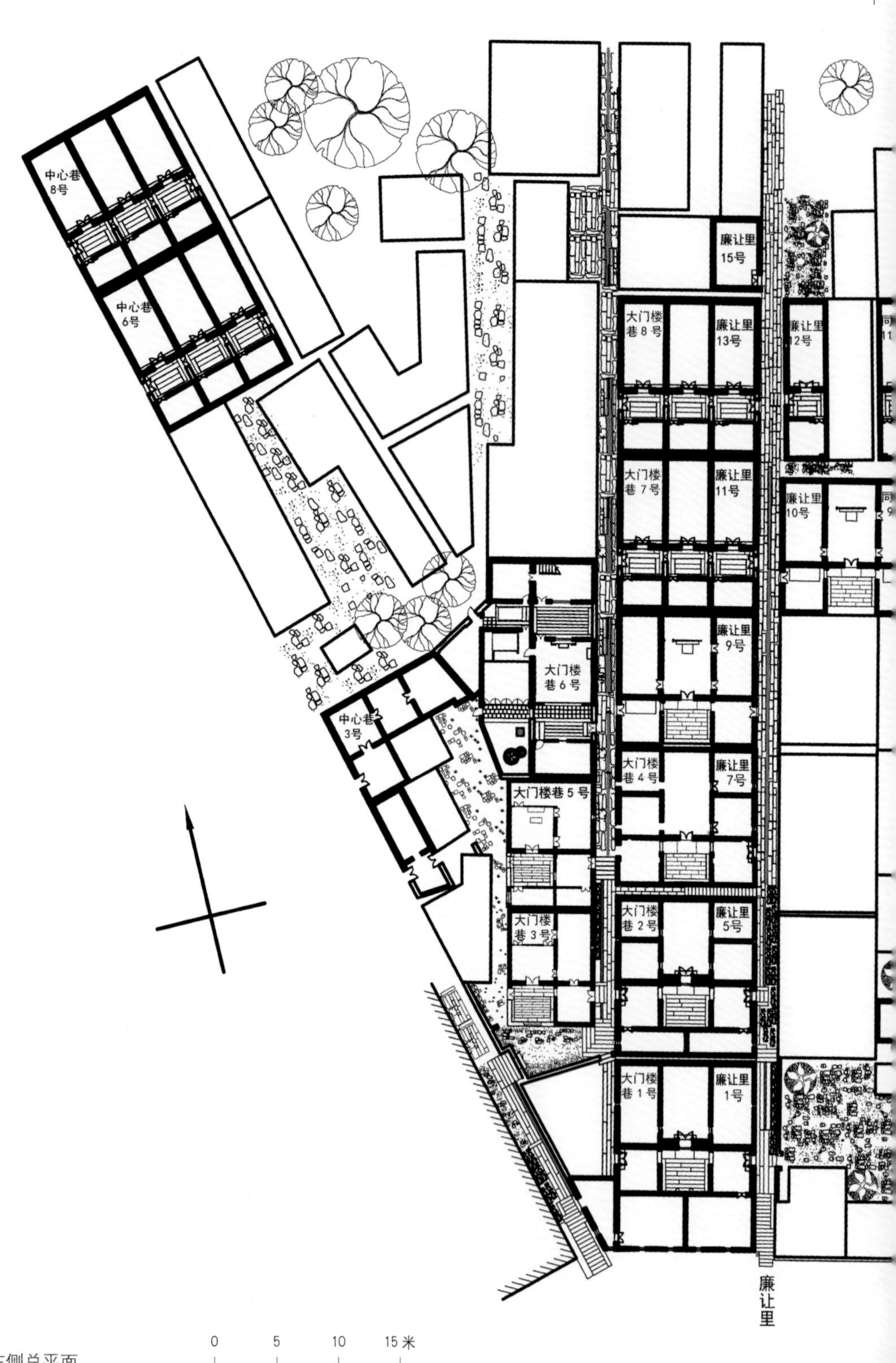
中心巷
8号
中心巷
6号
中心巷
3号
廉让里
15号
大门楼
巷 8 号
廉让里
13号
廉让里
12号
大门楼
巷 7 号
廉让里
11号
廉让里
10号
廉让里
9号
大门楼
巷 6 号
大门楼
巷 4 号
廉让里
7号
大门楼巷 5 号
大门楼
巷 3 号
大门楼
巷 2 号
廉让里
5号
大门楼
巷 1 号
廉让里
1号
廉让里
0 5 10 15 米

坎头社东侧总平面

同乐里
12号
龙眼桥
巷12号
同乐里
11号
同乐里
10号
龙眼桥
巷10号
龙眼桥
巷11号
马房巷
13号
同乐里
8号
龙眼桥
巷 9 号
同乐里
9号
龙眼桥
巷 7 号
龙眼桥
巷 8 号
马房巷
9号
同乐里
6号
马房巷
7号
东二条巷
7号
同乐里
4号
大作里
3号
东二条巷
3号
东二条巷
2号
马房巷 2 号
大作里 1号
大作里 2 号
村面
同乐里
大作里
龙眼桥巷
马房巷
东二条巷

坎头社大门楼巷 3 号立面

0 2 4 6 米

坎头社大门楼巷 3 号平面

0 2 4 6 米

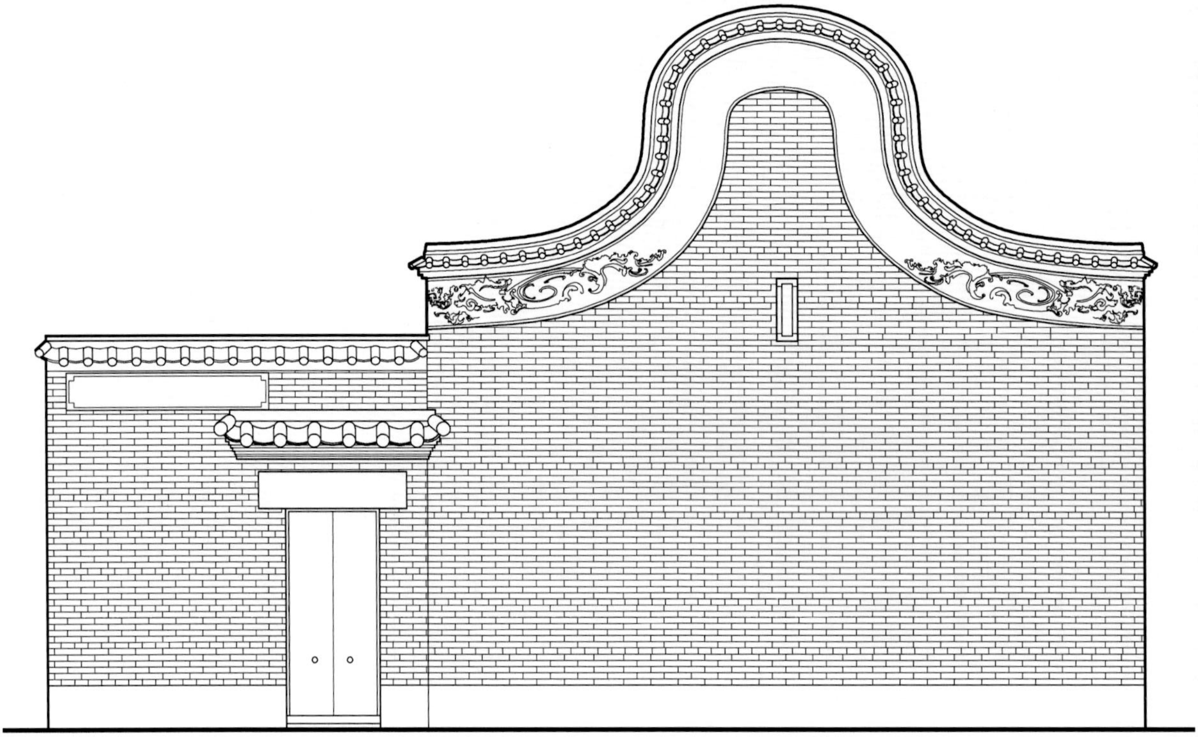

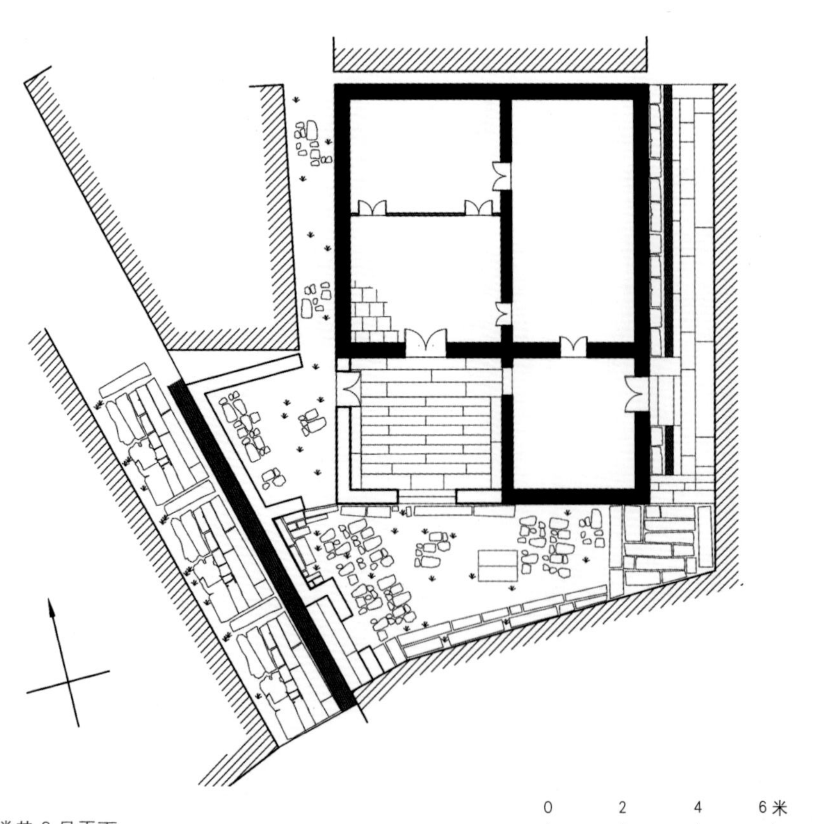

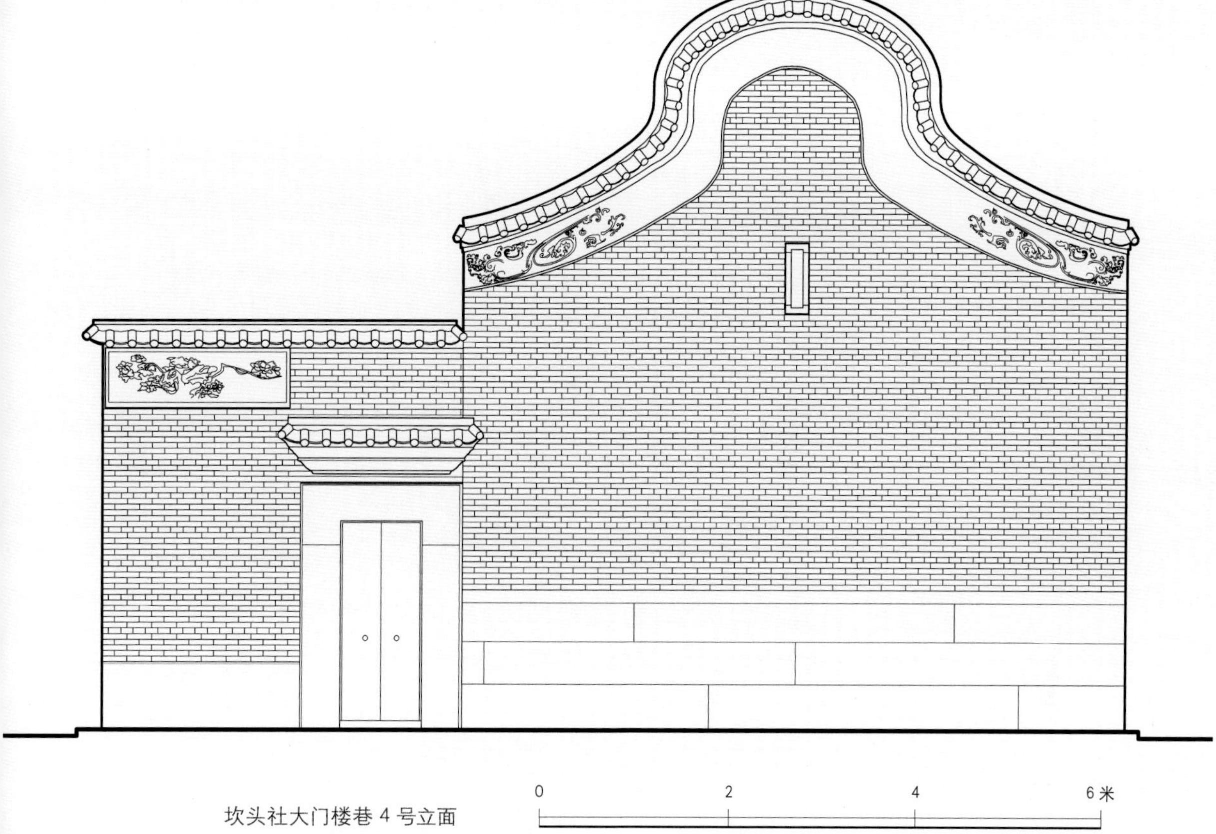

0 2 4 6米

坎头社大门楼巷 4 号立面

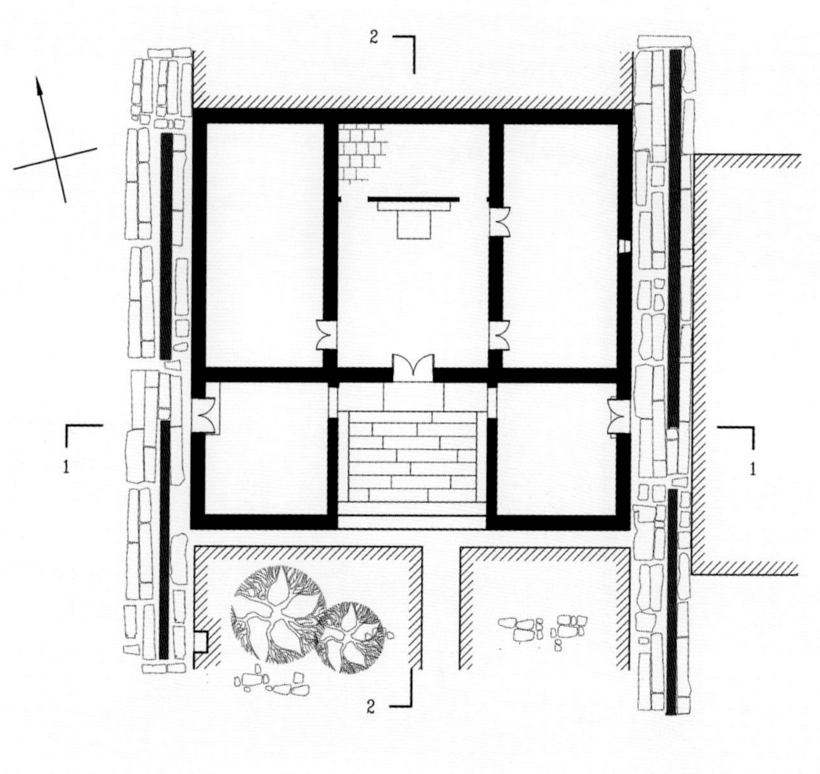

0 2 4 6米

坎头社大门楼巷 4 号平面

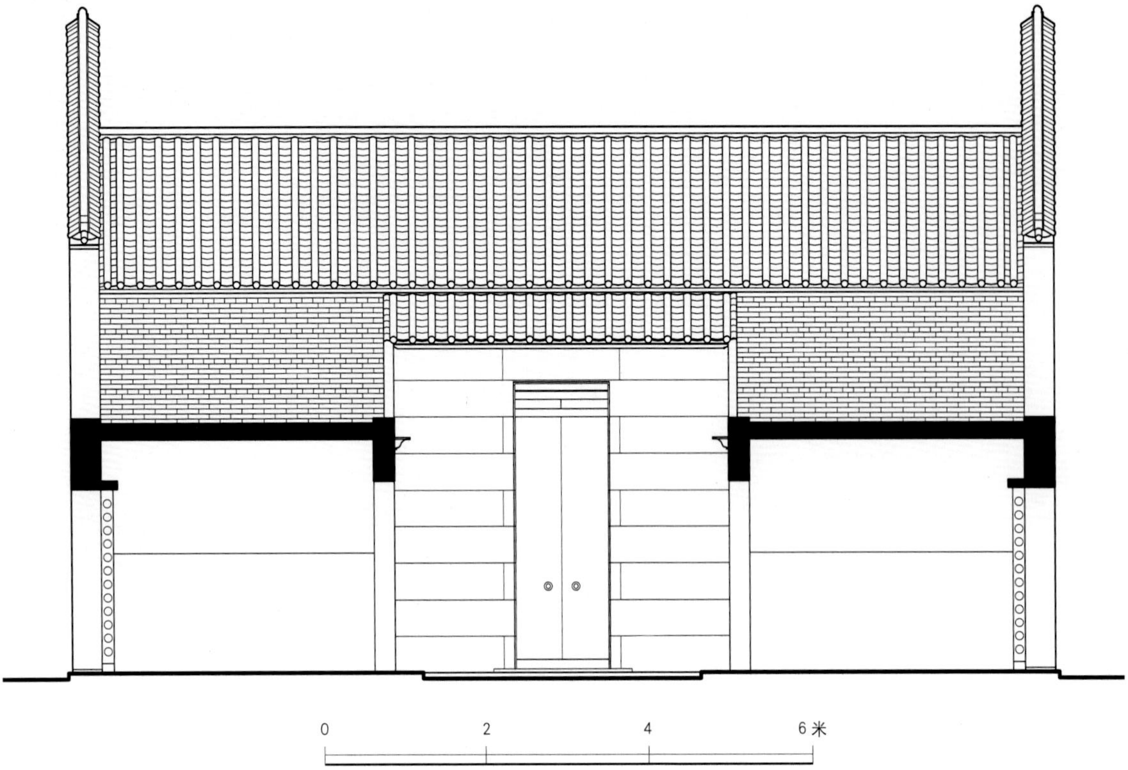

0 2 4 6 米

坎头社大门楼巷 4 号横剖面

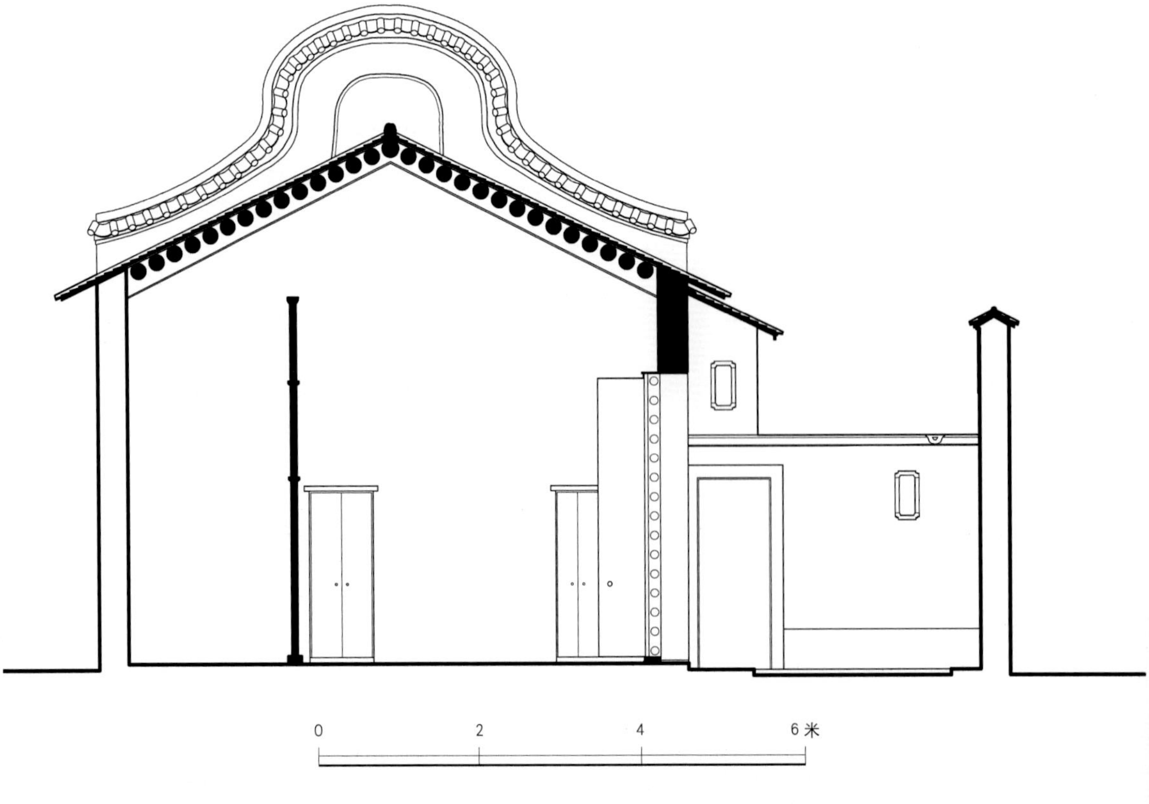

0 2 4 6 米

坎头社大门楼巷 4 号纵剖面

坎头社大门楼巷 4 号隔断大样

与此类似的是，中心巷6号与8号也是如此。据村人口传，这是因为祖上某个太公积累起财富，于是建了好几座大屋供后世的子孙居住。坎头社这种多重的空间布局，说明了当时人们对村落居住有一定的规划性与前瞻性。①

① 在这些批量建设的居住单元的最北端，有一座一开间的单体建筑，作为村落该阶段营建的结束之处。这座建筑层高很高，一层无窗，可能是用于存储或者是瞭望。

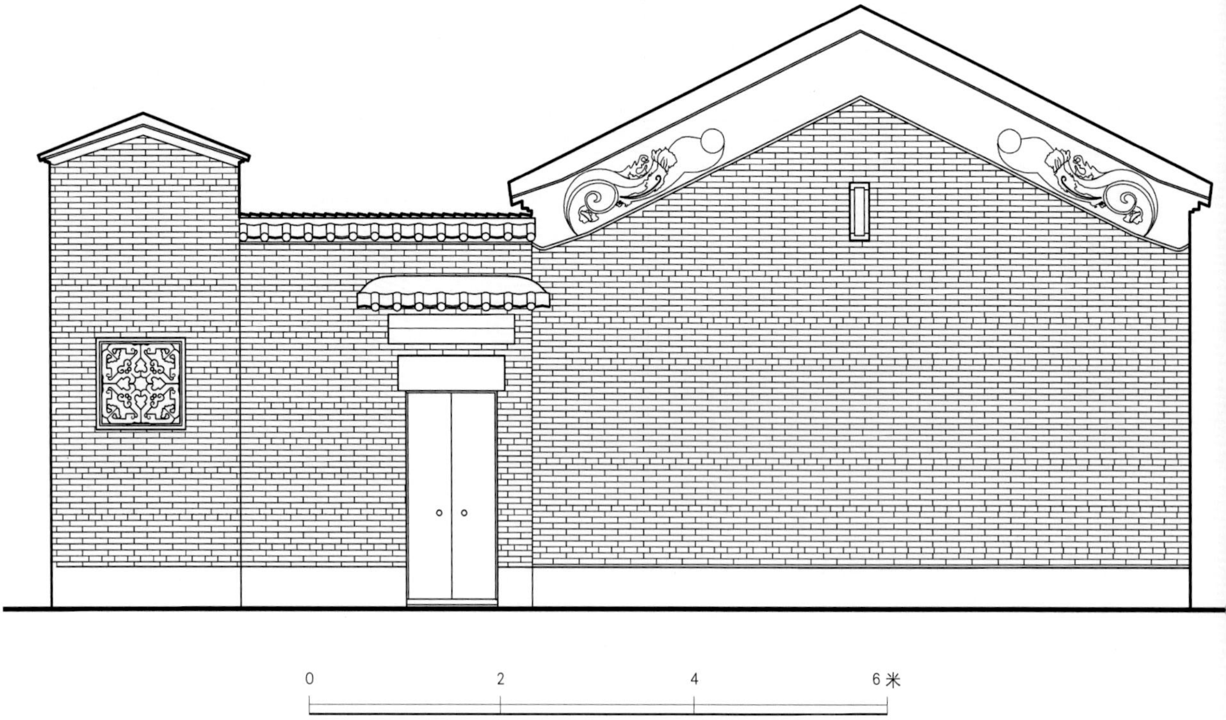

0 2 4 6米

坎头社大门楼巷 5 号立面

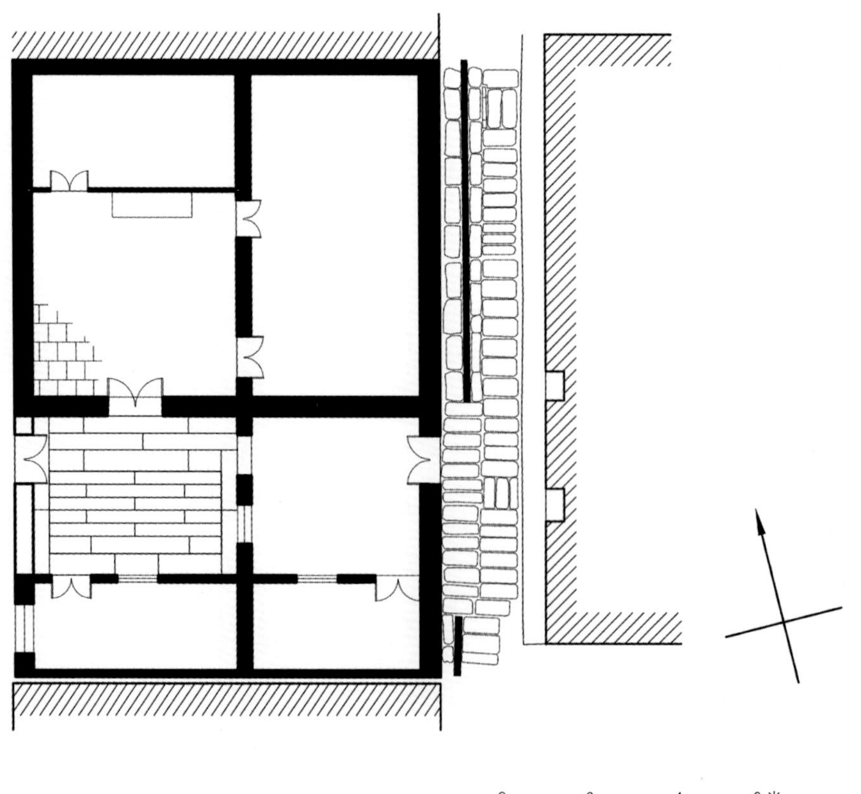

0 2 4 6米

坎头社大门楼巷 5 号平面

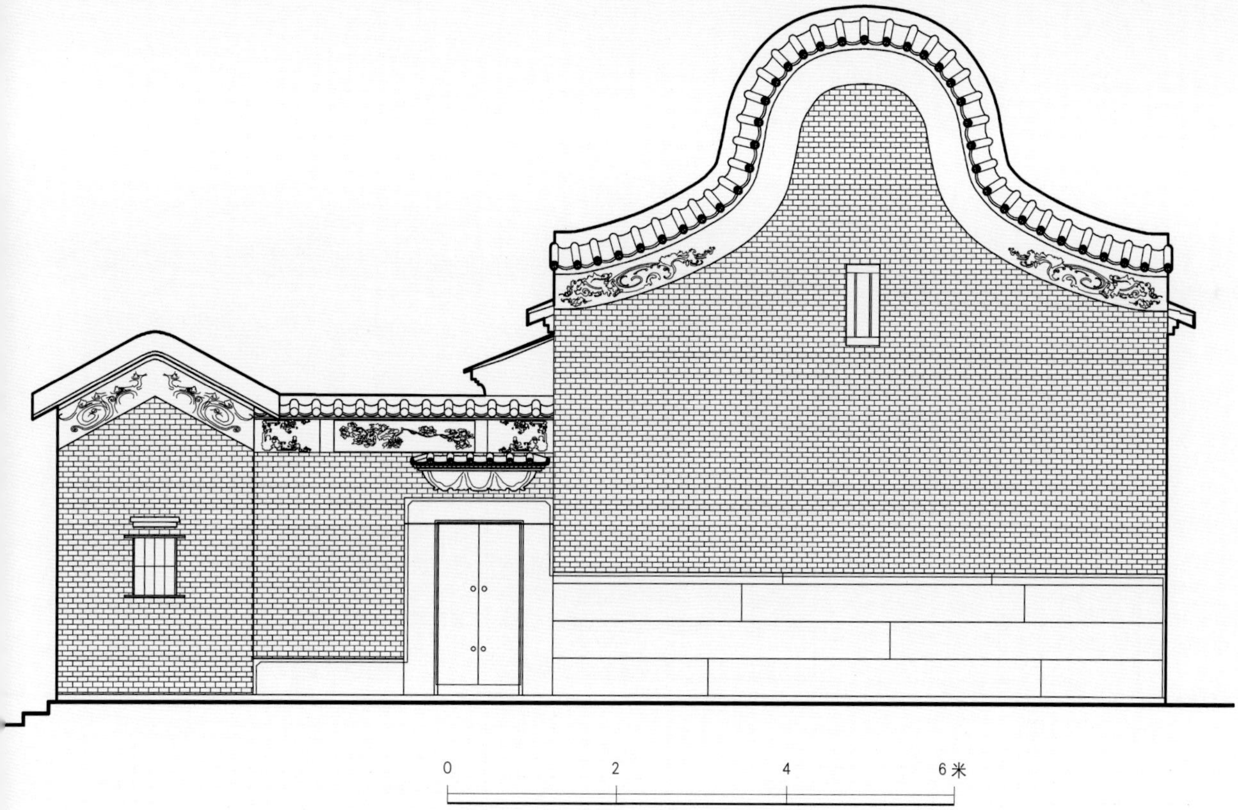

0　2　4　6米

坎头社廉让里 5 号立面

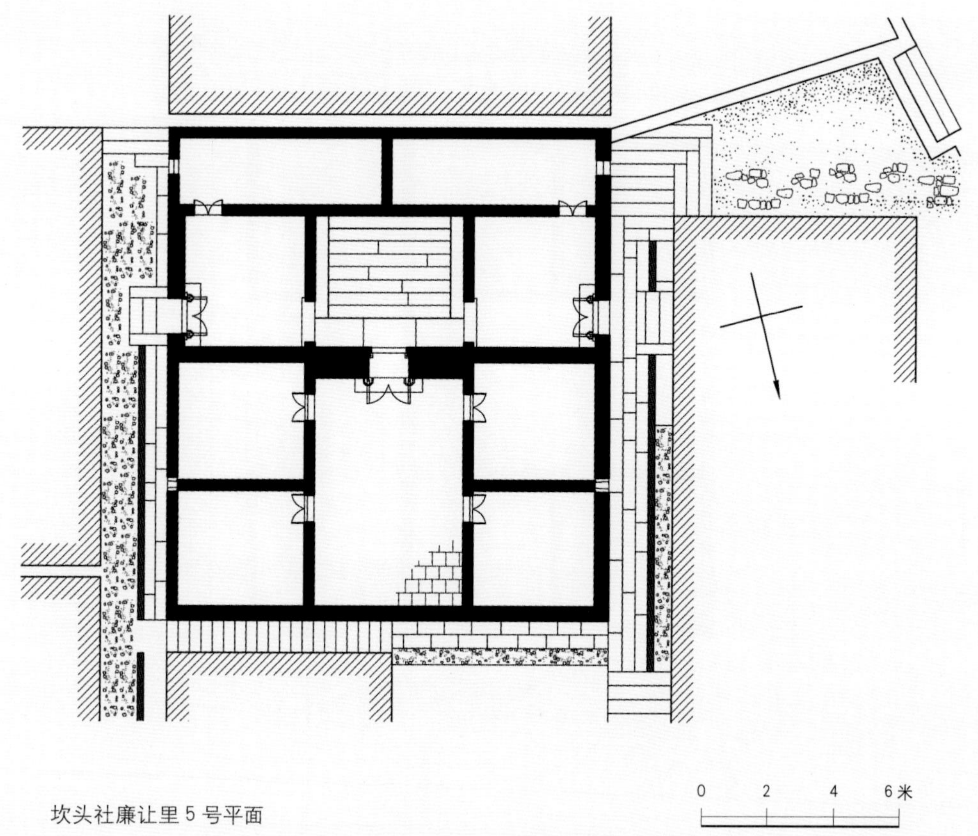

坎头社廉让里 5 号平面

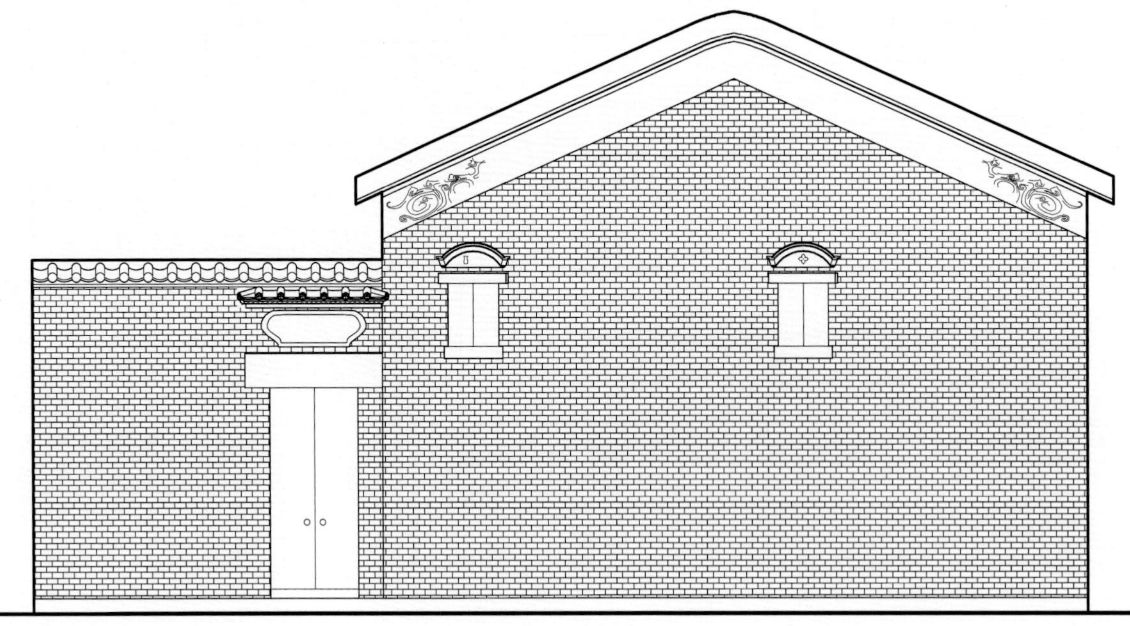

坎头社廉让里 7 号立面

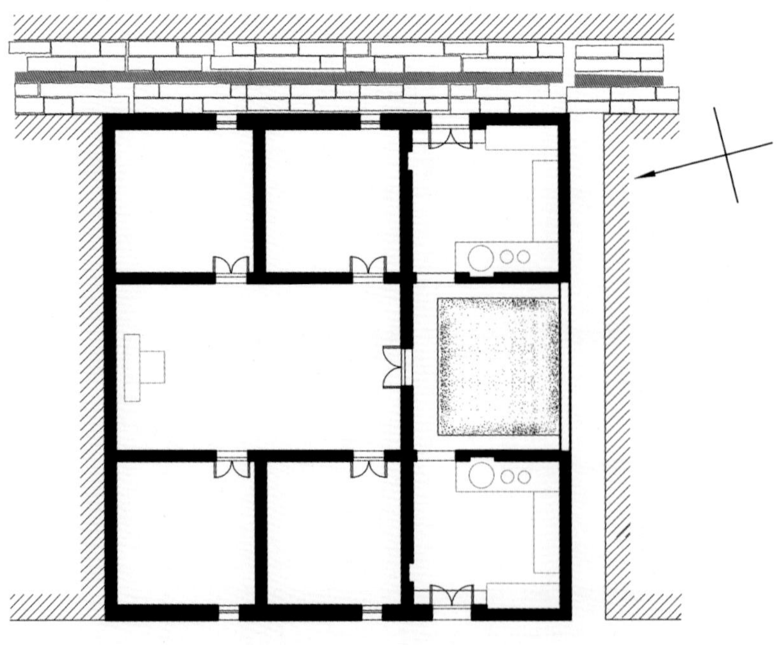

坎头社廉让里 7 号平面

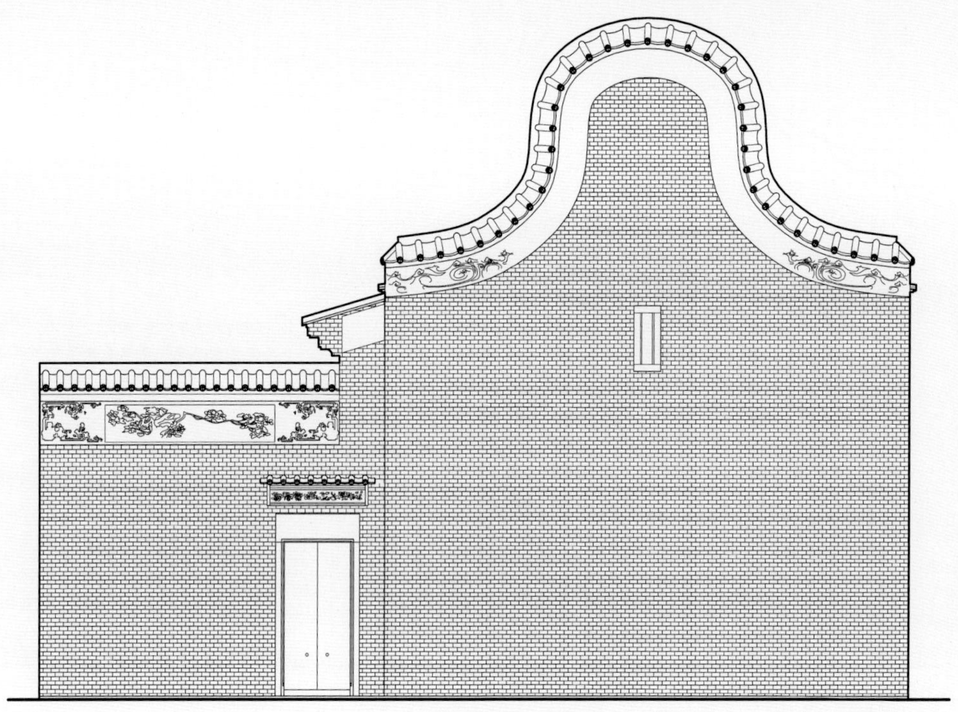

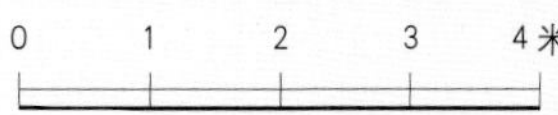

坎头社廉让里 11 号立面

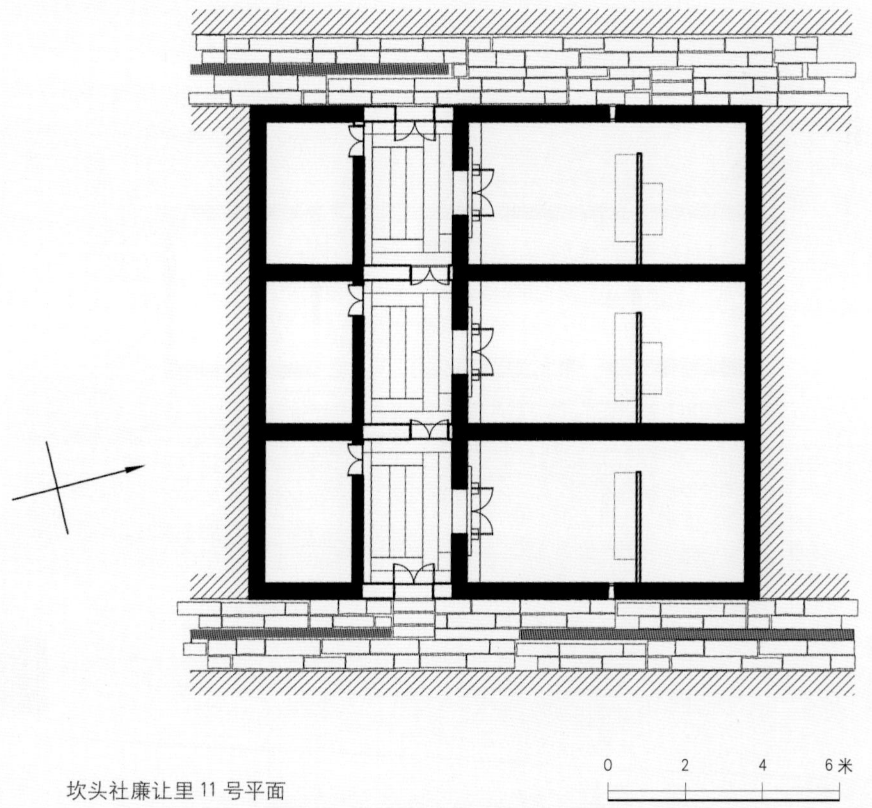

坎头社廉让里 11 号平面

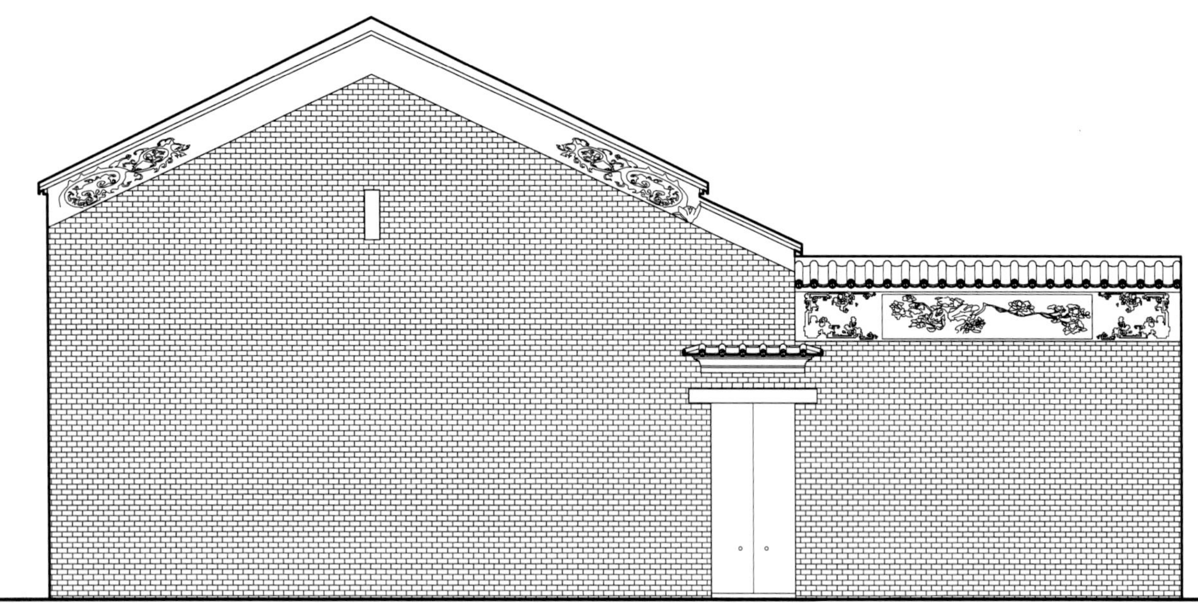

坎头社廉让里 12 号立面

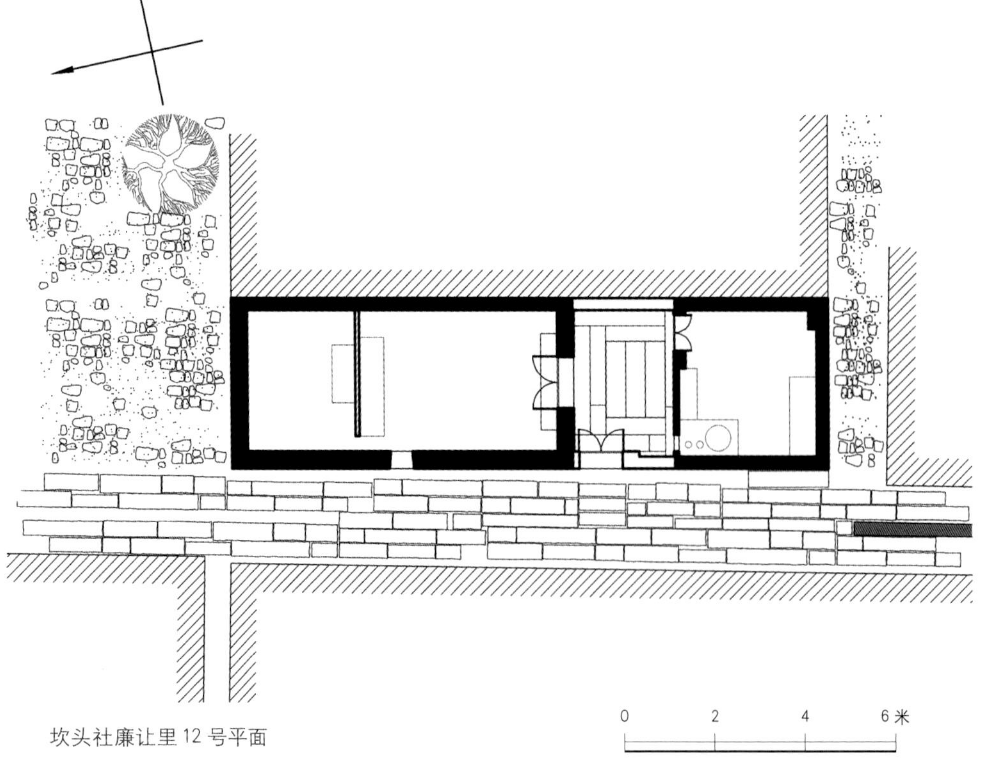

坎头社廉让里 12 号平面

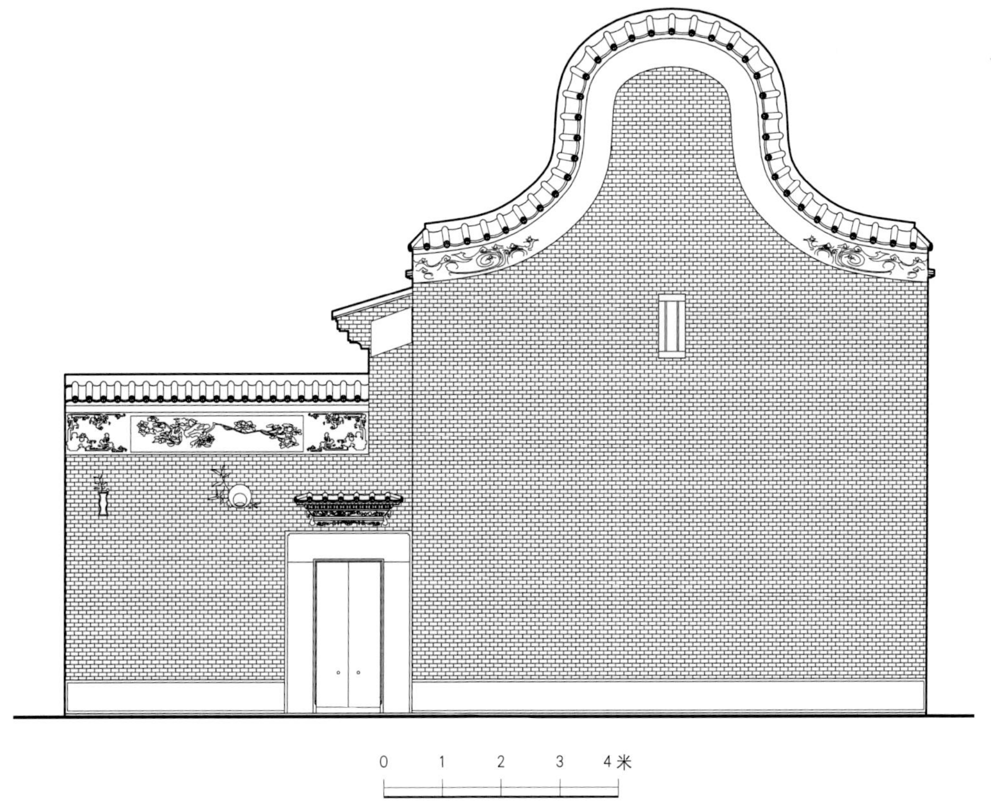

坎头社廉让里 13 号立面

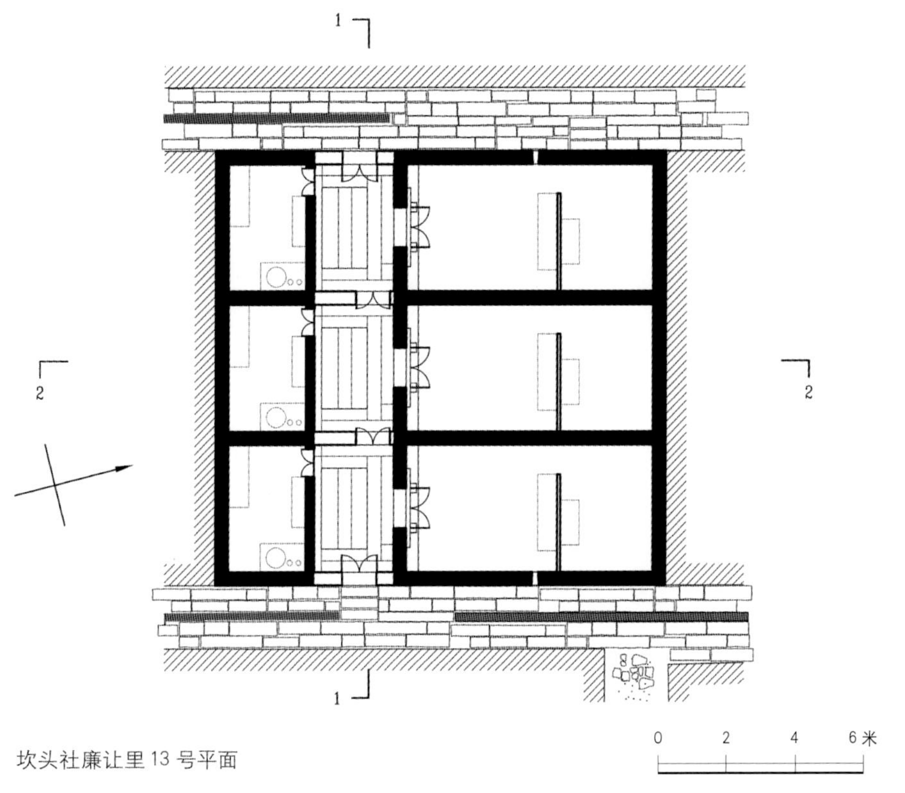

坎头社廉让里 13 号平面

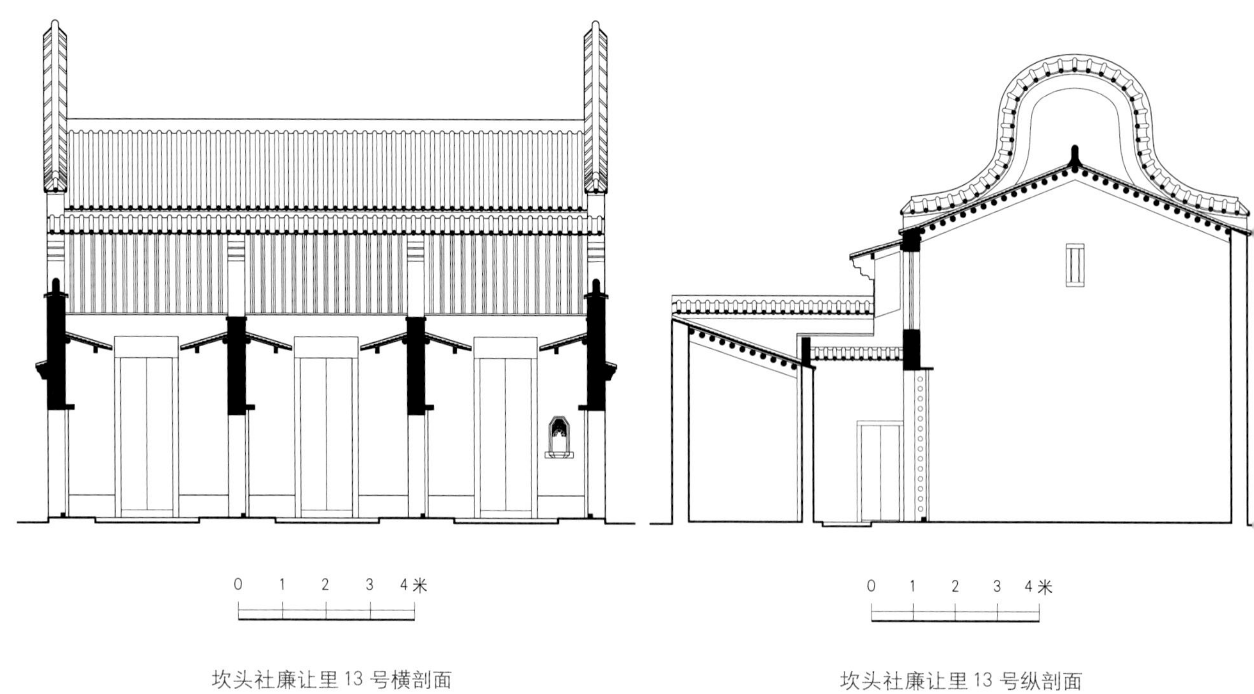

坎头社廉让里13号横剖面

坎头社廉让里13号纵剖面

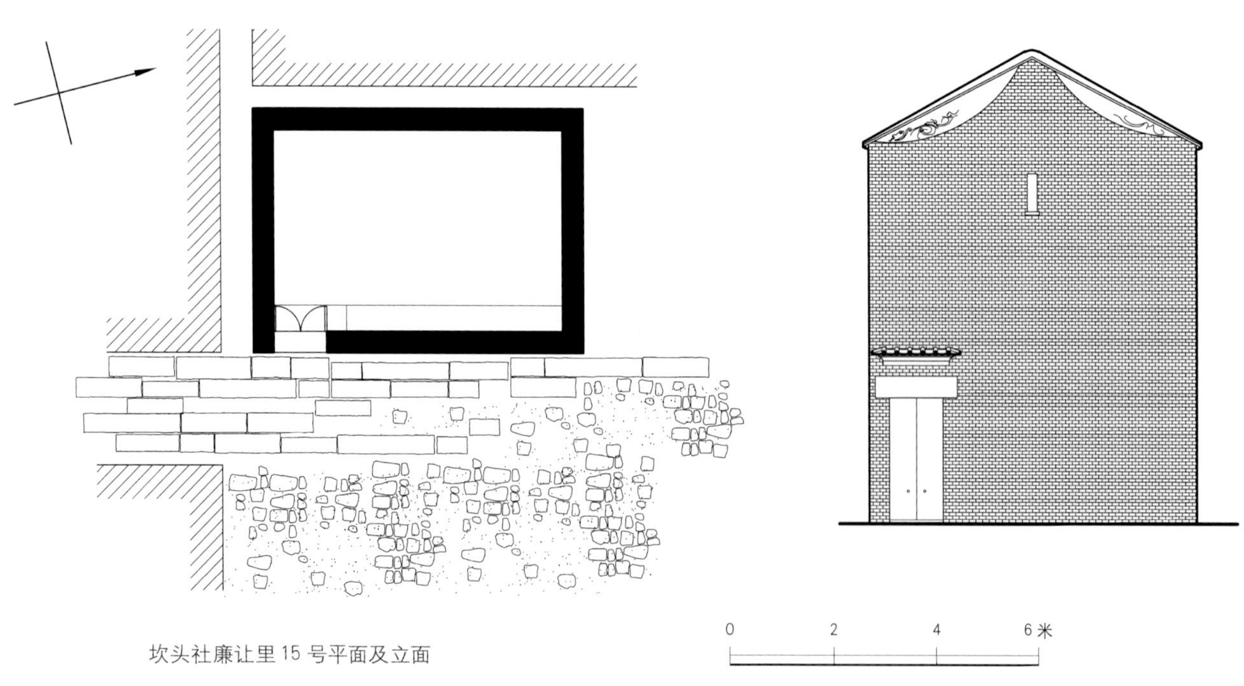

坎头社廉让里15号平面及立面

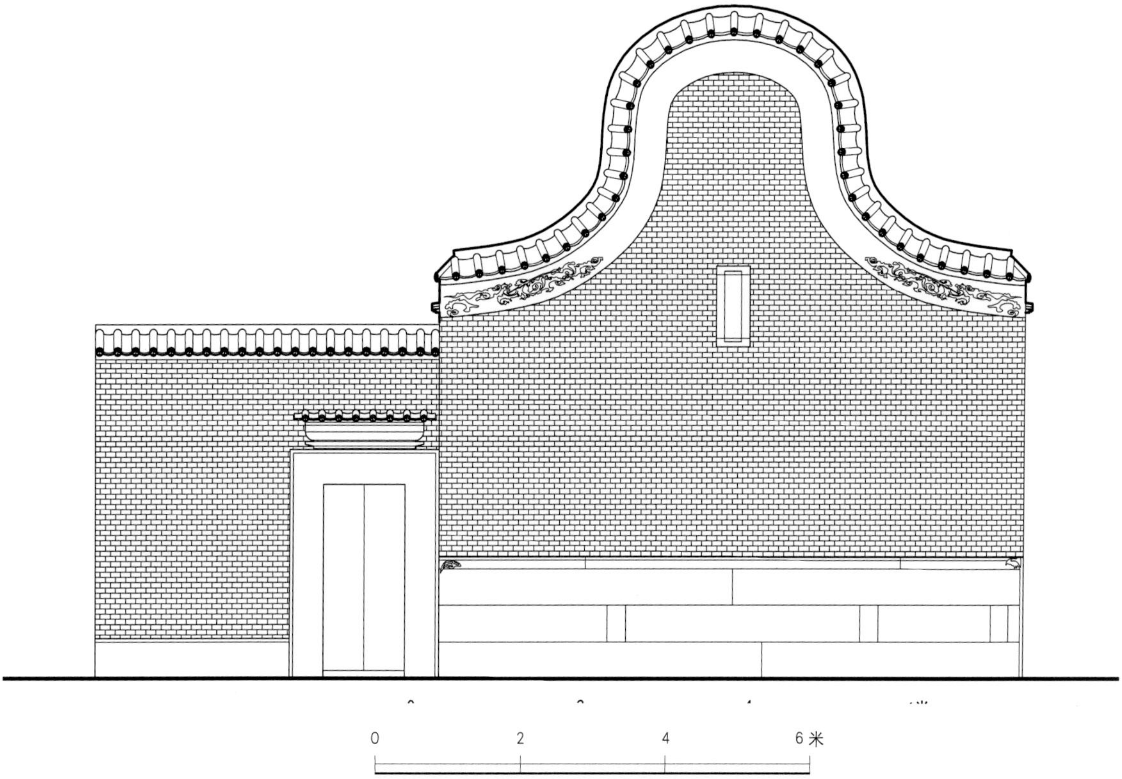

0 2 4 6米

坎头社马房巷 9 号立面

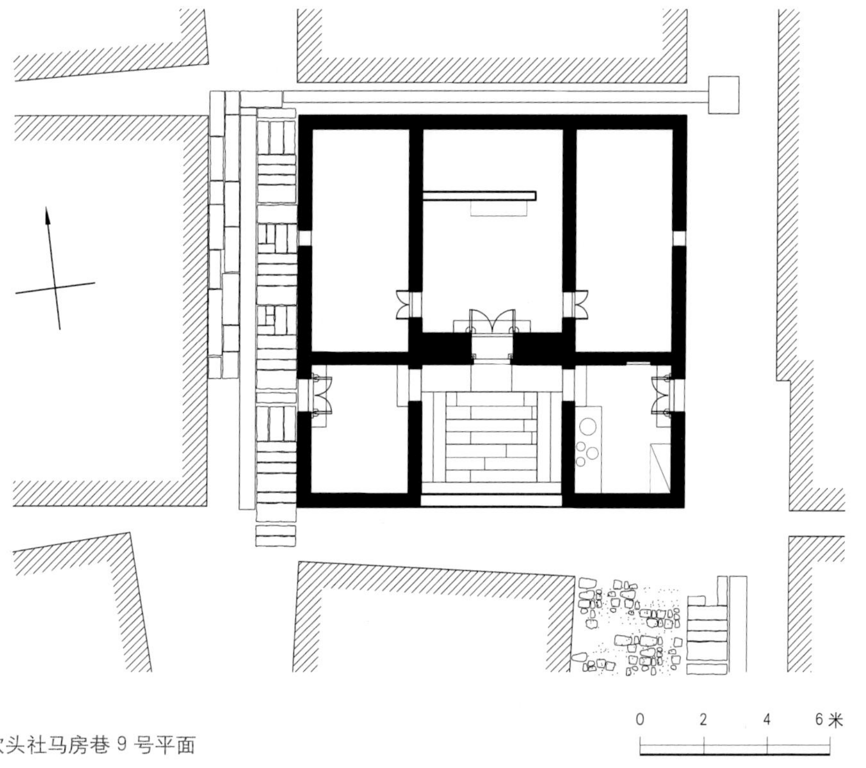

坎头社马房巷 9 号平面

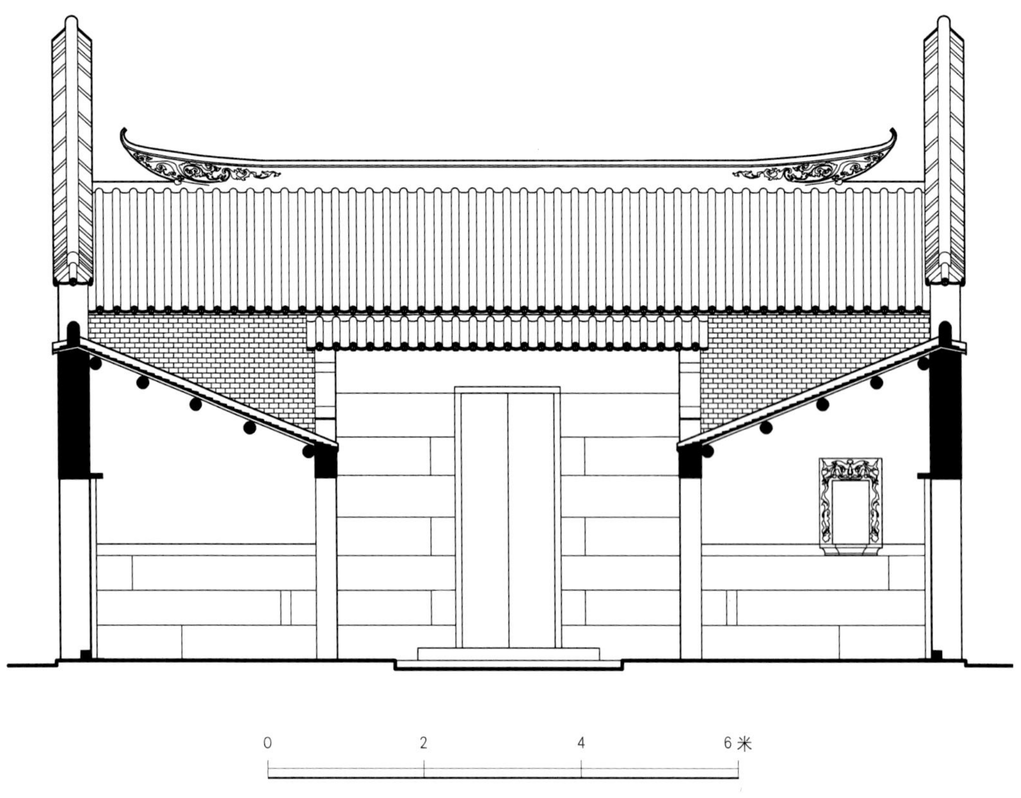

坎头社马房巷 9 号横剖面

坎头社东北面如今另保存两座并列而立的三间两廊居住建筑（其中之一为马房巷9号），墙面雕刻精细，从巷口远远望去，在巷子中段两侧并列着两栋醒目的镬耳墙民居。据说，它们是坎头社另一支汤氏后人的，这一支以经商发迹，也建设了质量较好的一片住宅，且在住宅的后面有私家的花园，只可惜如今保留下来的只有这两处镬耳山墙的房子了。在这两片之间有几处红砂岩的房屋遗址，废弃许久。访谈之时，一位六十岁的长者侃侃而谈："这树是我姑姑出嫁那年亲手所栽，那时我还是孩童。"废墟之上一株桑树亭亭如盖，人世沧桑的变迁尽在其间。

第四章　建筑单体

一、汤氏兄弟

汤金铭，字敬盘，性敏博学，十五岁以县考第一名补弟子员，越年以县考第一名成绩补廪膳生，清同治十二年（1873年）为拔贡。相传，汤金铭因母病辞官不授，乡人遂改其居住巷名为廉让里。汤金铭一生著述丰富，但多在战乱中散失，存世有《汉华山碑题跋年表》，曾撰《传音快字书后》，致力于文字改革。在《传音快字书后》中，汤金铭写道："近世民事日繁，恒苦限于时地，西人精思立法以通之，如火轮、舟车、电报，及诸机器皆是，快字亦其一也。——若用此法，易繁为简，妇孺可知，慧者数日即通，钝者不过数月，即未尝读书者，皆可通情意，述事理，而无不达之辞。"其中表达了作者西为中用、立志改革的决心。汤金铸，字子寿，又字馨颜，为汤金铭之胞弟，学海堂专课肄业生，精算数之学，著《平面卓记》《三角公式辑要》等。汤氏兄弟后参与筹办了广东水陆师学堂[①]，学堂的基

① 1885年，经过中法战争后，清政府于沿海各省的重要港口城市兴建要塞，筹办海军。水陆师学堂即为清廷储备高等军事人才的专门学校。

址选择与建设工程即由汤金铭负责。广东水陆师学堂建于珠江下游黄埔的平岗乡，费银二万两，历时两年完成（1880—1882年），是为黄埔海军学校的前身。学校建成后，汤金铸为提调，汤金铭为汉文教习[1]。

汤氏兄弟生活的年代正是晚清中国大历史波诡云谲的时代，广东更是处于西学与通商的前沿阵地，同时战争的硝烟亦在此弥漫。两人自幼受到良好的传统教育，年轻时均求学于著名的西樵山学海堂，接受新式教育，可谓中西贯通，遂成长为中国早期新学人才与军事教育家。

二、汤金铭民居

汤金铭民居位于廉让里巷口处，占据村面的有利位置，布局极为讲究。也是因借着房派分

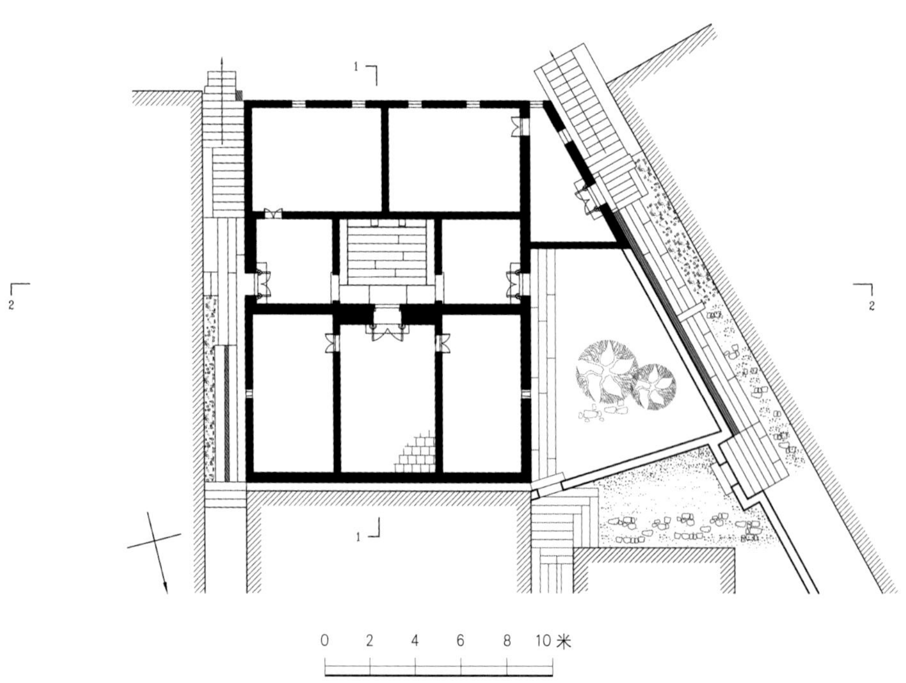

坎头社廉让里1号平面

① 何炳材：《黄埔海军学校沿革及校友业绩》，《广州文史资料》第四十三辑。

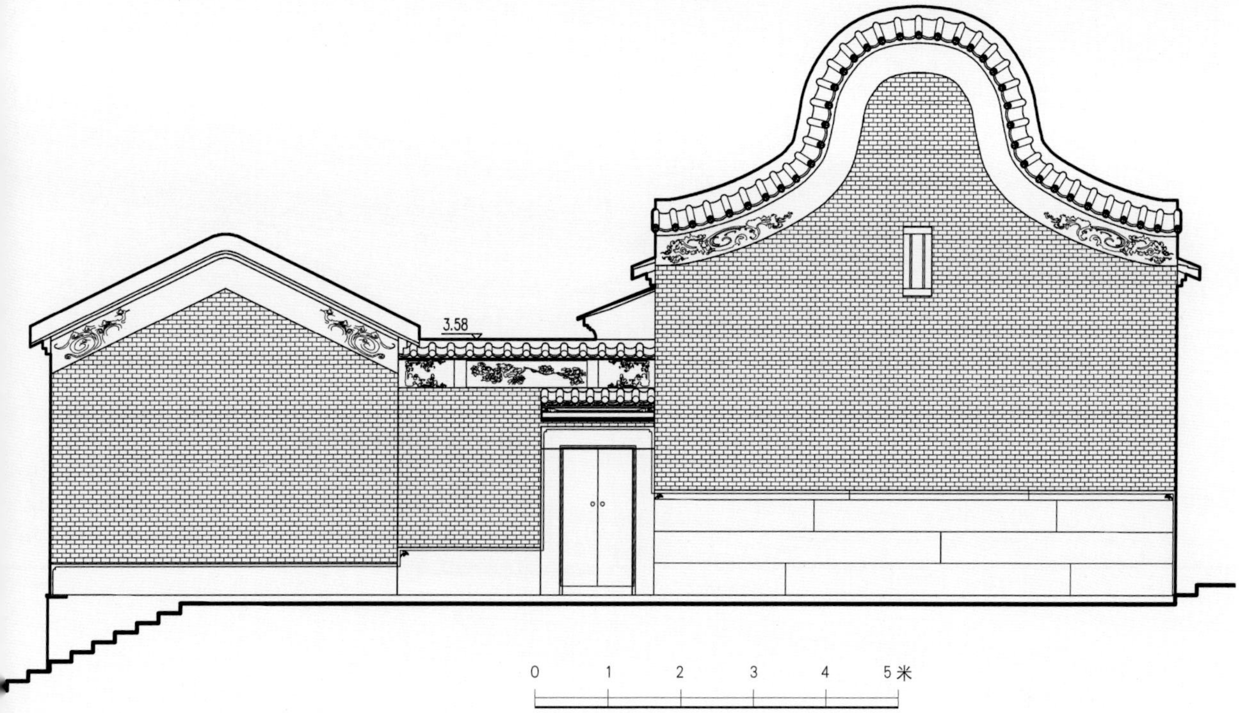

3.58

0 1 2 3 4 5 米

坎头社廉让里 1 号立面

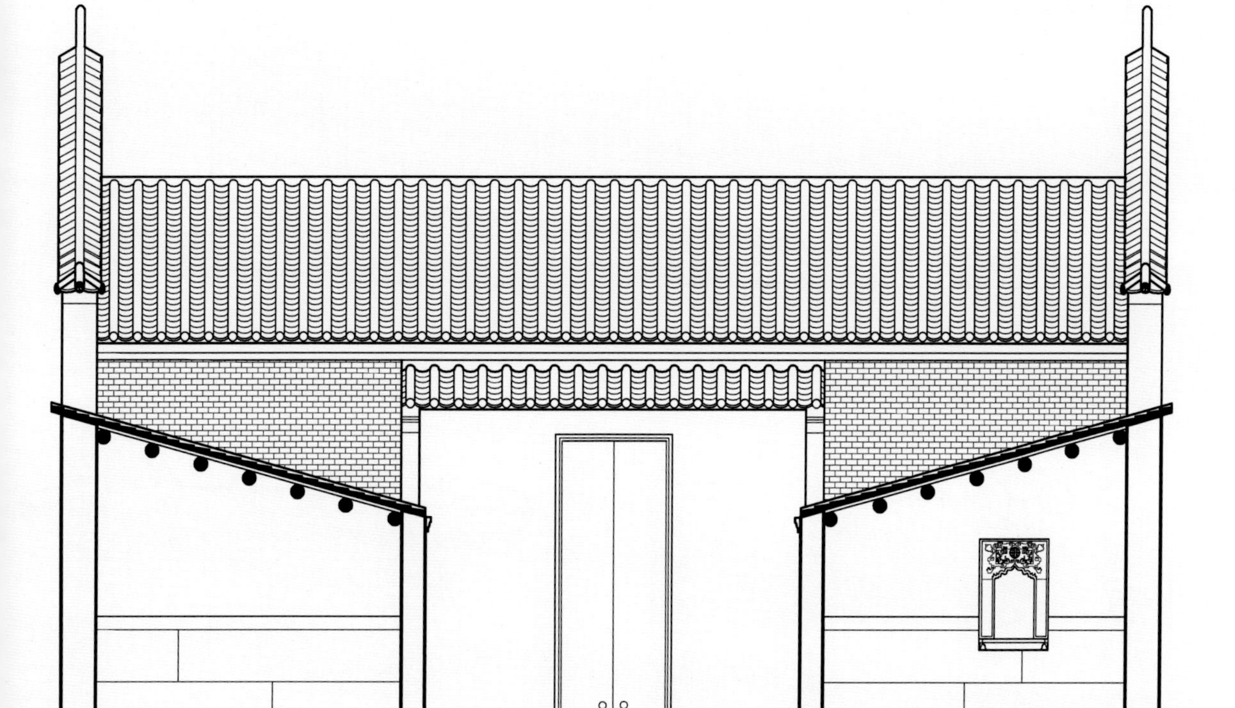

0 1 2 3 4 5 米

坎头社廉让里 1 号横剖面

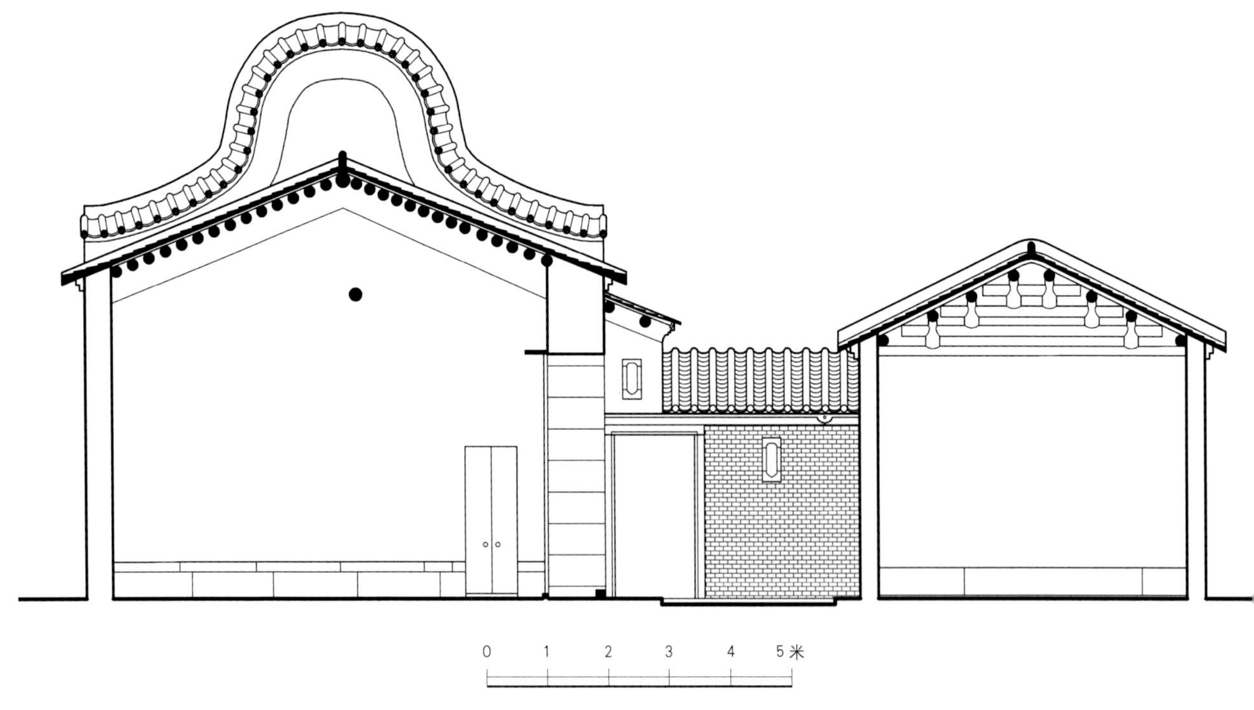

坎头社廉让里 1 号纵剖面

龛大样 01

龛大样 02

龛大样 03

0 0.4 0.8 1.2米

0 0.4 0.8 1.2米

门头大样 01

门头大样 02

0 0.4 0.8 1.2米

坎头社廉让里 1 号装饰大样

界所造成的轴线变化，汤金铭住宅除了经典的三间两廊外，另在南侧加建了两间，成为名副其实的四合院。住宅西侧有三角形院落，西侧墙基下延伸大片的砂岩铺地，是刻意布置的花园院落；此院落另设门楼开向大门楼巷，与其弟汤金铸的晚香亭宅遥遥相望。

三、晚香亭民居

在大门楼巷的晚香亭民居内，正房的墙壁上悬挂一帧旧相片，正是汤金铸的半身像，白发须眉，身着清式长袍，留长辫，由此可一窥当年的人物风范。若不是亲见，很难想象如今这个安静的小村，与晚清那段波澜壮阔的历史有着千丝万缕的联系。汤氏兄弟的下一代，流散四方，甚至有下南洋最终埋骨他乡的。其中，汤金铸有一子，名为汤修来，是晚清留日学生中的一员，据说曾经治好日本天皇的皮肤病，因此受到礼遇。晚香亭西侧书房内曾一直悬挂汤修来与日本天皇的合影。抗日战争时期，日本侵略者入侵之时见到此相片，恭敬避行，从而使得坎头社躲过一劫。抗日战争期间，汤修来靠着与日本军界高层以及上海青帮的关系，倒卖军用物资，生意扩大，坎头汤氏曾一度成立了自家的票号钱庄。而晚香亭民居就是在这样的背景下建设完成的。根据汤氏后人回忆，此住宅晚于汤金铭民居，正是由汤修来主持建成。

与汤金铭住宅相比，晚香亭民居更加“推陈出新”，整体的布局以及装修细节，无不彰显着房子主人丰富的阅历与审美。

民居第一进保存较差，所有门窗及二层楼板等木质构件均已不存，一进正厅的太师壁处现为砖墙，据说原本为彩色玻璃分隔前后院。彩色玻璃等当时十分摩登的装饰物，微微透露着房子主人来自繁华大上海的审美意趣。

二进正房及门窗装饰均保存较好。二进一层正中为砖雕镂空

汤金铸像

花窗，由四四一十六块透空花砖组成正方形的漏窗，砖色细腻亮白，雕刻薄透精细，花纹为两条实心环形，中间镶嵌正方形，环行内为藤蔓花纹，四角为对称的蝙蝠纹样，内圆与内方之间围合的四个弦形内为四条蜿蜒的龙，而正中的方形框架内则为人物场景雕饰。现状中右侧花砖缺损四块，左侧保留较好的花砖雕刻为楼阁内的一组人物场景，场景里的右侧有妇人立于亭台屋檐下，另有男子立于左侧圆形门洞下，门洞上书“仪门”二字，两个人物面庞带笑相对，似乎是女主人迎接男主人归家的场景。此砖之下，以松树相隔，又是另一个场景，其中一组为两个士兵，身着满清服饰，头戴圆形帽子，其上有璎珞，一人手牵战马，另一人手执战旗，也是满面春风，另一组为松树草径上，一人牵马，一人置旗，四个人物均面带笑容，推测为明清戏曲人物场景。在花

坎头社晚香亭民居一进正厅现状

坎头社晚香亭民居二进正房立面现状

坎头社晚香居二进装饰细部一

窗之上，则是青砖墙上半浮雕的灰塑，为岭南佳果的主题，有石榴、桃子、柿子等，上书三字——“晚香亭”。花窗内的人物场景似乎是对主人生平的回顾与纪念。方形窗的两侧为对称的两门，两门门楣上均留圆券式的玻璃窗。二进与一进原有两层的厢房相连，一层架空，二层则采用百叶窗扇，如今架高的二层厢房已拆，百叶窗则存放在二层阁楼上。

二层阁楼保存现状较好。二层立面中间也开不规则小窗，整体呈倒“V”字形，窗框为折线纹样；窗两侧也对称有小门，与一层门洞相比更加精致小巧——灰塑样门框，作花瓶状；门与窗均为木板槅扇。门窗之上紧贴屋檐下方为带型灰塑图画。在这面变化丰富、极具装饰性的正房立面底端，则放置花台，上置微型山石盆景。这一方小天井，有实有虚，有青砖、木材、灰塑、砖雕、盆景，映衬着对面一进后墙玲珑剔透的彩色玻璃窗，更像是

坎头社晚香居二进装饰细部二

坎头社晚香居书房立面

一个室外或者半室外的休息与观赏场所。这个小院子一改传统三间两廊天井院单调狭小的空间感受，为我们打造出一个另类审美的游憩场所。多种建筑材料的运用，多重装修手法的杂糅，有对自然景观的刻意引入，有对人文历史题材的巧妙安排，均浓缩于这一方小小天井院落中，十分热闹，完全像是一个新时代摩登城市生活对村落旧传统的尝试性的置入与改造。

坎头社晚香居书房内景

坎头社晚香居书房装饰细部

在这个创新的两进主体院落右侧，是附属轴线的两进院落。其前厅保留了传统的一开间书房的布局形式，正房前有根据地块围合的梯形院落，内有水井，西侧有偏门通往巷子。正房立面全部采用透空的木格栅门窗，便于采光。精彩的部分在于室内陈设，室内的精致的家具更像是为房间量身定做的。家具占据室内空间将近一半的面积，整体尺寸与房间面阔完全一致，中间为架子床，两侧为精致雕花的门洞，将房间的后半部分再次分隔为三小开间的格局，后部分均铺设地板。架子床左侧的小开间作为走道，与后墙上的门相对，通往后进；右侧的小开间铺设地板，推测其内可放置小桌、衣柜、梳妆台等小件家具。小开间的门洞之上雕刻更是繁复精美，为岭南木雕的上乘之作。书房的后进，天井狭小，二进的正房面阔变小，为单层，有高窗采光，屋檐下也有精美的木雕封檐板，天井亦铺设条石，其左侧又有门与三角形院落相连。此外，小院落另有出口通往外面巷子。

这个刻意修建的精致住宅，第一代的主人汤金铸是否在此终老，早已无从知晓，而主持修建此宅的第二代的主人汤修来，却

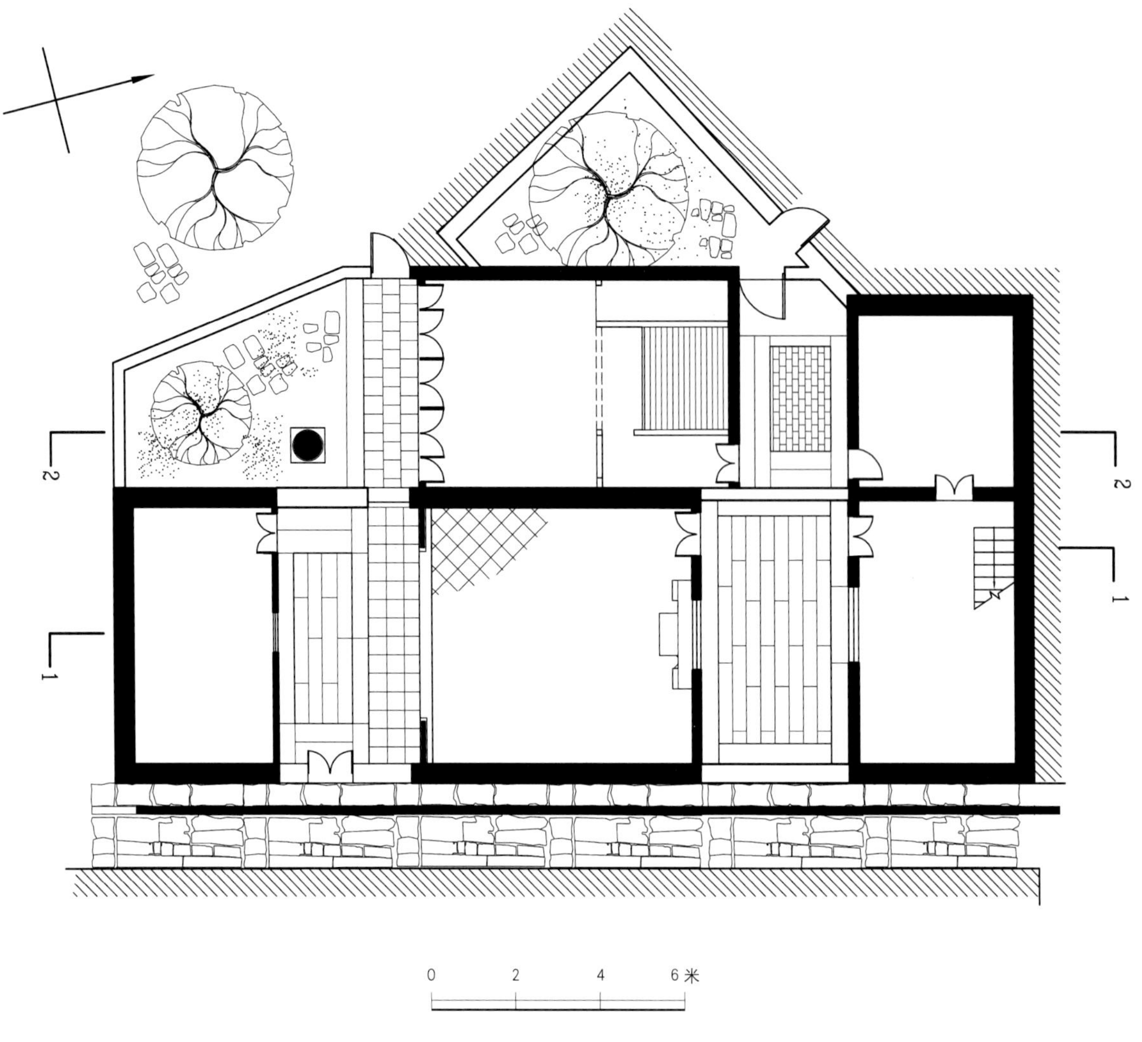

坎头社大门楼巷 6 号平面

并未能在此安享晚年。汤修来在新中国成立前夕匆忙离开大陆去了台湾，其在上海所娶妻室则托人带回坎头老家，于晚香亭内安身。据后来汤氏晚辈介绍，这位太婆，虽裹小脚，却工诗书，善戏曲，一直独居在后院的楼上。这位昔日在大上海浮华度日的富家小姐，于乱世中在广州的乡下孤寂终老。此后，这座宅院一度作为私塾，成为孩童们读书并嬉戏的场所。

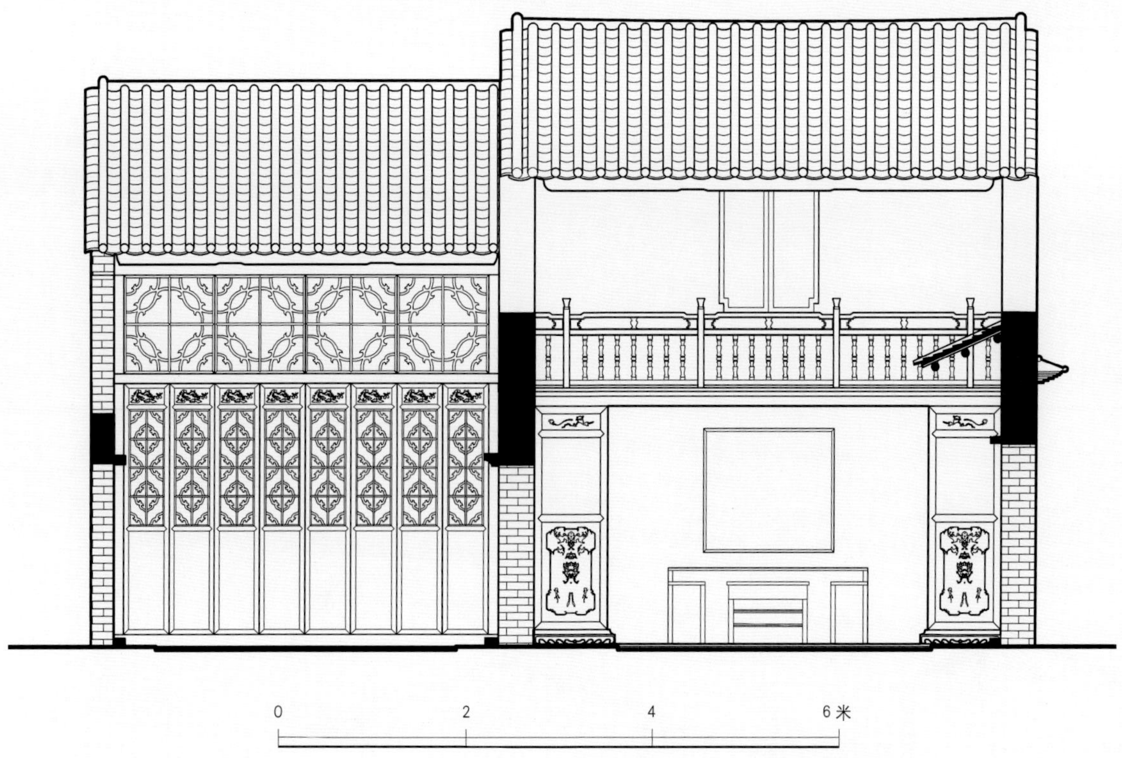

坎头社大门楼巷 6 号第一进立面

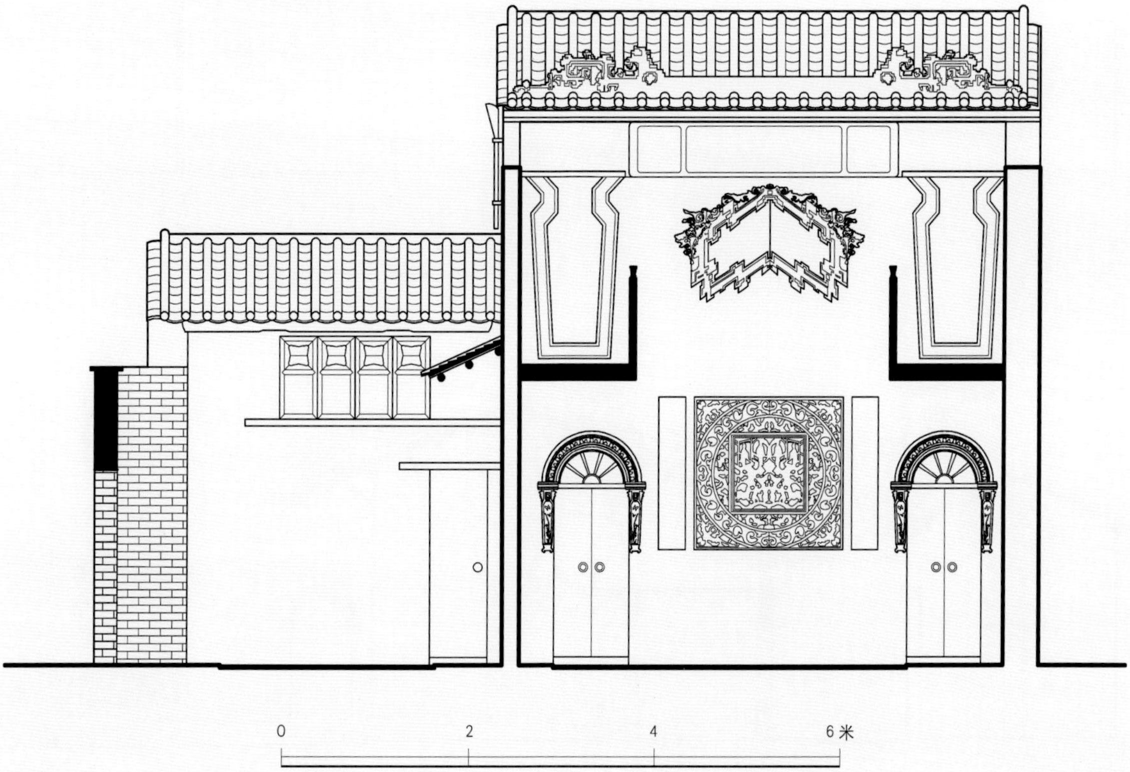

0 2 4 6米

坎头社大门楼巷 6 号第二进立面

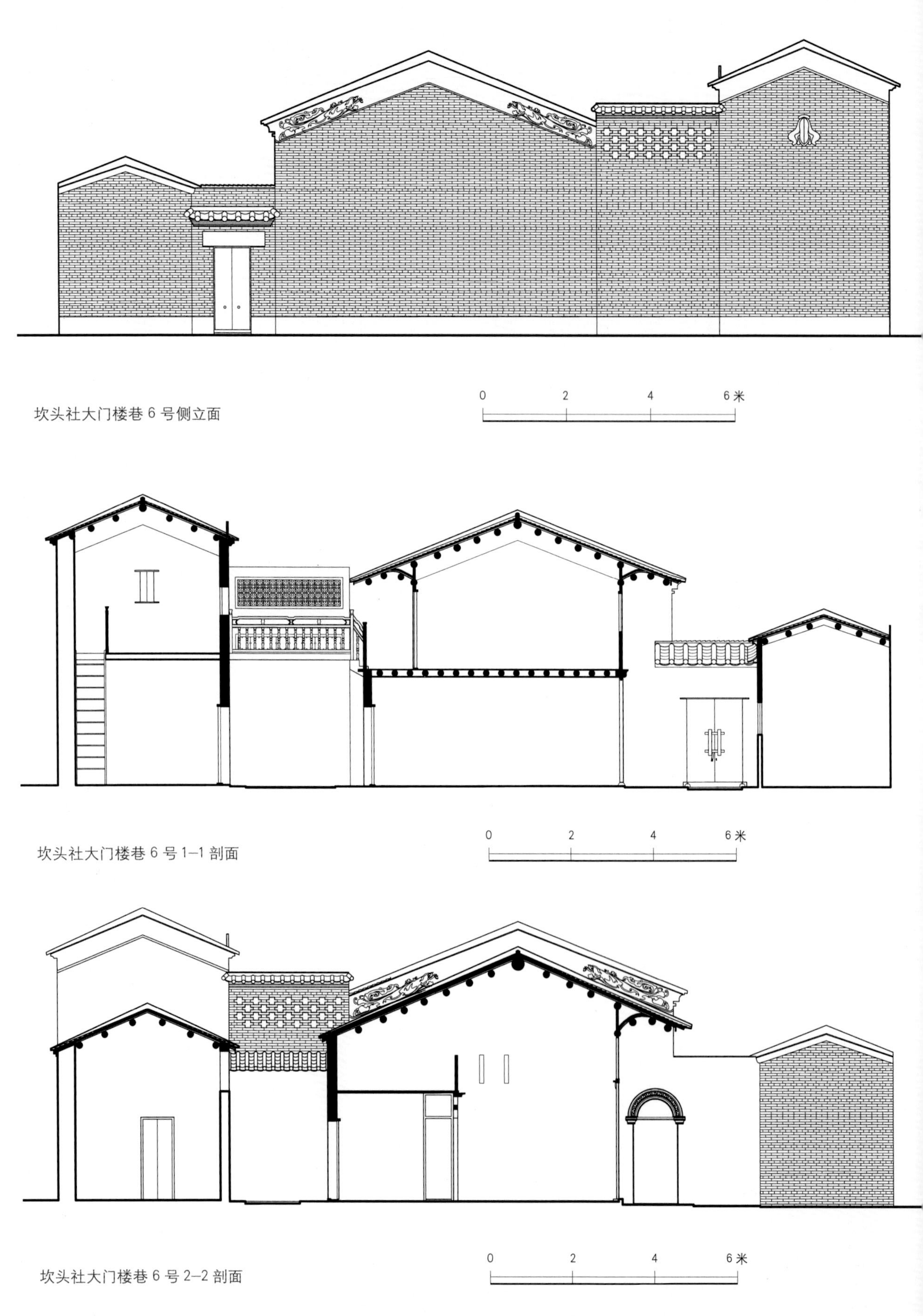

坎头社大门楼巷 6 号侧立面

坎头社大门楼巷 6 号 1—1 剖面

坎头社大门楼巷 6 号 2—2 剖面

四、汤氏家庙

石湖村作为汤氏族人发展繁衍的大村落，建设了不少祠堂庙宇，如北帝庙位于坎头社的东面，洪圣庙原建于龙山公祠东面，文昌阁则位于塘唇社东南面。[①]祠堂中较为重要的有皆致公祠，皆致公为南迁后第十九世，也是边头社始祖渔隐公之第十世孙，此公祠是石湖村保持最为古老的建筑，坐落在石湖边头社东侧。另有丹山公祠等较为早期的分房祠。[②]

在所有的祠堂庙宇中，最为重要的是汤氏家庙。汤氏家庙兴建的时间较晚，始建于清同治十年（1871年），以垂裕堂为堂号，由坎头社汤金铭发起营建[③]。家庙的选址位于石湖村几个分社所围合的中心地带，

石湖村汤氏家庙

① 三座建筑均在20世纪六七十年代拆毁，其中文昌阁则于2010年由塘唇社集资重建。

② 五进天井式，天井内有敕书亭，西边有渔隐、耕逸两个墓碑，原址于20世纪80年代改建为东方大队队址。

③ 此次营建过程中，同时移建了玉虚宫，将其自村东侧入村道路的南面移建到道路的北面，重新建设后的玉虚宫大门面向南面，与更南面的汤氏家庙遥相呼应。建设过程中据说拖垮了当地九座砖厂。

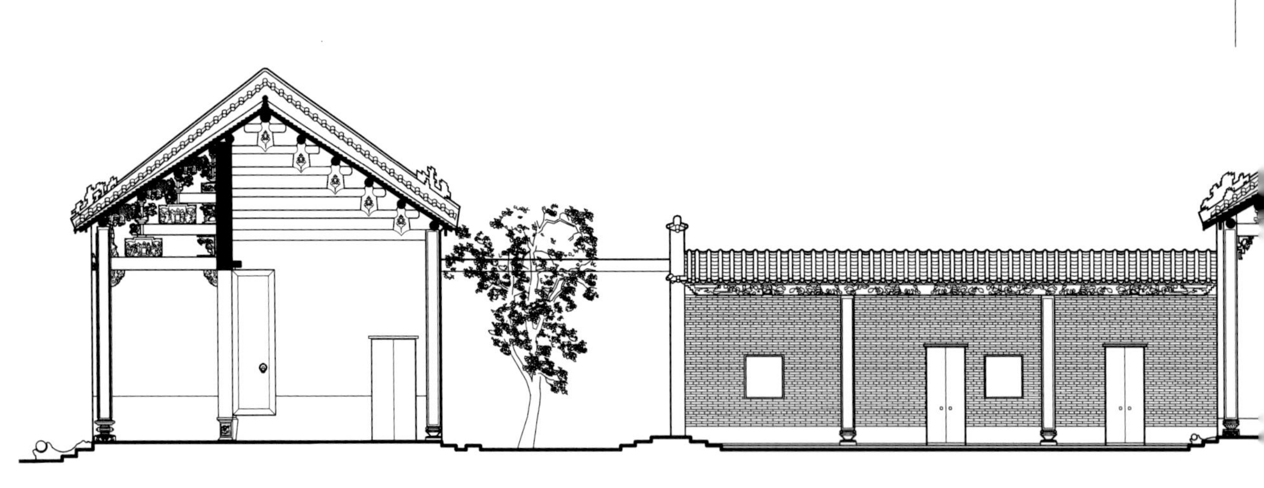

石湖村汤氏家庙纵剖面

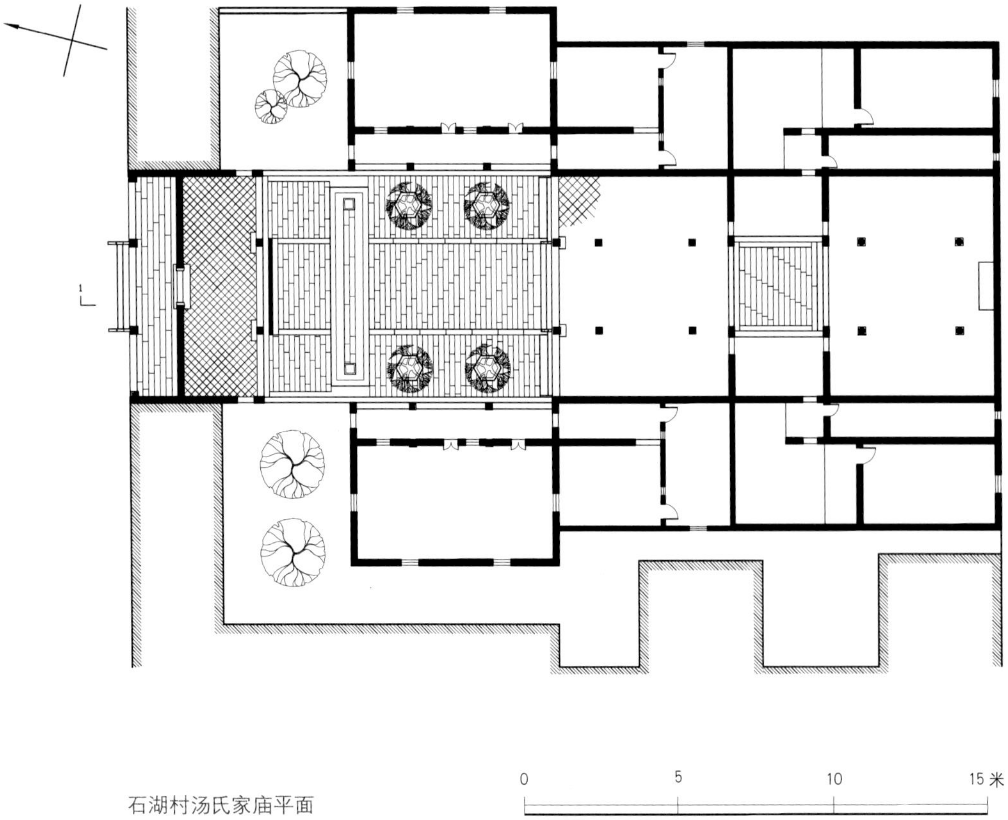

0　5　10　15 米

石湖村汤氏家庙平面

A
0 1 2 3 4 5 6米

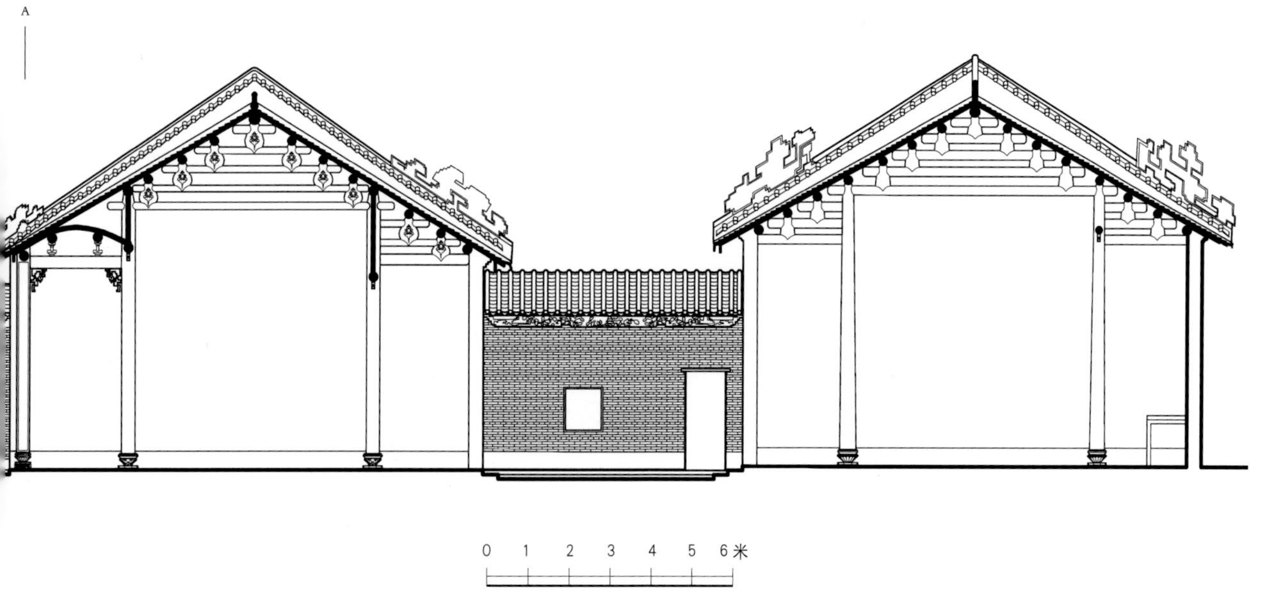

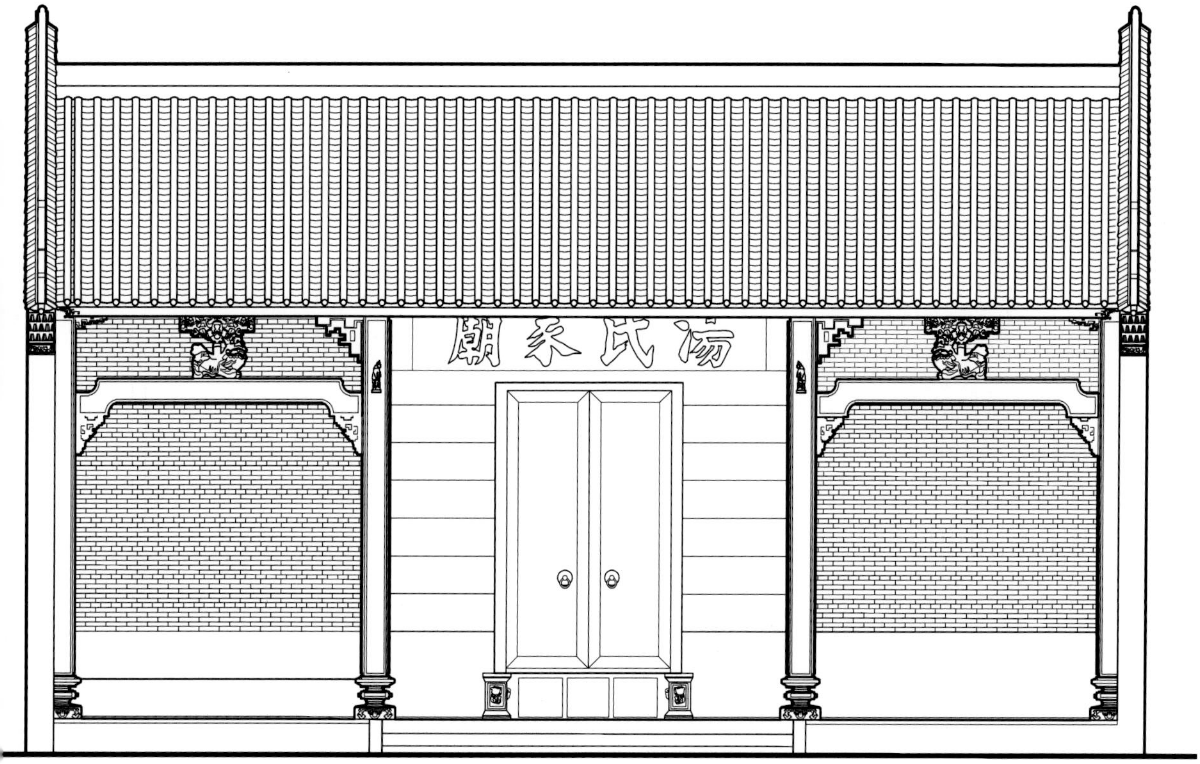

汤氏家廟
0 1 2 3 4 5 6米

石湖村汤氏家庙正立面

石湖村汤氏家庙细部

东南面是格桥社、赤岭社、杞岗社（现属红峰行政村），西面是塘唇社、边头社（现属于石南村），西北面是坎头社、东方社，东面是牛栏塘、中社（现属用原名的石湖行政村），向北就是珠江支系巴江河。

汤氏家庙坐北朝南，原为三路建筑格局，中路与两边各路之间均有青云巷相隔，中路四进，两边为衬祠，三进，今只遗存中路三进。第一进门头门额上书“汤氏家庙”，上款书“同治十年辛未孟冬上浣立”，檐下封檐板上有精美人物雕刻，有“番邑胡林、邓添造”的字样。第一进原有敕建亭，中堂有“垂裕堂”的横匾，两柱悬挂对联为 “大学明新善齐家可治平，中庸仁智勇达道本常经”。汤氏家庙于1995年重修，曾作为学校使用。如今则与坎头社的众多无人问津的老房子一样，沉默在村外的僻静处。

藏书院村

第一章　地理环境及人文历史

一、地理环境

藏书院村坐落于广东省广州市西北郊，花都区炭步镇西向与佛山市三水区交界的狮岭山下。村落距炭步镇6.1公里，距三水区范湖镇5.6公里，距乐平镇6.6公里。

花都区靠近珠江三角洲沉积平原的北部，是由北江与珠江中游河水沉积形成的一片广阔区域。与其他大河三角洲不同，珠江三角洲拥有特殊的成陆模式，是一个复合三角洲。在炭步镇西面的大罗围、华岭、中洞山，以及镇北面与赤坭镇相交处的丫髻山应曾是浅海中的基岩岛屿，在北江和珠江的冲击下，分别形成了西北—东南向和东北—西南向的岛屿地貌特征。而北江和珠江水系的大量携带泥沙的水流在此相遇，并以它们为沉积核心逐渐淤积扩展，连接成陆，为本地的农业发展提供了良好的条件。

虽然炭步镇沉积平原的海拔高度普遍在0—3米，地势开阔平坦，有利于灌溉，但仅仅是靠近镇东北方向的白坭水（巴江河）沿岸优势才比较明显。藏书院村所在的位置地势较高，村属农田和池塘的海拔高度有3—5米，且距离白坭水流域过远。虽然距离西侧的芦苞涌（芦苞冲）直线距离较近，但主要由于狮岭——华岭的阻隔，即使是最低的垭口海拔也超过17米，利用十分不便；另外，芦苞涌流经藏书院村附近的一段并非全部属炭步镇管辖，而是以水为界分属不同的市域，这也为水道的利用带来困难。

但藏书院村正处于中洞山和华岭的连接线——狮岭的东侧山脚下。村落背靠西北—东南向的山体，面向东北即炭步镇方向，半靠在山坡上，平均海拔在12米左右，较之村落前的农田和鱼塘的海拔标高要高出7—9米。这种背后有依靠且地势略高的选址非常符合传统风水理论中对村落选址的要求，究其原因主要是避风且避免水患，因此从立村至今，藏书院村都没有遭受过水患，村里人常自豪地讲，即使是在1915年席卷广州地区的特大洪水中，藏书院村落自身也没有受到侵害。但是相对地，这一地势对藏书院村村前的农田灌溉也较为不利。虽然在降雨频繁且雨量充沛的岭南地区，背后的狮岭山为村落前面的耕地、鱼塘提供了水源（海拔高70—90米的狮岭山可以提供约0.38平方公里的汇水面积），但这实际上是在

藏书院村鸟瞰

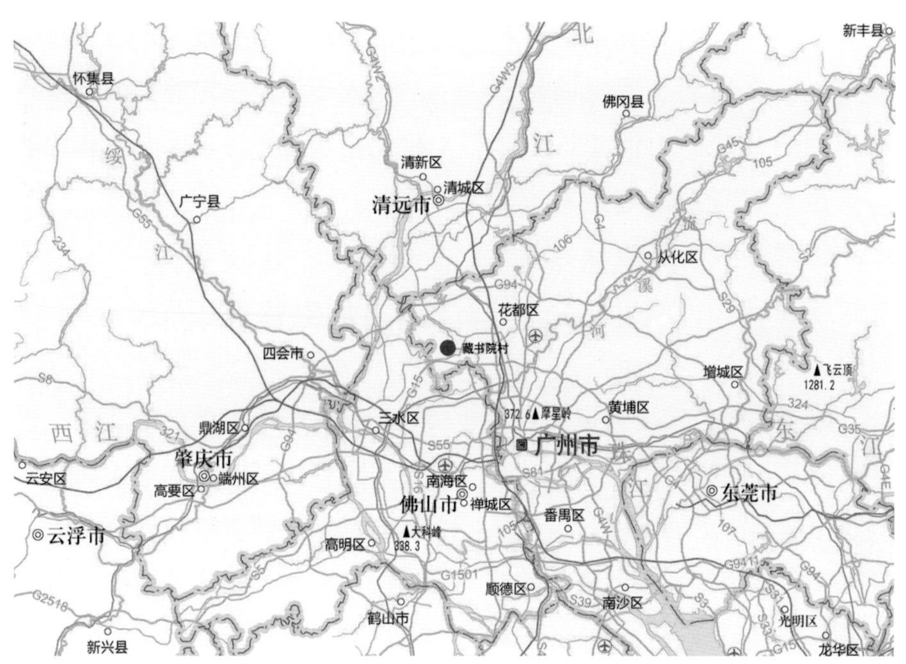

藏书院村区位示意图　地图来源：广东省自然资源厅标准地图服务。审图号：粤S〔2019〕008号

灌溉条件不好的情况下的一种补充。而在水利技术提高后，在中洞山修筑的中洞水库也成为了这片略高的田地的补充用水。但是相较于周边地势较低的村落而言，仍然会有少水的问题。

藏书院村位于由炭步镇去往三水和北江的必由之路花都大道穿过中洞山—华岭的埡口旁。从炭步镇起算，花都大道这一条路是距离芦苞涌最近的道路，自此便可通过芦苞涌向西进入北江或是向南通过西南涌进入珠江。从公路下道起算，到村口不足600米，到达芦苞涌岸边也不足2.5公里，又可通过与之相连的禅炭公路陆路直达佛山或广州，交通还是较为便利的。

依托村落周边的地理环境，如中洞山富含石灰岩，可提供石场、水泥厂的原材料，旱田提供栽培果树的条件，村内原有三个石场、一个水泥厂、一个钢管厂和一个果场，作为村落集体收入的主要来源。这些产业部分因近年环境保护的要求停产后，村里的收入受到了一定的影响，但村民们也很乐观，正在寻找新发展方向。

二、历史背景

藏书院村家谱已经遗失，根据村中曾见过家谱的老人回忆，村中基本认同本村谭姓为唐末宋初由江西虔州虔化县西俊村避乱至广东南雄珠玑巷的谭姓后人。但因家谱遗失，回忆往往出现前后颠倒、互相矛盾的地方，这一点在对始祖和迁徙过程的描述中尤为突出。祖先广东谭氏宏政又称宏帙(zhì)公一脉，家谱中明确可追溯其后四世朝用（朝凤）公由仁化迁居乐昌，转而到高明再迁广州郊区沙龙郭塘；另有一说是由高明迁居江高镇郭塘村。但在立村的始迁祖上基本保持一致，那就是朝用公三子谭嘉靖由江高镇（一说沙龙）郭塘村迁居花都，谭嘉靖为始迁祖。考虑到先村中50岁上下一代自称为村中第二十五代，反推立村时间应为明中期，这与村民称明代立村就基本吻合了。

对于立村的经过，村民的普遍说法是，谭嘉靖始迁居花都时和结拜兄弟骆氏在花都西南放鸭，并一同在华岭山下定居，也就是现在的华岭村。后来，谭家因人口增多，在水塘、田地所有权上与骆氏一族产生矛盾，为谋求更好的发展，谭氏族人向北迁移到现在的狮岭山下。两村之间的矛盾并没有因此缓解反而延续至今，时至今日两村虽然距离如此之近，但仍然互不通婚。现华岭村还保留有地名叫作谭家巷，在单一姓氏为骆的血缘村落出现以谭姓命名的街巷，不仅证明谭姓有曾在华岭村居住的历史，更说明谭姓当时在华岭村地位很高。但事实上，谭嘉靖应该只是始迁祖，而并不是独自立村的始祖，因为谭嘉靖的墓目前仍在华岭村后山，也就意味着迁移并独自立村活动是在谭嘉靖殁后的事了。

刚刚立村的谭氏为村起名“藏寿庄”，寓意隐蔽而流传长久；“藏书院村”则是因为在某一时间段村中考取功名者甚多而由当地官员褒奖而来。而藏书院村可能也并非立村时就是只有谭氏的单一姓氏村落。立于清乾隆丁卯年（1747年）的《重建洪圣庙碑记》中列有捐银的外姓人41人，主要姓氏为陈、刘、欧、黄、李、卢、潘、张、梁等；乾隆四十七年（1782年）立的《建造三帝庙题名碑记》中在谭姓后列有欧、李、刘、梁、庞、黄、陈、邓等外姓人23人；嘉庆七年（1802年）的《重修洪圣古庙碑记》中也有黄、陈、欧、梁、刘等异姓48人，这其中有个别名字还出现在两块碑上，在此后的碑记中就不曾有谭姓以外的姓氏出现了。通过村落中三帝庙和洪圣庙中的碑刻可以看出，在清嘉庆年早期，藏书院村还有少量异姓居住，并且参与了寺庙兴建的集资活动，只不过列在谭姓之后且捐银较少。当然也有另外一种可能，即异姓捐资者为参与庙宇兴建的匠人，但这样也同样无法解释为什么在此后的碑刻上异姓消失的现象，参考最近一次修缮立碑的习惯，第一种推论的可能性更大。

三、崇文尚武

明清两代传统的科举制度使部分社会中下层有能力的读书人进入社会上层，获得施展才智的机会，但后期从内容到形式严重束缚了应考者，使许多人不讲求实际学问，束缚思想，但这毕竟是读书人提升自身的重要渠道。村落对文化的推崇，从藏书院村的村名可见一斑。村中建有多间书院，为村中有志向学的孩子提供学习文化的场所和机会，书院也会对学业有成的村民大举褒奖，至今藏书院村村面宗祠前还立有上刻 “丰元年辛亥　恩科

谭氏宗祠前的夹杆石

乡试中式第六十一名举人　谭澧立”的夹杆石，就是为了公开褒奖积极进取的学人并对村民起提示作用，劝人向学。虽然清晚期高中的读书人并不多，但这也丝毫不能动摇村人对文人士大夫阶层的向往和对提高自身社会地位的决心。

另外，村子里宗族的衍行也是按“文章华国，诗礼传家，学为上本，士乃扬名”的顺序，充分体现村民诗礼传家、出仕扬名的愿望。

与崇文相辅相成的是藏书院村村民的尚武情结。岭南地区自古有尚武的传统，从先秦时期的越女传说，到《汉书》中记载的“粤人相攻击之俗”，到近代大家耳熟能详的天地会、黄飞鸿、“广东十虎”等武林高手、侠义故事，真真假假无不诉说着广府人尚武之风有着深厚基础，是当

狮岭山上植被茂密

地广泛的习俗。

藏书院村就有习武的传统，洪拳在村中代代相传。据藏书院村《谭家祖传拳棍论》记载，清代洪熙官为洪拳的始创者，其嫡传弟子为谭让(四公)，谭让子谭敏得父真传，练武刻苦，“扎马能落地生根，在南粤久负盛名”。谭敏传子谭增，谭增传子谭尤，谭尤传子谭海……从洪熙官始，至今，洪拳在藏书院古村落中已传到第九代。时至今日，洪拳仍然在村内流传，村中常在祠堂中组织人免费向村民传授洪拳，只要是本村的村民都可以入内学习。洪拳不仅在年节的南狮表演上大有用武之地，更成为村民日常强身健体的好项目。

总的来说，不论是推崇文教还是宣扬武术，都是为了在严苛的社会环境下保护村落和村民并争取更多的利益。时局稳定社会安全时靠读书人出仕入将维护发展村落；而在时局动荡时，尤其在“粤东海山交错，民情犷悍，盗匪之炽，甲于他省”[①]的大环境下，有好武艺傍身无疑可以增加村落的安全性。

① 出自1885年两广总督张之洞奏折。

第二章　藏书院村的村落规划

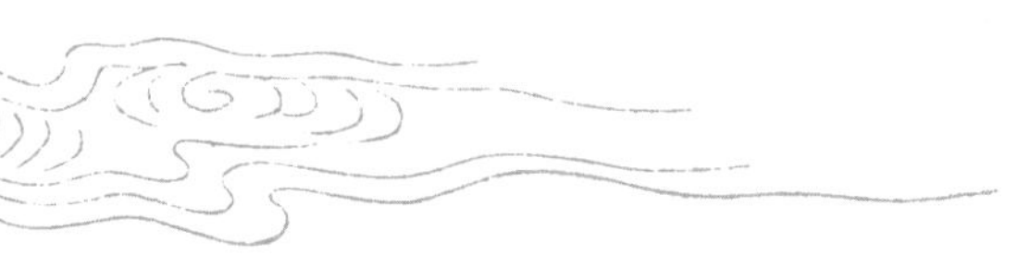

一、选址初定

明中期时，原本与骆姓共居华岭脚下的谭姓族人从华岭迁出后，需要另行选址建立村落。选址一事大有讲究，也许是并不希望离自己祖先太远，也有可能是对当初谭、骆兄弟二人选中的风水之地还有留恋，谭氏家族其实并没有迁移太远，而是就近在花县炭步镇至三水范湖镇道路的北侧，选中和华岭山一脉之上的狮岭山东麓山坡下建村。村中有民谣称村落的位置“左中洞，右白虎，四水归元成福地；前丫髻，后狮岭，千金能取是灵山”。这是形容立村的选址风水好，地理位置优越。

新村落所在位置背靠狮岭山，与村前土地鱼塘一起处在狮岭、中洞、丫髻、虎园山围合成的小环境内。全村的交通靠着通过村面前的一条村路，向南可以通往现在的沈海高速，也是当时范湖镇连接炭步镇的主要道路；向北通向大石公路，可就近通向塑头村、炭步镇，后这条公路因安全原因被封闭不再使用。

因村子位置在山脚下，地势较高，又背靠狮岭山，从村面到村尾方向海拔逐渐升高，甚至村面前的风水塘，水平面竟也

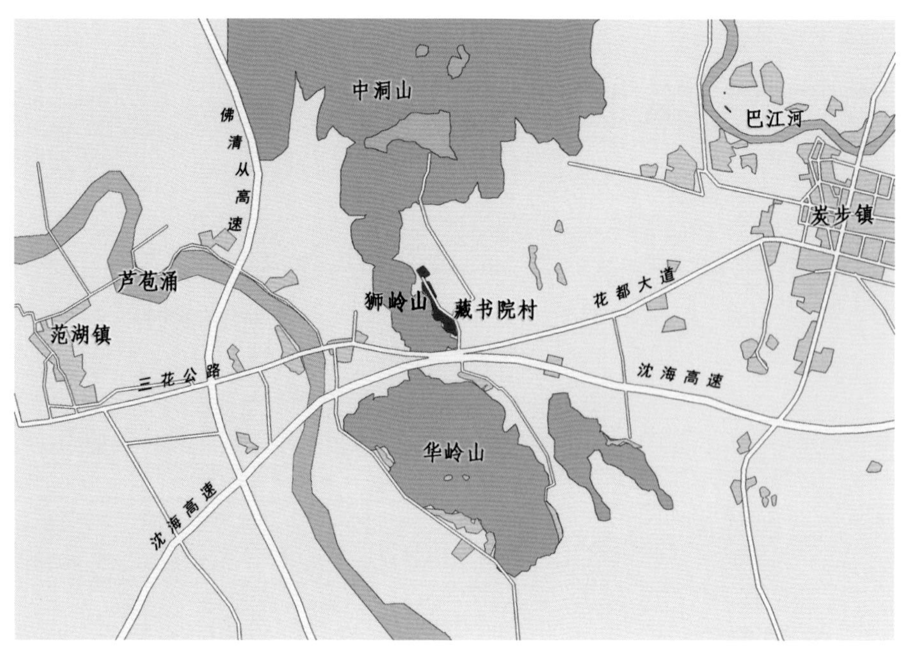

藏书院村周边环境示意图

比村子的田地要高3—4米，这就使得藏书院村在历次水患中独善其身，完全不受影响但同时也正因为较高，村子相对较为缺水。如从距离较近但一山之隔的芦苞涌引水灌溉，还需要将水提升至少19米才能到达，不论从技术还是成本角度考虑都不太可行。因此村子用水主要靠自然降雨、狮岭山上地表水汇入村前池塘的蓄水，及村北中洞山水库的蓄水。

整个藏书院村沿狮岭山东侧成长条状分布，同广府的大多数村落一样，总体为梳式布局。村落核心区共有十一条巷道，每两条巷道中间为一行民居院落，院落向两侧巷道开门，巷道朝向为东北—西南，巷道口沿村面有一通长的水塘。每列建筑的第一栋，即村面的房屋，均为祠堂或书室，这些公共建筑由村内富裕人家出资或集资购地兴建，为本房派或亲族使用。

谭嘉靖公有三子，分别为法振、法佑、法明。根据现有村落布局可以看出，长子法振公房派

藏书院村组团分区示意图

位置在村落最北侧，占地面积相对较小，单独成为一个小组团。靠南侧的大组团现在是二房法佑公房派的用地，也是现今藏书院村主体所在，这个组团有自己完善的排水、防御体系，相对于长房的部分自成一体。三房法明公一脉后人分别散落在三水、广西、香港等地，在藏书院村已没有后人，但是在法佑公房派用地内部的南端却留有一座公祠。这座法明公祠重建于清乾隆五十八年（1793年），时间稍早于法佑公组团扩展的时间（村落扩展的问题后文会提到），早期分与三房的用地应该就在此处，后期被法佑公组团扩张时包含了进去。但或许因为当时三房在村落中就已经没有后代或是人丁较为稀薄，在不久之后，二房的云溪公祠就建在了这座公祠的南侧更靠近村口的位置。虽然云溪公祠占据了法明公祠更外侧的位置，但是祠堂后面的用地却始终没有很好地

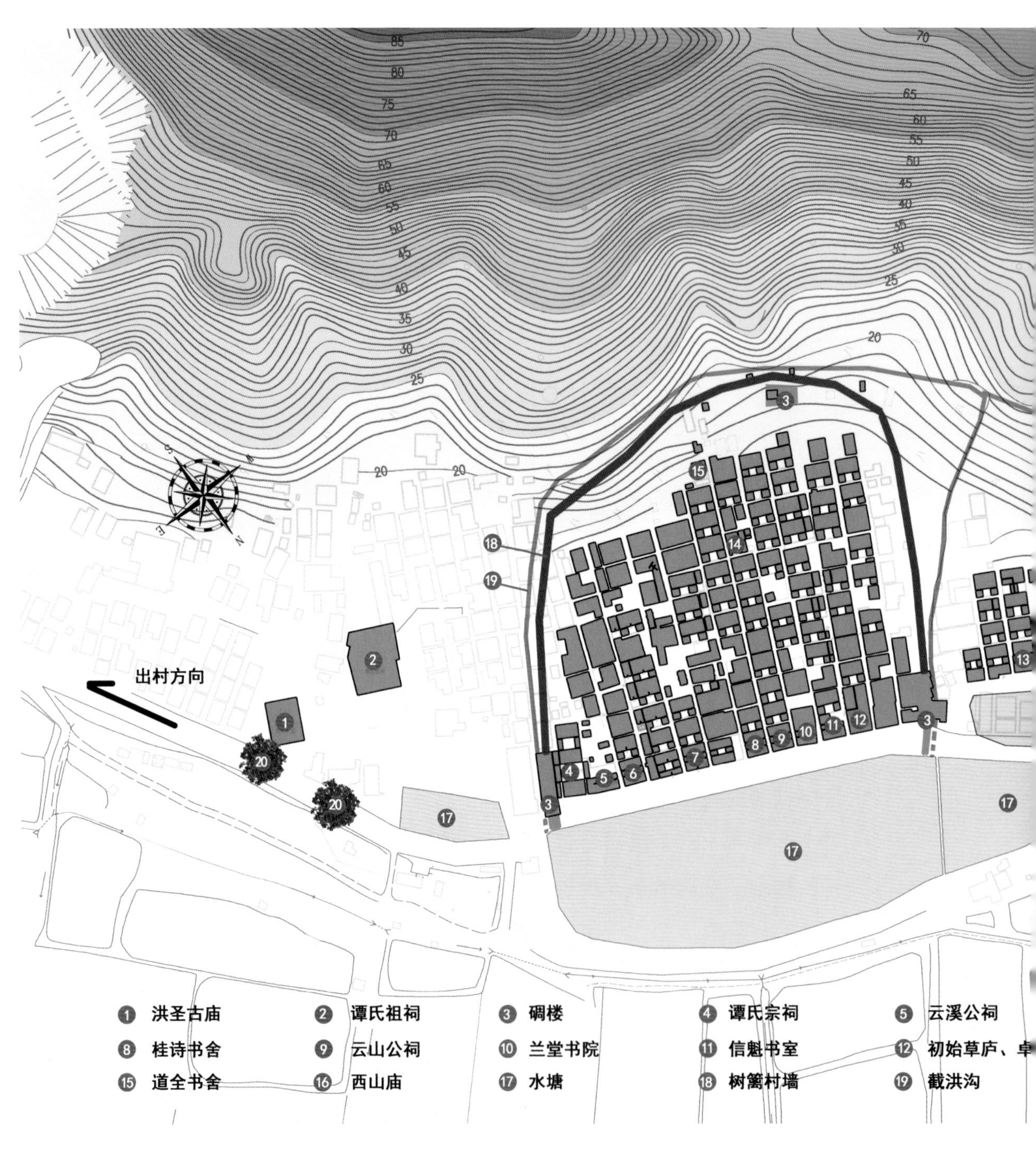
出村方向
1 洪圣古庙
2 谭氏祖祠
3 碉楼
4 谭氏宗祠
5 云溪公祠
8 桂诗书舍
9 云山公祠
10 兰堂书院
11 信魁书室
12 初始草庐、卓
15 道全书舍
16 西山庙
17 水塘
18 树篱村墙
19 截洪沟

藏书院村落复原平面

利用起来，直到近年才建设了大量的红砖房屋，可见这个位置原本并不是二房派主要的建设用地。由此，法振、法佑、法明三个房派由北至南依次排列的布局就能很清楚地看出来了。

法振、法佑两个分区前分别建有风水塘，称为白鹤塘，核心区前风水塘为躯干，两侧小塘为两翼。小塘再外围分别建有西山庙（三帝庙）和洪圣古庙，庙周围留空地作为打谷场或堆场。

在村口现存碉楼两座，连同在“文革”中拆毁的一座碉楼、截洪沟、带刺的树篱和风水塘，将法佑公一脉房屋囊括在内，这一脉形成一个相对完整的小组团，有自己独立的排洪、防御体系。

其实据村民讲，村落刚刚从华岭分出后，选址在目前村口贴近公路的地方，后来因为村民认为风水不好，村子北移至目前位置，但这个所谓的风水不好很有可能是由于过于靠近道路，方便出行的同时在社会不安定的时期反而危险性更大，更容易遭到劫掠。在村子向北移动后，原本村落的位置就变成了料场、谷场和经营场地，在民国时期还曾作为油榨园和市集，这一点从巷道的地名上也可以看得出来。有商户在该位置提供榨油、屠宰等服务，对象不仅仅是本村村民，也包括周围的村落。

二、二推村面

藏书院村的规模是随着村落中人口的不断繁衍、扩张慢慢演化成我们现在所看到的样子的。据村中的老人讲，原本村子没有现在这么大，随着人口增多，村子兴旺起来，建房的宅基地不够用，于是就曾将村面向前推过，大约是推了四排，但是什么时间推的，具体的建设过程是什么样的就说不清楚了。而这个“四排”的数也是因为老人们早年间还在村子中正龙里、安华里两条巷道内见过巷道的门，形制同于法振公组团中现存的巷道口，而位置正好是从现在村面向后数四排民居的位置。因为缺少族谱，我们从文献上很难找到能说明村落扩张发展轨迹的证据，只能从村落现有的格局和村落中遗存的建筑尝试进行一些分析和推测。随着社会中人们的审美、使用的要求和建筑技术的缓慢演变，老建筑的形制、材料也在慢慢产生着变化，这些变化和建筑上遗留的只言片语现在看来倒正成为了分析村落发展的入手点。较为可惜的是，村落中有相当部分的建筑已经翻新成为混凝土红砖房，可作为参照的就更加少了。

以两座碉楼间较大的法佑公组团为例，纵观村落中的建筑，平面形制多为三间两廊式的住宅，十列住宅中仅有三列为四间，即三间两廊加一间花厅的形式。而从建筑材料上来看就差别较大。首先石材的选用上主要分为红砂岩和白麻石两种，使用位置包括建筑正房山墙基础或下碱，正房门头贴脸及下碱，两廊基础或下碱、门楣、门槛或贴脸。其次，在墙面砌筑材料上主要分为青砖、夯土、泥砖三种，而青砖因为烧制年代不同在颜色和尺寸上又有所差别。这也成为了我们分析村落的入手点之一。

采用红砂岩作为建筑建造先后顺序的参照主要原因有以下几点。第一，因为在广府地区红砂岩分布广泛、开采便利，而到了清代中期由于开采技术的进步和红砂岩石场的屡屡禁采，广府居民开始转而使用白麻石作为替代，这一现象在广府地区现存建筑中也普遍地得到了印证。第二，虽然红砂岩的开采较为容易，但是在广府的广大地区，红砂岩相比较黄土和青砖来说仍然是一种较为奢侈的建筑材料，开采和运输均较为不易。因此在房屋翻建重建的过程中，老房子残留下来较完整的红砂岩石料则会被再次利用。这些红砂岩石料尺寸不一，无法大规模使用，往往被用在门楣、门槛、巷道门券、地面，甚至是巷道中排水沟的修筑上。另外，考虑到建筑建

红砂岩下碱

白麻石下碱

造程序是先将基础打好后由下至上砌筑墙体，因此将红砂岩用作整体建筑下部基础和墙面下碱的建筑在建造年代上应更早，也更有说服力。

我们将用红砂岩作建筑基础、下碱的房屋在平面图中标示出来后即可发现，在村落中除了子义公祠后第二排的位置有独立的一间外，其他采用红砂岩作主要建材的房屋主要集中在法佑公组团北部靠近山体的部分和法振公组团中心靠近山体部分，距离现在的村面分别有四排和两排建筑的距离，而这也正好和村中老人提到的老巷道门的位置相吻合。图中蓝色圆点位置为巷道中门的位置。我们基本上可以认定这个区域是村落中发展较早，房屋建设年代较远的区域。

另一方面，村落中建筑采用的建筑材料也较为多样，主要包括青砖、夯土、泥砖三种。其中泥砖使用量较少，主要用于两厢的搭建，且由于村中居民证实20世纪五六十年代曾经较为集中地使用泥砖修缮原有破损的夯土建筑，出现时间也较晚，所以在分类中没有以此作为参考。夯土作为一种施工简便、经济的施工方法，在村落中普遍存在，并且至现阶段仍有大量遗存，数量甚至还要多于青砖墙体的建筑，这种现象在塱头、茶塘这种较大规模的村落反而不太常见。但是相对于青砖墙来讲，夯土墙还是不太好辨别建造时间，只能够根据建筑墙面损毁冲刷情况大体判断出建筑越靠村落后方山坡越年久失修，越靠近村落中前部保存状况越好，并有多次修缮的痕迹。

青砖墙体能够提供较好的参照。村落中现存青砖建筑根据砖料尺寸可以大致分为三类，分别为320毫米×135毫米×75毫米、270毫米×100毫米×55毫米、250毫米×130毫米×55毫米三种规格。在岭南地区，砖料的生产以长方形条砖为主，其长、宽、厚等尺寸的大小及比例关系，一直处于变化、探索的过程中。参考岭南地区历代长条砖尺寸规

藏书院村墙体采用红砂岩的建筑分布

法振公组团内部巷道门

格，我们知道从明代开始，祠堂和民居用砖尺寸有逐渐缩小的趋势。且由于早期青砖烧制技术的不成熟，越早的砖料颜色越不均匀，且颜色发黄，还原度不足。根据建筑砖料的使用情况我们发现，村落中正房采用一尺长青绿砖料的建筑有五栋，其中四栋正好也是采用红砂岩作主要建筑材料的房屋，更印证这四栋建筑建造年代较早，而这四栋建筑也均位于老巷道门之后的位置。

明末清初的老建筑如此集中地分布在村落中第五排之后，结合村中老人所讲和村落中巷道门的位置变更，以及根据村面祠堂题字可以发现，村中三座年代较早的祠堂和洪圣古庙集中在清嘉庆初年进行过大规模的重建工作。因此我们推断，在嘉庆初年，法佑公房派的发展迅速，村落中建设用地不足，向后山发展又受地势局限的情况下，村落进行过整体的重新规划，那就是在原有的村面基础上整体向前推移四排建筑的空间，重建重要的房派祠堂，并以此一线作为新的村面，中间的空地则作为房屋宅基地划给村民陆续进行建造。

另外我们还发现，在村落中，笔直的巷道从村面向后（向西）数在第八和第九排建筑中间出现了一个错位。这个错位的宽度相当于一个巷道的宽度，可以看到在胜人里，甚至因为巷道的错位使得巷道中明渠从左侧移到了右侧。

而在敦仁里第八排的位置，

320 毫米 ×135 毫米 ×75 毫米青砖（青黄砖）

270 毫米 ×100 毫米 ×55 毫米青砖

250 毫米 ×130 毫米 ×55 毫米青砖

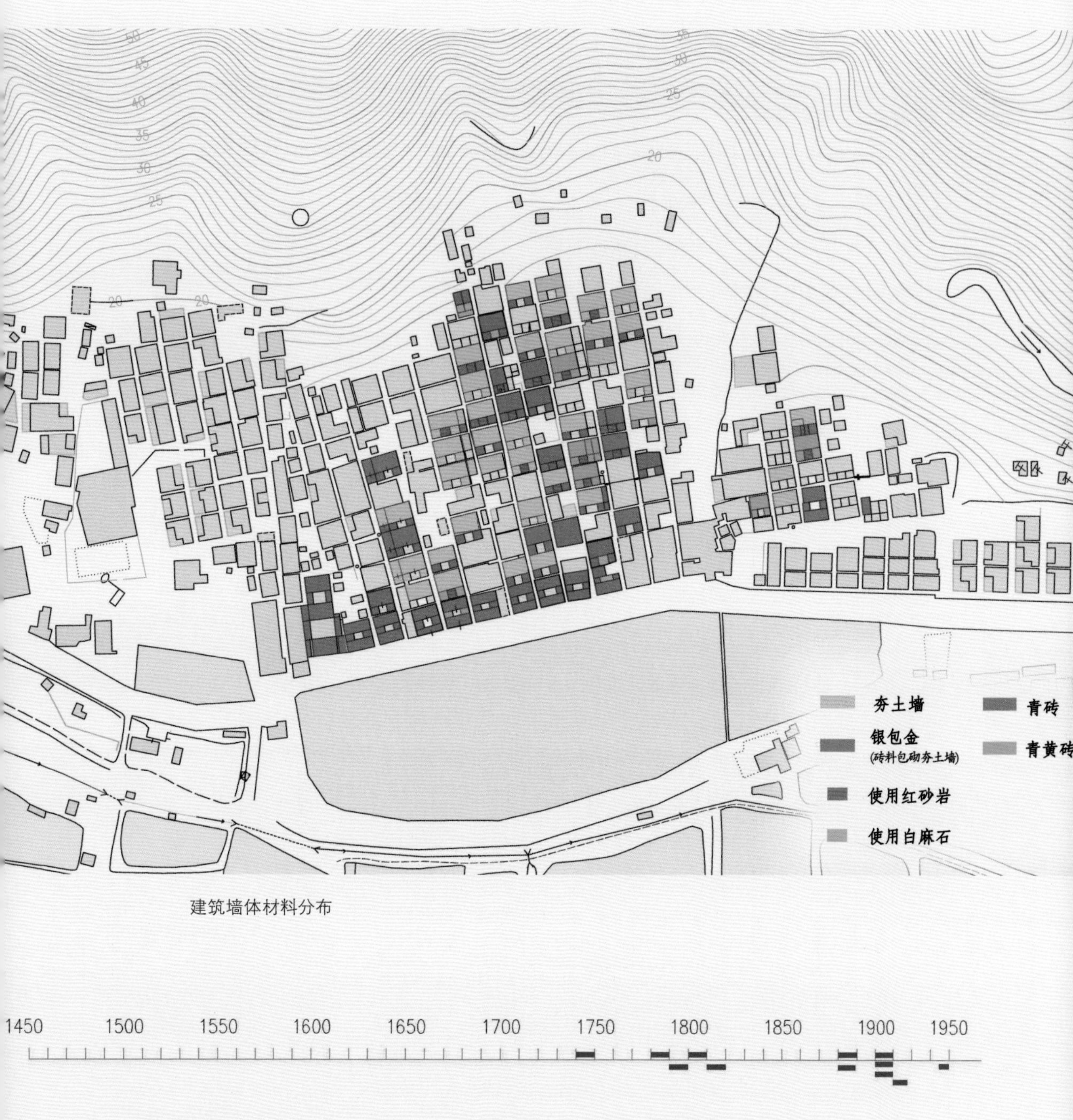

建筑墙体材料分布

部分现存建筑建造年代分布

表格 1 部分主要公共建筑建造（重建）时间

编号	建筑名称	年代	公历时间	建设种类	备注
1	洪圣古庙	乾隆丁卯 嘉庆七年壬戌 光绪二十九年癸卯	1747 1802 1903	重修	
2	谭氏祖祠	光绪癸未	1883	重建	
3	村口碉楼		约20世纪初建造		
4	谭氏宗祠	光绪戊申	1908	重建	
5	云溪公祠	嘉庆乙亥	1815	重建	
6	法明公祠	乾隆癸丑	1793	重建	
7	子义公祠				字迹不清
8	桂诗书舍	民国三十八年	1949	建设	
9	云山公祠	嘉庆乙丑	1805	重建	
10	兰堂书院	民国岁次癸丑	1913	建设	
11	信魁书室	光绪癸巳	1893	重建	
12	初始草庐				字迹不清
13	卓亭书室				字迹不清
14	村尾碉楼		约20世纪初建造		
15	西山庙 （三帝庙）	乾隆四十七年壬寅	1782	建造	1802—1903年间与洪圣庙合并

村落后部建造错位示意图

存在着村落中唯一一个不在村面的公共建筑，村里人称它为“暗凉厅”。暗凉厅占地约为标准住宅宅基地的一半，究竟这是哪一房派的小厅已经不得而知，但是根据这小厅的柱础判断，其初始建造年代应不晚于明末，而且小厅的柱础应该还要早于重建的法明、法振公祠使用的柱础。根据柱础的形式来看，法振、法明公祠的初始建造年代应是同一时期。

因此我们可以推断，在清嘉庆年间推村面之前，应该还推过一次村面，这次有可能是将原本的谭姓村落按照三房分立的原则，分别划分了三个彼此相邻又相互独立的基址，并将法佑公一脉组团村面向前推移了四排（至现在第五排的位置）。而在这次推移村面、扩充居住用地之前，有可能三房还集中在现在中和里与金华里（或安华里）之间、第九排建筑以后靠近狮山的小片区域。也正是这一次对村落的重新规划和扩建过程中，房派分别修建了自己的公祠，作为本房派的公共建筑。

如此整个村子的演变发展过程就较为清晰地呈现了出来。

不断扩大的村落范围正是宗族繁荣、发展的必然选择。这种演变过程从立村伊始相对方正的村落范围和布局，到宗族房派发展繁荣时期在已有的村落基础上分区域各自建设发展，再到以分房的边界为限制，分别向前向两侧扩张，并分别完善各自组团的公共设施，是一个完整过程。

由于广府村落三间两廊建筑格局的确定性，以及地块划分相对规整，所以在前推村面的过程中，扩展单位是以建筑院落占地为模数来计算的。这样，在日后的建设过程中，一是可以保持

暗凉厅柱础

法明公祠柱础

法振公祠柱础

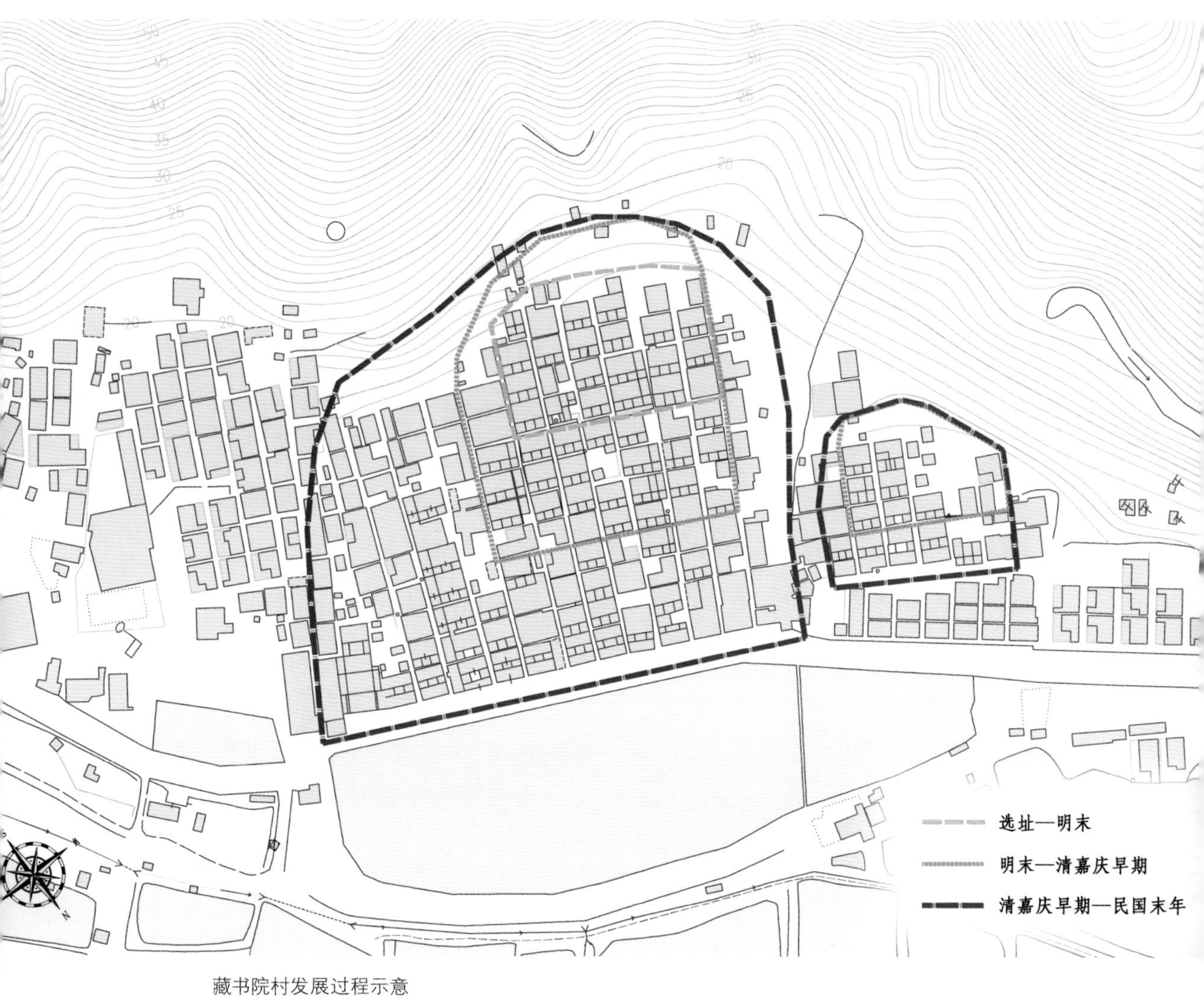

藏书院村发展过程示意

村落土地分配的相对公平公正，二是在排水、通风等基础设施和条件的维护上更加简便，并避免产生矛盾。这种扩展模式使得除了在距离村面的距离上稍有不同（前后距离增加约不到50米），新的宅基地和原有的老宅基地在朝向、采光、通风、排水、公共空间等方面没有太大差别，对于村民而言，也容易接受从原址进行小范围的迁移。

另外，值得注意的是在这种

村落扩张中体现出来的朴素的规划行为和思想。各个房派对自身的经济实力、人口发展是有预期规划的，这导致了法佑公一脉的组团在最后一次推村面留出发展用地的时候选择了四排的进深，而法振公一脉只向前推了一排；也就是说，在清嘉庆早期经济和人口发展的高峰时期，无论原因是人丁稀薄还是有部分族人外迁，法振公的房派对自身发展预期远远低于法佑公房派。

三、反哺村落

靠血缘作为村民间彼此联系的纽带，虽然在村落内村民间、房派间会有意见不一或争执，但面对异姓或外人时，整个村落会一致而团结。不管村民们远行到哪里，村子仍是人们心中的根。

血缘村落的向心力使得村民即使离开村落到外地发展，在发展较好的情况下也会选择反向回馈村落，包括建设、公益事业、教育，等等。这一方面对村落中族人起到激励帮扶作用，反之增强村子的凝聚力；另一方面为自己家族或房派争取村中的地位和话语权，真正做到“光宗耀祖”。

时间早一些的，比如洪圣古庙的虾弓梁上就刻有儒雅堂、来合号的堂号，据说这是清光绪年间村人在三水范湖镇开设的榨油、碾米作坊的字号。这家买卖经营得不错，收入颇丰，赚了钱后就在村内积极出资重修洪圣古庙，后因出资较多得以在石梁上雕刻题记：“耄艾歌咏其来已久，罇爵净洁不懈益虔，穆恩弟子儒雅堂、来合号，谭福扬、谭桂扬、谭金胜、谭金镛敬奉。”

通过这种对村里公益事业的捐助，投射在不可移动资产上的荣耀，该村人在村里的名声可以延续得更加长久。近年来的例子——对于广州市金龙银龙酒家为本村人所开一事，村民也是津津乐道，与有荣焉。这种在外发展比较好的村人一方面对于村落中其他村民来讲是榜样，激励村

洪圣古庙虾弓梁题字

民努力向上，另一方面为村内公益事业出资出力，为同样外出的村民提供一些帮助。

近代最为村民津津乐道到的，也是对藏书院村贡献最大影响最大的谭生林(1903—2007)，源自法振公一脉，祖宅在碉楼维护的藏书院村核心北侧，他曾就读于黄埔军校，官至旅长、副师长，作为吴汉民下属驻守连州市，在地方上也有一定权势。抗日战争时期，谭生林提供武器弹药，支援村内武装抵抗日军，又捐资兴建西隅中学(即今天的炭步二中)，促进本地的教育发展。日军投降后，谭生林曾代表当局政府接收当地日军俘虏，原计划利用俘虏作为劳力修建水道，但因抗日战争结束后被俘虏的日军很快被遣返回国，而未能成行。他对于藏书院村，甚至是炭步镇的付出和贡献都毋庸置疑。

随着村落的繁盛和有限生存空间的制约，有些村民选择外迁或出洋发展，主要华侨流向马来西亚（一百年左右）、越南（一百年左右，20世纪六七十年代越南排华期间有部分人回国）、美国（三代人左右）。出于对故土的留恋，这些在外发展较好的华侨也常常回乡省亲祭拜，同时帮扶村落向前发展。

第三章　公共建筑

藏书院村作为一个典型的血缘村落，为了加强宗族的凝聚力，村民做了许多努力。从文化传承上，村民不惜花费资金修订家谱，老人代代向儿孙宣讲家族的迁徙历史，提醒子孙永记祖先的来历和光荣；在组织管理上，由宗族组织扫墓、祭祖、拜神、投灯、义学、防卫各项公益事业活动，增加家族凝聚力。村内的公共建筑是各项公益活动的载体，公共建筑的营建也是家族凝聚力的体现，有钱出钱、有力出力，大家齐心合力修建的公共建筑让每个村民都有强烈的归属感和主人意识。

一、祠堂

藏书院村的扫墓、祭祖、拜神、投灯等公益活动动辄全村出动，往往还要邀请外村的同姓宗亲参加，声势浩大，这就需要有面积较大的公共活动空间作为活动的场所。村内的祠堂正提供了这样的活动空间。

每年正月十四的灯会，算是目前村中最盛大的活动，依托元宵佳节提前一天举办。中午和晚上由村子出面摆三百到六百围的酒席，不仅村子中在外打工的谭姓族人要回村出席，还邀请周边谭姓村落的代表来参加。晚间是

谭氏宗祠中存放的餐具

活动的重头戏，舞狮、放烟火、投灯……以为新年求个好彩头。正月初七是人日，村中当年添男丁的家族必须在宗祠摆添丁酒，向村人昭告分享新生命加入、人丁兴旺的喜讯；每逢清明节，农历四月初四、初五，要祭祖扫墓，在祖祠、宗祠先后祭拜先祖，祈祷祖先保佑后世子孙，告慰先人始终铭记教导，而后再到墓地拜祭。另外，村中还会组织并派代表在重阳节时到郭塘村拜祭母亲刘氏。

除了以上这些村落集体组织的活动外，村中各家婚丧嫁娶往往也在村中祠堂举行。例如结婚的喜宴，就会摆在宗祠，少则二十到四十围，多则上百围。喜宴是女方家在女孩出嫁前一天晚上宴请家族里的人；婚礼当天中午还要在女方家祠堂摆酒，晚上则要到男方家祠堂摆酒。在没有修建村口的广场之前，这些活动一直都在祠堂中及祠堂门前的小片空地上进行。作为村内的公产，办酒的村民需要按围数给村中缴纳不多的管理费，损坏器具按价赔偿。对于村民来讲，场地上的费用比之在酒店等场所便宜不少，又可在村中挣个好面子好彩头，自然愿意在村内置办。

另外，村内的一些公益活动，比如八月初六，村中给60岁以上的老人分发月饼、带鱼，将村面上鱼塘中出产的塘鱼统一打捞分给村民（约3000斤，每人可分得2斤），这些活动从民国时期延续至今。原先是靠村内的公偿，现在村中公益依靠国家拨款和村办企业的效益支撑。村办企业也成为了另一种形式的公偿。

1.谭氏宗祠

谭氏宗祠是一座典型的广府祠堂建筑，始建年代不可考证，现存建筑根据头门的匾额记载为清光绪戊申年（1908年）重建，此后不断有小规模修缮。宗祠位于法佑公组团内，是村面一排建筑中最靠近村口的一栋，贴临村落入口的碉楼，是现在村内主要的公共活动场所，村民摆酒人数不是很多的时候也都选择在宗祠里。

祠堂的主体结构保存完整，建筑形制颇古，梁架结构基本完好。从头门向内，三路正中三进房屋，一进头门在面阔外侧，隔1.2米宽巷道外侧设左、右耳房，一、二进间院落在头门和中堂面阔外侧设有左、右厢房，二进中堂左外侧设耳房，二、三进间院落在厅堂面阔范围内两侧设有搭厢，第三进为寝堂。

中路均采用坤甸木梁架，杉木檩条、桷板，青砖墙面，白石阶条石、柱础。头门通面阔三开间宽12.68米，通进深十一檩，7.55米，建筑心间地面到脊檩顶高6.88米，侧立面地面到垂脊脊尖高8.09米，平面宽深比约为1.68：1，正立面高宽比约1.6：1。前后两侧无塾台，两侧通过宽1.2米的青云巷与面宽

谭氏宗祠正立面

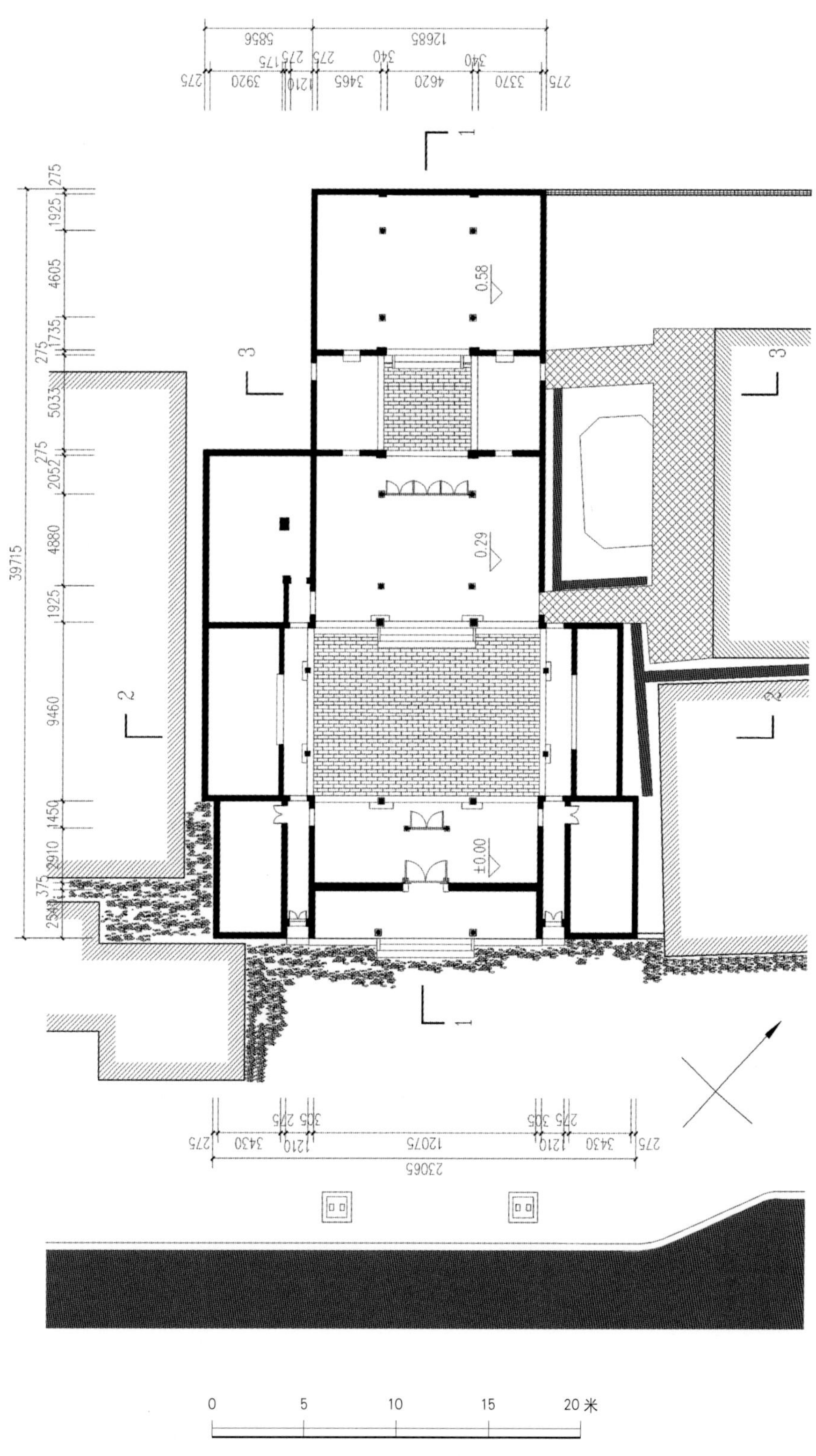

谭氏宗祠平面图　图片来源：清华大学建筑学院

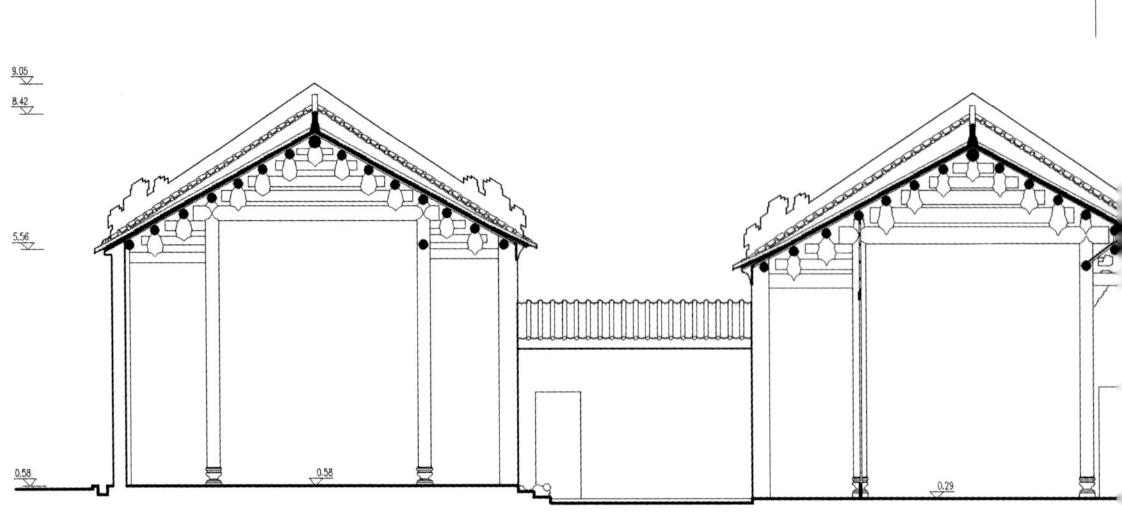

谭氏宗祠纵剖面图　图片来源：清华大学建筑学院

3.98米、进深7.55米的耳房相隔。中堂通面阔三开间，十五架檩屋前后三步梁用四柱，总面宽12.68米，进深9.43米，建筑心间地面到脊檩顶高7.38米，侧立面地面到垂脊脊尖高8.54米，建筑宽深比为1.34：1，正立面高宽比为1.54：1，屋顶与屋身高度之比接近1.4：1。寝堂通面阔三开间宽12.68米，通进深十五檩，8.81米，建筑心间地面到脊檩顶高7.4米，侧立面地面到垂脊脊尖高8.47米，平面宽深比约为1.44：1，正立面高宽比约2.2：1，后墙上悬挂有敦睦堂的堂号和一个硕大的神牌。

一、二进间厢房面阔即为庭院进深，为8.86米，进深十二檩，6.06米，其中包含1.62米宽廊子。二、三进间搭厢开间为后院进深，为5.03米，进深六檩近3.96米。

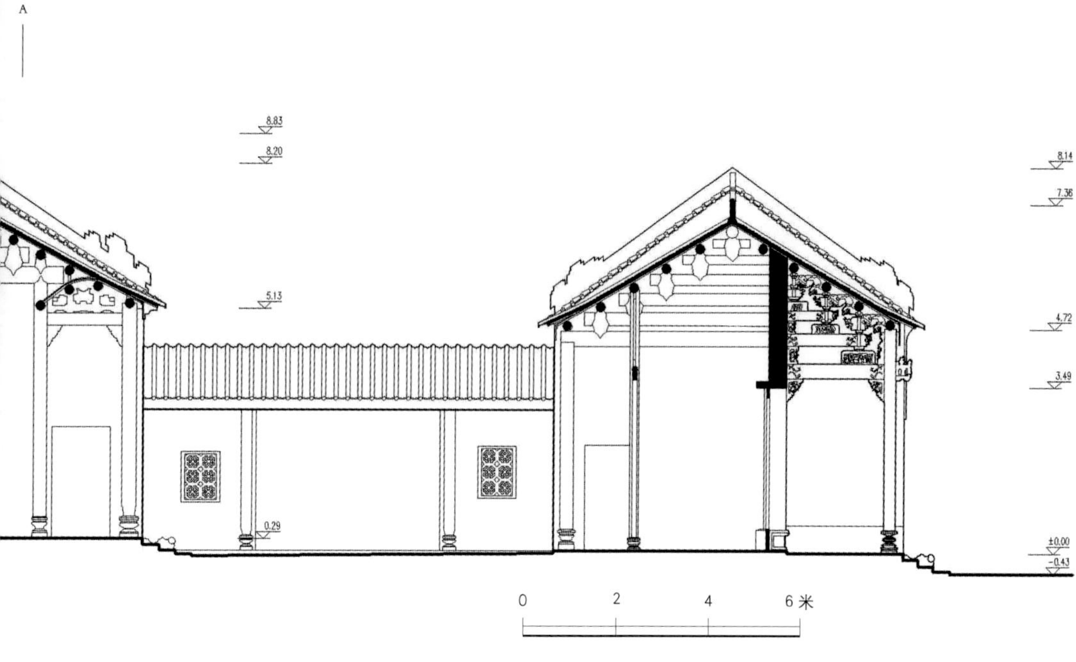

谭氏宗祠悬挂的敦睦堂堂号

谭氏祖祠正立面

2.谭氏祖祠

谭氏祖祠位于村落外围，为清光绪癸未（1883年）重建，在洪圣古庙和村口之间、距离道路较远的高地上。祠堂周围遍植树木，环境清幽，背后靠一小丘，小丘上植被茂密。一靠近祖祠的大门，感觉温度都比村面低了许多。

谭氏祖祠的规模、形制与谭氏宗祠相类似，也是中路三间，两侧隔青云巷带厢房。通面阔较宗祠大两米，进深则小于宗祠，只有两进。但祖祠山墙为镬耳墙，在装饰装修上也比宗祠更为华丽，有灰塑，石料使用面积较大，头门正中明间外墙整体均为石材。

3.法明、法振公祠

作为第二代的法明公祠和法振公祠分别位于藏书院村两个

谭氏祖祠周边环境清幽

谭氏祖祠前水塘环境

组团内。法明公一脉虽已没有后人居住在村内，但法明公祠却位于一进村口的位置，门头上题写着“乾隆癸丑（1793年）季冬重建”，与谭氏宗祠间只间隔一个云溪公祠，规模较小，三开间两进。现在作为村内的老年活动站使用。

法振公祠位于法振公一脉组团的村面正中，建筑年代已不可考证，但根据建筑柱础式样推测，始建年代也比较早，至少不晚于清代早期。法振公祠也是三开间两进，通面阔与法明公祠相差无几，但通进深要更大，这主要体现在第二进享堂的进深上，法振公祠的享堂更加幽深，搭厢更为舒展。但公祠疏于维护，建筑质量较差。

较为奇怪的是，在整个藏书院村并没能找到法佑公祠，走访村里的老人也大多说不清缘由。推测法佑公组团内的大宗祠——谭氏宗祠，可能由法佑公祠逐渐发展扩张而来。这既符合法佑公组团内最高等级公祠的地位，又能够解释没有单独的法佑公祠的现象。

二、书室

村落中对子弟的教育非常重视。同花都地区的众多村落一样，村中设有多个书室，除了面向自家晚辈，也惠及宗亲子弟，对教育的重视一直延伸到现在。村中对于上高中、高职、大学的学生分别有补助和奖励，20世纪90年代还曾由村子出资购买巴士接送村中学生上学，村民们不无自豪地讲：“藏书院村是炭步镇最早拥有自己校车的村子。”

近代时期，藏书院村在教育上同样走在前列，村中曾自办小学，并由桂系将领张发奎题写小学的匾额，后遗失。小学最早设立在宗祠中，1965年后搬移至祖祠，1985年退出祖祠，搬到祖祠后面的二层小楼中。后因学生减少，2005年取消小学，学校也改为老人院，现老人院已废弃。如今村落中有着全国普遍存在的出生率较低的问题，大约每年出生人口在十人左右。

藏书院村历来推崇文教，书室、书院占村中公共建筑很大的一部分。目前，村面上可以看出题额的书室和祠堂在法佑公组团内各五个，法振公组团各一个。如果算上村落后面的道全书舍和暗凉厅，整个村子内部的祠堂和书室的比例接近1∶1，两者间选址较为接近，且面村面上的书舍的平面形制和小型祠堂大致相同。

法佑公组团内有桂诗书舍、兰堂书院、信魁书室、初始草庐、卓亭书室和道全书舍。除道全书舍外，其余的均在村面上，平面形制与村面上的小公祠基本一致，都是三开间两进。法振公组团内的谭生林家的书室虽没有匾额，但据村民讲也是在村面上，贴临法振公祠北侧的即是，占地规模与法振公祠一致。

道全书舍

道全书舍是现今村内保存最完好的书室之一，位于法佑公组团正中的敦仁里巷道末端南侧，是村子形成发育较早的地区，占地约为村中民居占地的2/3。据村民讲，道全公的前辈曾在福建漳浦县做过县官，家庭中九代不扶犁成为了村中的佳话，时时被村民拿来激励家中的孩子奋发图强。书室为二层建筑，用来作为家中子弟读书的场所。书室中一层是学习的场所，二层为老师的住处。在战乱的年代往往用粮食作为给付老师的薪酬。

道全书舍，向北侧开门，两开间一进，两层，正房对面还有一个小庭院，两端开门通向天井。院落通面阔8.08米，通进深12.74米。天井与正房对应，由院墙分为里、外两个小院。正房面阔分别为里间4.5米，外间3.57米，进深6.36米，17檩，前檐4根檩下还有一个假卷棚轩，脊高7.76米。青砖山墙，直脊，正房外间设楼梯可通楼上。一层现状仅剩下洞口，二层安装有栏板和槅扇窗。与正房门口相对的墙面上装饰有琉璃花窗，花窗外圈用灰塑做了瓜形的茶联，上书

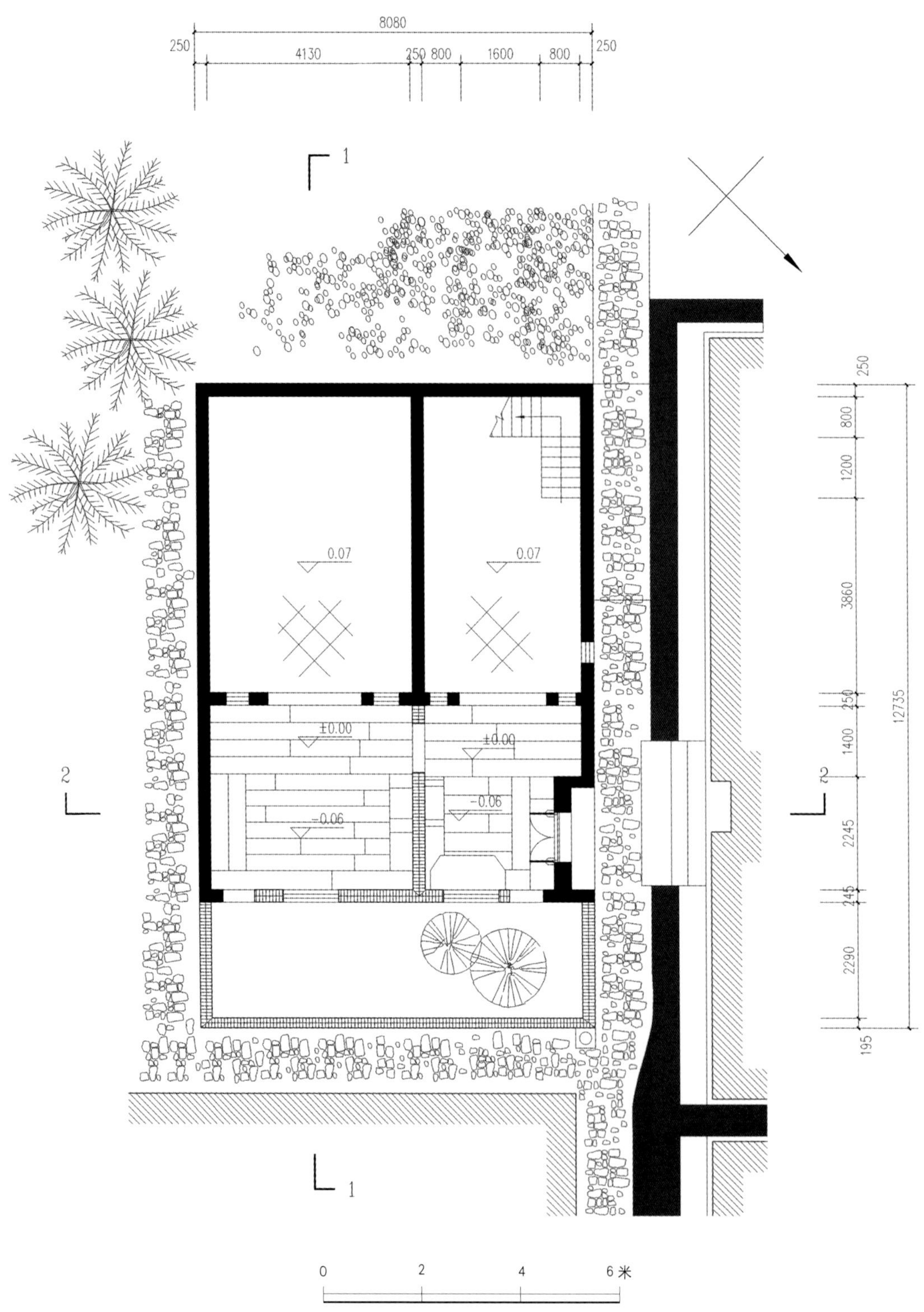

道全书舍平面图　图片来源：清华大学建筑学院

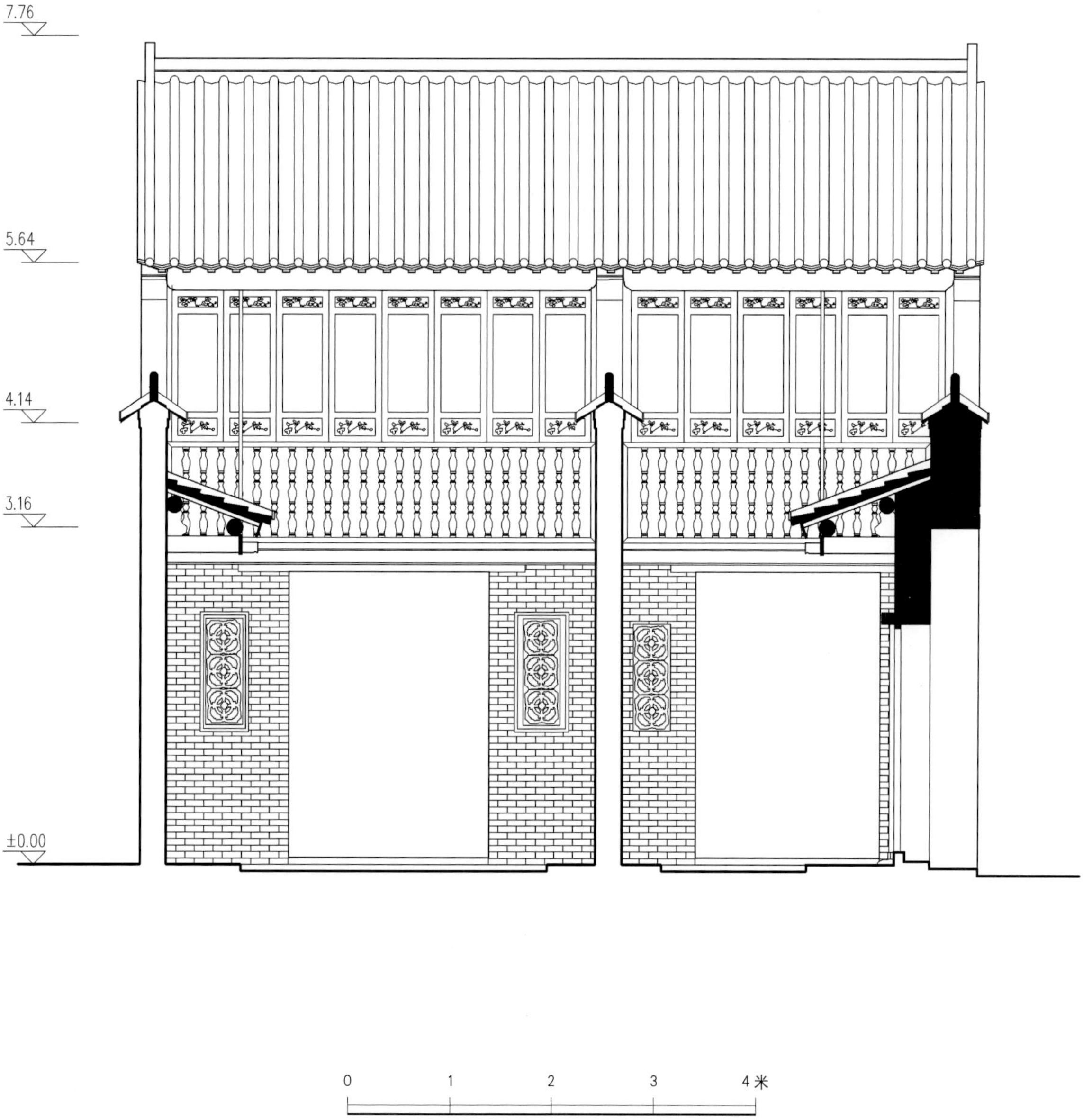
7.76
5.64
4.14
3.16
±0.00
0
1
2
3
4米

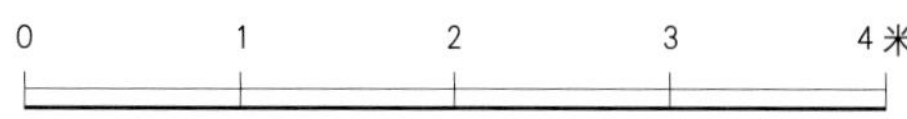

道全书舍横断面图　图片来源：清华大学建筑学院

道全书舍的灰塑茶联

“半榻茶烟新雨后，小栏花韵午晴初”，描述了初晴午后在书室内凭栏赏花饮茶的惬意生活。院内外院墙上端均做有灰塑，样式精美。这个小书室背后就是在村墙保护内的果园，环境清幽。可以想见此间的主人虽居于田园，但难掩风雅格调。

道全书舍残留的灰塑

三、庙宇

庙宇是村落中另一重要的崇祀场所，不同于宗祠祭祀祖先护佑，庙宇是祈求地方神仙保祐村落的地方。藏书院村在村头、村尾各有一座庙宇：北端的叫西山庙，早已坍塌，村民将其中的神位移到洪圣古庙合并祭祀后没有再对其进行重修，因此现在已没有遗迹可循；另一座南端的是洪圣古庙，主要祭祀南海洪圣大王，至今香火旺盛。

藏书院村口洪圣古庙前的古榕树

1.西山庙

原先听村民说起，沿着村面向里走，在北边村口外的小土岗子上曾有过一座西山庙，后因年久失修坍塌掉了。原来庙宇的位置上只剩下一棵高大的榕树和被荒草湮没的遗址。根据移到洪圣古庙中的《建造三帝庙提名碑记》和清光绪二十九年（1903年）设立的《重修洪圣古庙碑记》中记载，西山庙原名三帝庙，供奉玄天上帝、文昌帝和关帝，始建于清乾隆末年，于嘉庆至光绪年期间塌毁，村民将神位合并供奉。虽然据碑文所讲，西山庙在选址上很是费了一番功夫，也经堪舆师开盘点位，但终究因为位置不好，“旺人不旺已”①，而逐渐失修，直至彻底坍塌废弃。而后在洪圣古庙旁加盖了一个次间，将帝君们请了进去。

① 据村民讲，西山庙的位置正对相邻的横岗村，早期还好，随着后来横岗村逐渐发达，藏书院村村民认为西山庙的风水旺了别人，慢慢香火渐淡。

2.洪圣古庙

洪圣本名洪熙，是唐代的广利刺史，以廉洁忠贞闻名。他熟悉天文、地理、数学，曾设立气象台来观察天气，为渔民商旅减低出海的风险，后来因辛劳过度而早逝。皇帝得知他的功绩，追封洪熙为“广利洪圣大王”，在沿海为他兴建庙宇。及后，曾被加封“洪圣”“昭顺”“威显”等封号。宋代则被封为“南海洪圣广利王”。广府地区普遍有信仰洪圣大王的传统，花都区藏书院村和茶塘村的洪圣庙较为出名，至今香火不断。

藏书院村的洪圣庙修建较早，始建时间已经没有明确的文字记载，但有碑记载曾于清乾隆丁卯（1747年）、嘉庆七年（1802年）、光绪二十九年（1903年）进行过重修，根据建筑使用年限的一般规律，洪圣庙的始建年代至少要早于康熙中早期，算下来也有不少于三百年的历史了。

藏书院村洪圣古庙

藏书院村洪圣古庙北侧立面

洪圣古庙三路两进，中路三开间。原本洪圣庙的范围只有正中一路，面朝山门左手一侧的耳房是重修时建来安置西山庙的三帝的，近年修缮时为了外观对称美观，又在右手一侧建了耳房，用来安置一些祭祀用品。

作为村落中重要的公共活动、拜祭场所，村中哪家当年有学生入学或有男丁出生，都要在春节期间依次到洪圣古庙、祖祠、宗祠拜会。古庙还曾和祖祠一起做过学校，后因学生渐少而取消，恢复原本的使用功能。

四、碉楼及村落防御

清末，广东沿海（尤其是雷州半岛、潮汕南澳、珠三角）匪盗为患。在这些地区，盗匪横行，打家劫舍，掳人勒索，设卡坐收“行水”（买路钱）、保护费，据地强收“禾票”（按田亩收费），骑劫轮船抢劫行旅，大量走私贩毒，包烟包赌。这些盗匪多与地方官吏相勾结，设立堂名，扩充势力。为了争夺地盘，相互之间经常发生械斗，扰乱社会秩序。清末民初，由于军阀混战，地方政府腐败无能，致使人民流离失所，一些农民不堪贫困，铤而走险，沦为土匪。另外，旧时地方政府对农村的管理力量很薄弱，宗族之间因争水、争地、争风水或者发生其他摩擦时，往往要靠自己的力量去解决，这很容易酿成宗族之间的械斗。

村落的安全往往需要村民自行维护，因此在村落内推广、传授洪拳之外，还由村里出面组织了保安队。村子设乡长一人，村里的保安队有八九个人，称为“老更”，这些人的报酬由村里集资出，集资方式按照村内男丁的人头份来算，按男丁的数量来缴，有时为了方便也会以稻谷的形式收缴和发放。这种村民间团结互助的作风融入村民的血脉并延续至今。

在抗日战争时期，政府正面部队尚且难以抵挡外敌入侵，村落的自卫和安全还要更多地依靠自身。正因为有谭生林的扶持，政府曾赠给藏书院村多挺机枪小炮，因此藏书院村在近代可算是武装安保力量比较强的村落。1942—1943年间，日军在文头岭设有集中营和团部，期间一藏身华岭的排长带人击杀一名日本军官，遭到日军报复，枪杀华岭17人，仅骆德堂一人死里逃生。日军为了缉拿凶手，将嫌疑人及一些村民锁在村北的碉楼里，鸣枪恐吓，这期间藏书院村因无人反抗而无人员伤亡。

公共防御设施

村落中法佑公组团村面两端各有一个砖碉楼，碉楼三层高，结合村口道路上的栅门共同起到保卫村落的作用。另据村民反映，在村落北侧山坡上还有一栋体型更大的碉楼，于20世纪中叶倒塌拆毁，这个碉楼海拔位置更高，视野更好，主要用于值守瞭望之用。

碉楼和入口的寨门一同作用，控制人员进出。碉楼五米见方，内部分为三层，以竹梯上下联系，每层均有朝向村落入口方向的射击孔，射击孔以整块白麻

村口的碉楼（朝向村外方向）

巷道门后的门杠窝

石凿孔或多块条石砌筑而成，内宽外窄有利于单向射击。

除了碉楼之外，村落还有与其相匹配的防御系统，一是村落围墙，一是水沟水塘。村落密植竹子等强韧的植物形成篱笆围墙，以村面上的碉楼为起点向山坡上延伸，于村落后方环抱相交，形成类似化胎的村墙。在村墙的外侧挖掘排水沟，作为泄洪通道，通向村前的水塘中。水塘水面宽阔且深度较大，与村墙相接，围合成一个整体，防御外来的敌人。

除了村落中公共的防御措施，各家还有自己的办法。比如在巷道口的门后安装立式的门杠，在正房大门后加装趟栊门，加密屋顶的檩条至人不能通过。加上600毫米以上厚的夯土墙，正房打造得如铁桶一般。

明间屋顶密布的檩条

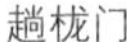

趟栊门

第四章　居住建筑

藏书院村的建筑用地十分规整，从卫星图上来看，住宅排列紧密整齐。宅基地占地多为10米×12米，12米×12米，12米×17米，新建房屋以7米×10.8米居多。

房屋和田产是家庭及个人的主要财产，作为个人财产的居住建筑也被纳入到村落的整体管理范围内来，有着一定之规。村落中私产的传承，均分给儿子外，还要另外留出一等份作为家庭的公产，一般由长子进行管理，收入用于家庭祭祖等公共开销，如还有剩余则进行平分，长房每年向家庭中的其他人通报管理使用情况。现在，村中田产每五年要重新进行一次分配，各家的田产水塘如果要出售，则必须优先出售给近亲，而后本村人，再是周边村落的人。

一、朴实的需求　美好的祈愿

藏书院村以武立村、以文兴村，提倡村内的相对公平均化，又加之作为农民，一天中大部分的时间需要在外劳作，留在室内的时间相对较短，且多为休息时间，因此对建筑的追求并不很高，也没有发家后建屋的习俗。每家的居住空间基本都以一个三间两厢的封闭式住宅为主；如果家庭条件较好，至多也就是在三间两廊的基础上，横向增加一间作为花厅或老人养老的处所，否则就是在原宅不能满足使用需求的情况下，另行申请占用一块面积相似的四方用地，依照原屋形制再建一间罢了。这点在村落管理规划中执行得非常之好，以至于在藏书院村都看不到局部多栋房屋串联形成区域大宅的现象。财力的体现多在建筑材料、门头的装饰上。

住宅是人们主要的生活居住空间，和人们日常生活息息相关；即便是木结构建筑，房屋建设好后的使用年限也在几十年，因此在中国大部分地区，立屋都是件重中之重的大事。立屋的过程中有很多的讲究和仪式，我们现在看多少会有迷信的成分在内，但是这种仪式和诸多的风俗要求也充分表达出农民对生活和睦、人丁兴旺、富贵昌盛等朴素的美好追求和期望。

在藏书院村以及周边村落，建屋前先要找算命先生看皇历，找吉日吉时进行破土仪式，尤其讲究要避讳“三娘煞”，即农历初三、初七、十三、十八、廿二、廿七。最早传说因为月老不为“三娘”牵红线，使她终身不能出嫁而产生报复心理，坚决跟月老作对，于是专门破坏新人之喜事，所以民间大多嫁娶的喜事要避忌“三娘煞”。这些日子经代代相传后成了民间普遍认同的凶日。破土时带班的大师傅到不到场都可以，但主家会找附近的神婆拜神，神婆拜完天地四方和祖先后就意味着可以动工了，现在建房破土时有时主家连神婆也不找，就让东家的女主人四方拜一下而已。

其次就是上门楣和上梁，也须得吉日才好。上门楣是指在墙体砌筑到门口上沿、将要安装过门石时要放鞭炮并在石材端头挂铜钱，求吉利。上梁（脊檩）就比较隆重了，可以算是整个建造过程的高潮。上梁时，由带班的泥水大师傅主持，在鞭炮声中安装明间脊檩（此时其他檩已安装完成），并在脊檩上悬挂红布，红布前短后长地搭在脊檩上；然后将桷板（普通桷板的两倍宽）上写上吉语，再一分为二钉在脊檩前正中第一步架上；再将一只公鸡的鸡冠割破，抡三下将血洒在脊檩上，寓意阳气旺盛（当然，这只立了功的公鸡，东家会好生奉养起来，直至老死也不会宰杀）；而后工匠师傅在大家的喝彩声中抛撒煎堆、花生、莲子、红枣、硬币等给众人，热闹非凡。上梁时意味着工程已经过半，到此时，东家要请诸位工匠师傅吃饭、发利市，感谢师傅门的辛苦工作，并结算大部分工钱，因此也是各方欢喜。

房屋建成后，当主人准备入住时还会找道士，本地人称“南无佬”，来做法事。同样是在地上插香烛拜祭土地和祖先，而后请入地主公和祖宗神位，更有人家烧“地契”给阴间的祖先，目的都是一样的，祈求一方神仙和先祖保佑家庭和睦兴旺，如此才算可以正式入住。

二、住宅形制及空间处理

1.基本形制与风格

藏书院村位于广州市西北郊，文化建筑均与广府民居建筑一脉相承。民居建筑开间的确定由瓦坑数确定，各开间和总数均需要是单数，因粤语中“双”与“伤”同音，意义不吉利。单个瓦坑240毫米，坑数多为9、11、13、15、17、21、25。另，开间尺寸还与木料尺寸（涉及造价）、使用要求相关。高度则按“周通”（营造尺=31.5厘米），为整尺或半尺，门口尺寸按照门尺（鲁班尺、风水尺）设置，按建筑使用功能或屋主要求选取吉尺寸，例如祠堂多会选“添丁”等。

屋面坡度按照公共建筑“二五坡（发音类似于“标”）”、普通民宅“二三坡”，此外还有二七、三零、三三坡，坡度越大施工越困难，为防止瓦面溜坡就需要增加瓦钹等措施，造价就越高。在选择坡度上，进深越大，排水量越大，坡度越大，以屋顶的雨水不倒灌为标准。

山墙的形式多样，在太公一辈中过进士时可以建造镬耳墙，因此也代表着身份和地位。青砖不如土、沙方便取得，价格又高，因此青砖屋又比夯土墙屋显得高档气派。然而，常规青砖墙（当地一般为一整砖长为墙厚）隔热实在不好，冬冷夏热，密砌成与夯土墙相同厚度又造价太高，因此在住宅中就有了“金包皮”的做法，即内里为夯土墙，外皮为青砖横砖表皮，既美观又实用。这种做法推行开后，还有村民在抹灰的夯土墙外墙面上涂刷并勾画砖缝，来美化墙面，模仿砖墙效果。

再有条件的还会在门头增加红砂岩、花岗岩使用面积，在山墙顶端做灰塑装饰等。

2.空间使用

民居从建成的那一天起，其中主人的居住状态就在不停地变化。娶妻、生子、子女成长，

堂屋的神位

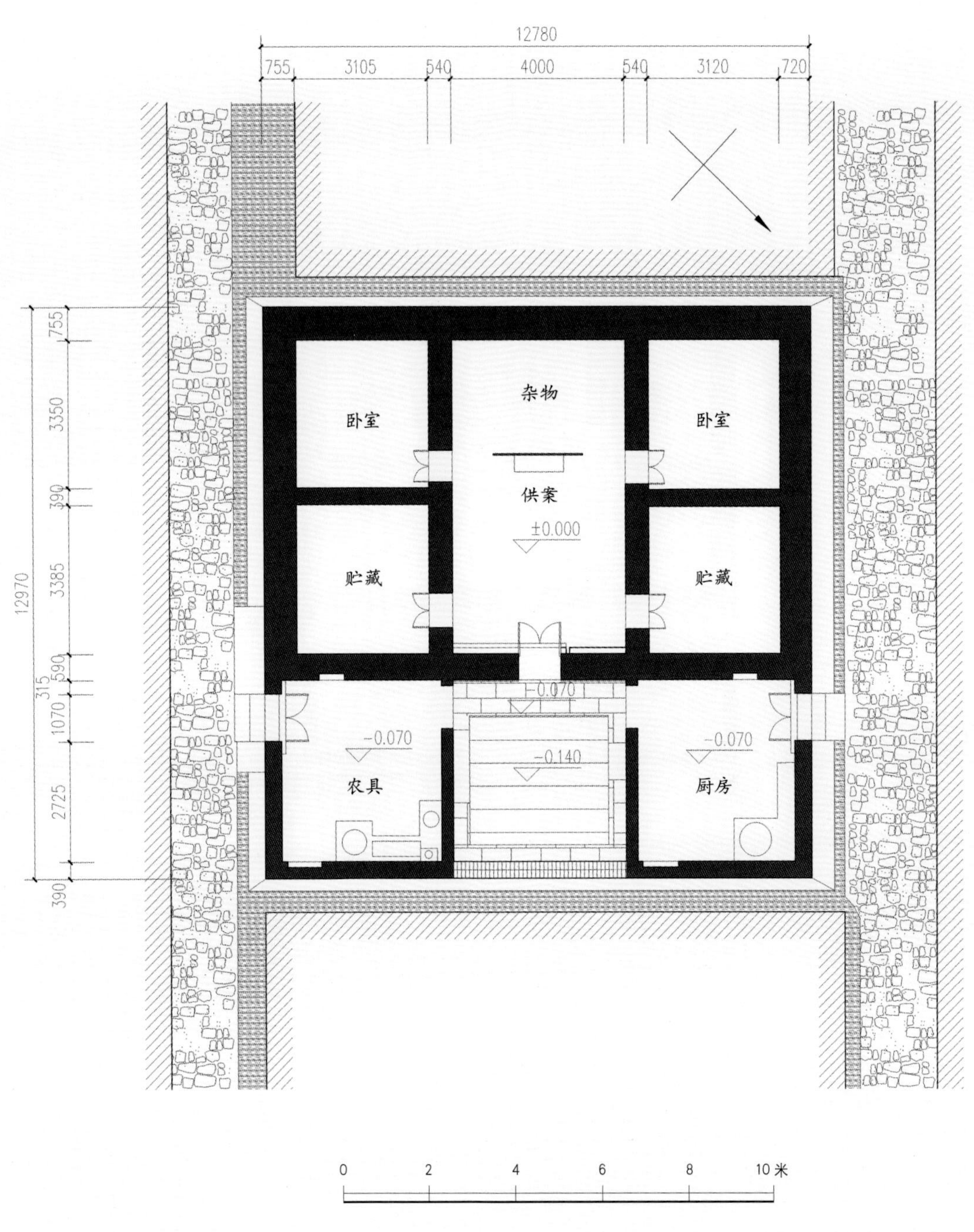
12780
755
3105
540
4000
540
3120
720
卧室
杂物
卧室
供案
±0.000
贮藏
贮藏
-0.070
-0.070
-0.140
-0.070
农具
厨房
12970
755
3350
390
3385
590
315
1070
2725
390
0
2
4
6
8
10米

住宅空间利用（阶段一）

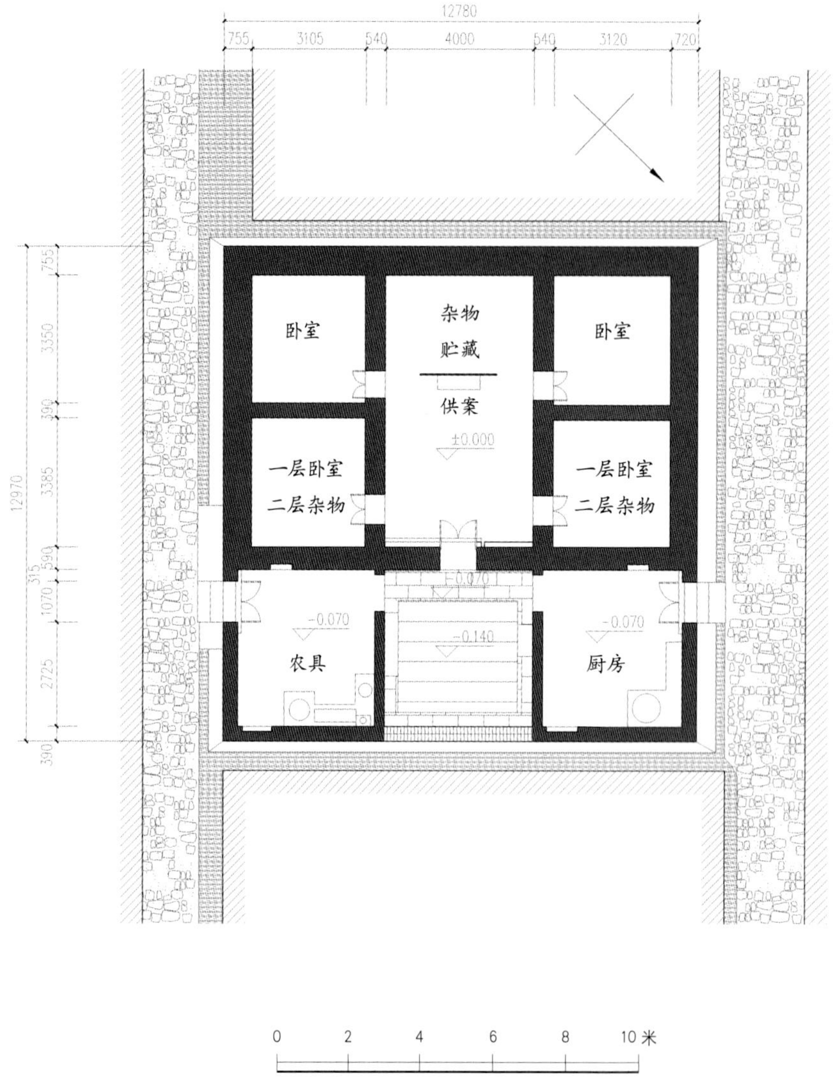
12780
755
3105
540
4000
540
3120
720
卧室
杂物
贮藏
供案
卧室
±0.000
一层卧室
二层杂物
一层卧室
二层杂物
-0.070
-0.070
-0.140
-0.070
农具
厨房
12970
755
3350
390
3385
590
315
1070
2725
390
0
2
4
6
8
10 米

住宅空间利用（阶段二）

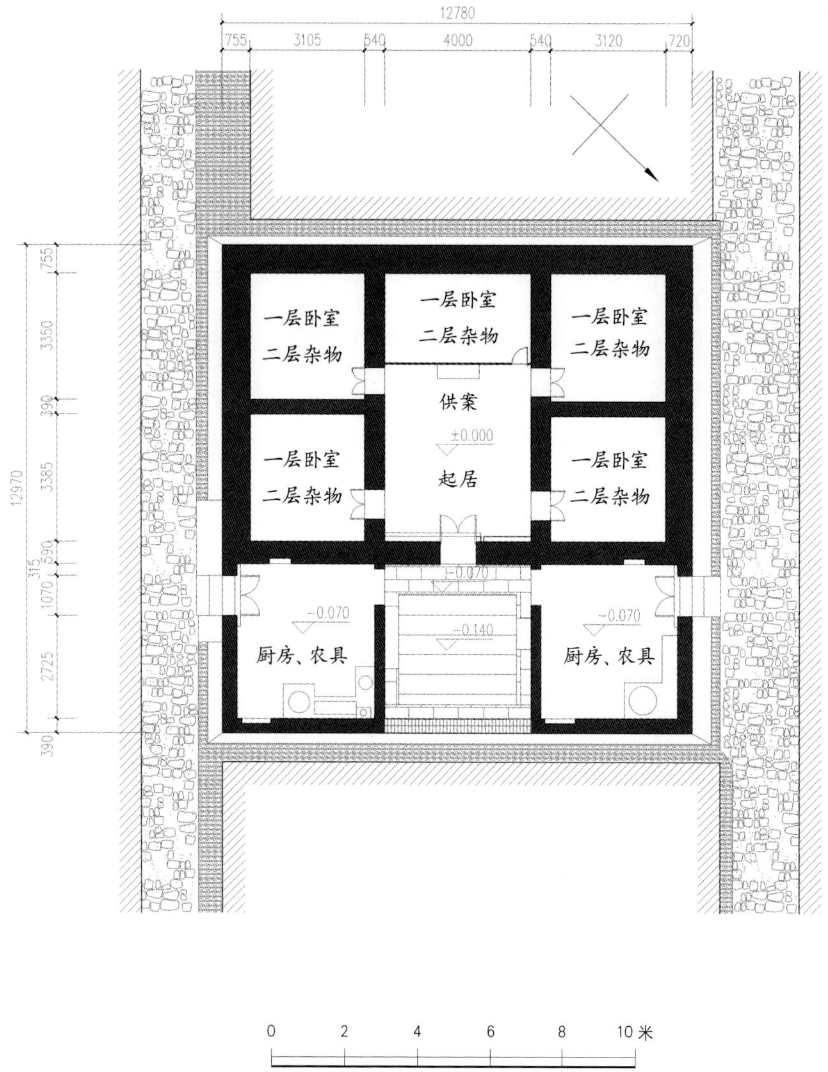
12780
755
3105
540
4000
540
3120
720
755
3350
390
3385
12970
390
315
1070
2725
390
一层卧室
二层杂物
一层卧室
二层杂物
一层卧室
二层杂物
供案
±0.000
起居
一层卧室
二层杂物
一层卧室
二层杂物
-0.070
-0.070
厨房、农具
-0.140
-0.070
厨房、农具
0
2
4
6
8
10 米

住宅空间利用（阶段三）

再到子女成家、孙辈出生长大……在没有条件另行择地建屋之前，这约两分地需要解决以上所有使用需求。随着人口的逐渐增加，房屋的空间使用方式也发生了较大的变化。

典型的三间两廊住宅，正中明间是公共空间，摆放供案。按照基本的房屋的布置，供案贴临后墙而放，堂屋作为公共活动空间——也就是起居室——使用，面积较大。当杂物较多时则将供案前移，后面作为杂物间使用。如上页图所示，有一间堂屋、两个卧室、一个厨房，及厨房、储藏空间。

当人口有所增加之后，原本的储藏空间用来作为卧房，并在卧房上方增加二层以存放杂物，通过毛竹梯上下，平时竹梯贴墙而立也不会占用太多地方。在卧室增多贮藏、空间减少的情况下，堂屋内缩减公共空间增加贮藏空间便成了必须。

当同一间民居在住户更多的情况下，有些人家也会将二层作为孩子的卧室以增加休息空间，两侧厢房会分别作为两家的厨房的杂物间，以供分别使用。

甚至这样都不能解决生活居住空间不足的时候，就是需要另选宅基地，分别立屋的时候了。

第五章　建筑匠作

对于村落中的建筑来说，从建成的那一天起就要对建筑进行不断的维护修缮，当建筑损坏较为严重时还需要对其进行修护翻盖。然而，这种对建筑的维护和建造过程是和居民或整个村落的经济状况，以及当时的工程技术发展相关联的。

经济状况和村落的整体发展有关，当村落中出仕的人员增加或外出行商的人收益较好时，村落或富裕的人家就有条件对房屋进行大规模的营建活动，而经济条件越好则越可能提高对房屋的等级、材料、质量、装饰细节等方面的要求。另外一方面，村落这个小的社会组成单元也会很大程度上受整个社会时局的影响，在社会动荡、战乱匪患丛生、民生凋敝的大环境影响下，营建活动也会受到负面影响。

在工程技术方面，直至20世纪早期，中国的建筑工艺水平发展都较为平缓。但当20世纪早期随着西方新材料新技术的涌入，作为中国最早开始通商的口岸，广府地区也出现了水泥、钢材、混凝土施工工艺及材料工厂，并在此后的日子里不断发展革新，直至今日。

通过调研我们了解到，由于村落中民居建筑的复杂程度不高，因此对工匠的要求相较于祠堂、庙宇等公共建筑对工匠的要求也相对较低，因此近六十年来民居的建设主要由主家联系周围村落内的工匠组织完成。这些工匠一方面普遍存在于本地乡间，每个村落中总会有十来人懂得营建技术。他们靠营建的手艺补充收入、提高生活水平，靠人情及东家互相介绍延揽生意。另外，主家也可以到周边大一些的圩市上雇到工匠师傅。这些可以雇到手艺较高的师傅的圩市往往也有商户经营建筑材料，东家在雇佣师傅的同时选购建材，一举两得，省时省力。藏书院村周围能够提供这些服务和人员的大的圩市主要是范湖镇和炭步镇，工匠在两个地方均容易找到，而建材则在处于西江沿岸运输便利的范湖镇更多也距离更近一些。散落在乡间的工匠主要以泥水匠为主，作为营建的组织者和主要工种，泥水匠是基数最大的工匠种类。

村中组织建设民宅的工匠本就是为糊口才学的手艺，谈不上大规模的生产和传承，即便匠师们自己也大多并不认为自己的手艺是值得保护的，因此在传承上也显得很随意。也许有师徒授受传承，但我们没有能够找到。村落中现有的工匠师傅大多自己也说不清自己手艺的师承，反而对给那些大工师傅打过下手记忆颇深。在他们的叙述中，自己多是在给大师傅做小工时勤勤恳恳任劳任怨，在营造过程中慢慢偷师学出来的，再经过大量的实际工程的积累后，自行组织人手接揽生意，时间长了做得好的也就成了四里八乡闻名的工匠师傅。

而对于祠堂、庙宇这些村落中重要的公共建筑，靠村子中惯做民宅的师傅是完成不了的。这些建筑选材上乘、做工精细、装饰复杂华丽，需要施工经验丰富且艺术审美情趣及创造性较高的熟练工匠才可以完成。而地处交通方便、经济发达的珠江三角洲，又临近广州、佛山这种建造业集中的花县，寻找一个经验丰富手艺高超的工匠队伍自然也不是难事。另一方面可以发现，在村落公共建筑上除了灰塑的脊饰和檐下装饰需要进行现场施工制作以外，其他较为费工的装饰构件如陶塑、砖雕、门头和廊步下的构架、檐口花板，甚至石质的金花狮子，都是可以在专业工匠的作坊内完成半成品后现场进行安装施工的。这种做法的好处是规模专业化的生产加工可以提供更好的产品，同时相对降低成本。当然，这也正体现了当时建筑装饰行业的聚集效应和正反馈效应，也是我们更容易在广州、佛山等聚集地找到服务于工匠们的大型行业工会的原因。

而在20世纪五六十年代，村落中大规模公共建筑修建的减少，以及生产技术和经济条件的变化，村落中对工匠的需求减少，更重要的是要求降低，导致工匠传承断代，现在村落中的泥水师傅大多只知道如何简单地砌筑墙体、上梁上瓦，了解如何建造钢筋混凝土洋房，而对于传统建筑的做法要求则知之甚少。这里所指的传统建筑做法不仅是指青砖的磨砖对缝、雕刻灰塑，同样也指曾经大量存在的夯土建筑及金包皮做法。

随着人口流动的便利，不提传统建筑做法，就钢筋混凝土建筑或砖混建筑这一方面，总体上近年来在广府地区进行建设工作的多是湖南、江西等地来的务工人员，本地工匠还在从事建筑行业的寥寥无几。

虽然我们高兴地看到，因为近年来古建筑修缮工程的增多，一部分传统工艺做法得到挖掘，并通过实际修缮项目带出来一些工匠，但是由于工匠传承断档严重，能够传承下来的脉络少之又少，因此只能在现有传承中发展补充，却很难做到横向的比较整理，也更不要提传统做法的竞争发展了。

一、建筑材料的选用

除却礼制对建筑的限制和规

范外，建筑所在的环境以及周围的物产对民居建筑的形式也起到很大的影响和制约作用。我们分析建筑的形制特点需要同时考虑当地的气象气候条件和周边所能提供的建筑材料。

乡土建筑的建设不同于皇家官式建筑的建设可调动的资源广泛，无论是从进行建设的东家的角度，还是从各级政府管理角度，均倾向于在临近区域解决建材的供应问题。这也正是形成我国各地建筑各具特色、别具风格的重要原因之一。

《花县志》中对花都县城的设立建设就提到："……既已议定则城治仓库与社稷坛、文庙、城隍庙各处俱应坚固建筑以巩金汤，所需物料工匠人夫为数甚多，不可不详加酌议，如石块应于附近本地采办，砖石瓦亦于就近建窑烧造，木植等料于四处购买备用，各项匠作就近雇佣……"可见从上级管理层面上就明确，在所费较多的情况下应就近采办建设材料，以便降低费用。而对于浸于广府这样一个经济发达、行商普遍的地域环境中的乡民来讲，采用周围交通运输便利的区域内最好的建筑材料也是最好最经济的选择。同理，当运输便利且运输成本较低时，材料的选购就有可能延伸到更大的范围。

藏书院村主要采用的建筑材料包括石材（红砂岩、白麻石），木材（杉木为主、少量硬木），砖料（青砖、泥砖、地砖、琉璃花砖），瓦（土瓦，少量琉璃瓦），泥沙，石灰，竹等。

1.石材

相传在秦末汉初，赵佗称帝之后，派人找寻适合建造宫殿的建筑材料。南越国人在狮子洋畔惊喜地发现莲花山这一片连绵千米的红色砂岩，认为是建造气势恢宏的宫殿的最佳选择，于是当时就开始在这里开采了。而广府人对红砂岩这种喜庆的颜色的偏好也随之延续下来。直到花岗岩开采的技术日渐成熟，红砂岩才逐渐退出广府建筑的历史舞台。

红砂岩地层在珠江三角洲的番禺莲花山、石楼、大岗、浮莲岗、南沙黄阁、广州东郊、佛山、南海、三水、东莞石排、茶山等地均有分布。该地层形成于距今约6000万年，为陆相红色碎屑岩（砂岩、砾岩）在盆地中堆积，经过漫长的成岩作用和地壳运动，岩层抬升，遭到风化、剥蚀，逐步演化而成。红砂岩分为三类，一类红砂岩浸水崩解；二类红砂岩浸水崩解不强烈或略有崩解；三类红砂岩浸水完全不崩解，且强度高，水稳定性好。这第三类红砂岩开采加工容易，又为广府人所钟爱，因此民间多年来用它作为建筑石材使用。

红砂岩最早在南越国时期就开始用，至汉代大量使用，多是从莲花山开采的。广府的红砂岩多出自莲花山，因为那里的红砂岩石质优、密度高、砂质细，古人还用它来作为磨刀石，所以莲花山又被当地人称作“石砺冈”，而莲花山采石场早已形成规模化生产，且周围乡民多以采石为业。此外，经考古发现的位于广东省东莞市石排镇的燕岭古采石场遗址，也是明清时期珠江三角洲地区大型的红砂岩采石场。这都说明在明清两代红砂岩均在本地区被广泛开采，并被用于建筑建设和装饰。

从明末开始，燕岭采石场就屡有禁采，民国期间更有“近禁开采，多改用麻石矣，麻石色灰白而斑驳，邑诸山多有之”[①]的记载。结合村落中石材使用情况，可知当清中期红砂岩石场频繁禁采，并采石技术有了发展之后，当地居民就已经开始慢慢接受使用白色花岗岩石料作为替代性建筑石材，当地人称为“麻石”。这种建筑用白麻石在附近的高要、清远都有分布及开采。白麻石的硬度较高，当石材加工技术提高到能够较好地处理平整

① 引自《东莞县志·卷十五·舆地略十三之物产下》。

谭氏宗祠的坤甸木梁架

这种石材后，它洁净、坚固耐用的特点就逐渐获得了广府人的青睐。因此我们可以看到，清中期以后越来越频繁地使用白麻石替代红砂岩，并且使用面积也有所增加，这种现象在以实用为主的民居中得到更好的体现。花岗岩的分布更为广泛，方便村落就近取材，最近的在清远石角镇就有石材供应，这个距离比之东莞就又近得多了。

2.木材

木材是另外一种主要材料，广府地区主要使用杉木。杉木是亚热带树种，在广东广西地区广有栽种。这种树木在南方地区广泛被用作建筑材料。首先，杉木树形高昂笔直、硬度适中，圆径首尾均匀，大中小各种规格均备，便于加工；其次，它质地轻盈，可减小屋架整体重量；再次，杉木耐腐力很强，且不容易被白蚁蛀蚀；最后，它生长范围广，价格也较为经济。因此，杉木可算是我国传统首选的建筑用材。杉木也正因为以上的优点，被明清两代列为除楠木外皇木采办的另一主要树种，而湖广地区也是传统采办皇木的目标地区。

位于广州市东部的大沙头竹横沙与西郊的荔枝湾如意坊是早期省内外各产区在广府主要的木材买卖集散地，来自产区的农民或行商通过放排或小艇经水路将采伐的杉什树木运到集散地进行售卖。来自西江封开、郁南及北江英德、清远一带的多在荔枝湾如意坊湾泊，附近乡镇则视其就近水路之便而定。荔枝湾每天都云集着来自各方的顾客，上船或在木排之上选购，买卖双方就地议价成交。

然而对于藏书院村而言，荔枝湾虽更集中，也还是太远。而沿北江主要水道的重要圩市集镇也会有小规模的木材交易，藏书院村距芦苞涌和巴江河都更近，如果需要就近采买，最好的选择是到北江边的芦苞镇上采购。从村中工匠处也可证实，藏书院附近村落使用的杉木、桐木多是清远佛冈县所产并水路贩运至芦苞镇，再从芦苞镇或通过芦苞涌或陆路挑回村来。

广府民居的建筑形制简单，房屋的开间、进深尺寸均差别较小，因此在建造民居的过程中，东家也更愿意就近采买规格材，即长度、圆径、宽度和笔直度均有一定规格的现成木材作为梁架，桷板和枋木则由木材铺按要求开好后售卖。这样由专业行更强的“开铺”（由店铺工人把杉什木的原材加工变为枋桷之材）进行统一加工，既节省了东家建房的人工，又可因开铺开木材的丰富经验减少木材损耗，可谓一举两得。

至于有更高等级要求的村落内的公共建筑，则根据当时经济状况选择少量“洋什木”，即南洋进口的一些硬杂木，仅作为明间骑门梁枋使用。这种硬木重量较大，但纹理美观、防腐防虫，往往安装在醒目位置彰显主人的阔绰和身份。洋什木的种类包括坤甸、东京、波萝格等，但价格比本土木材就要高许多了。

3.砖瓦

广府地区地质结构相对稳定，为节省木料，小开间的民居建筑往往采用墙承重系统，又因为有隔热的需要，墙体厚度较大。因此，砖料是广府地区建筑中用量最大的一种材料，标准的三间两廊传统民居总计需要砖料六万至七万块之多。本地主要使用窑制青砖，需要量多的话可以就地制坯建窑烧制，量少可到三水县的乐平镇三江采购，相对便利。藏书院村青砖尺寸主要有320毫米×135毫米×75毫米、270毫米×100毫米×55毫米、250毫米×130毫米×55毫米三种规格，清代早期遗留建筑多为第一种尺寸较大的青砖，颜色黄绿不均，应是烧制时还原程度不好造成的；清代晚期和民国建筑则后两种砖料间杂使用，当然也不排除在后期翻修时反复利用用旧砖料的情况。

除用烧制青砖这种质量较好的砖料之外，在20世纪前半叶，村中建设民房还曾大量使用泥砖。这种砖更加廉价，制备更加方便。在建房之前，由村民互相协助从塘中挖黄泥掺入沙子、石灰、稻草，和匀，在打砖的木枷中填实抹平，然后脱模晒干就可以了。但相应的，泥砖的耐久性也较差，从遗存的建筑上来看，耐久性还要逊于夯土墙。

三水县的白坭圩有众多的瓦厂，地砖街砖则在赤坭镇有售，从地名就可以看出此地的土壤较为适合制砖瓦。本地的土瓦与地砖均为橙红色，但颜色偏浅，推测可能是以薪柴或质量较差的煤为燃料烧制的（煤烧土瓦颜色偏红）。这与《花县志》中记载本县虽有开采煤矿，但因其煤质尚嫩，不太适用，也有直接关系。

本地所用土瓦的规格多为边长210—230毫米的正方形，弧度较小，弧高约为10—15毫米，另外在瓦的弧度的垂直反方向也会做出一点微小的弧度，以防止瓦下滑。英德地区产的瓦要更小，边长只有200毫米。地砖则基本分三种规格：大砖边长320毫米或420毫米，小砖边长240毫米。

4.其他

着重要提及的是广府民居特色的胶结材料——石灰。石灰干燥过程缓慢但细腻，干后强度高，又有利于防潮，因此在建筑砌筑及装饰上被广泛采用。这种白灰不仅为建筑所用，还可用于田间施肥。

广府地区石灰石蕴藏量也比较丰富，且灰窑遍布。民国时期的《花县志》中还特别记载："飞鼠岩石矿，光绪年间土人偷采运销各处灰窑，事为大吏所闻，派员查勘，其石质极佳，可做士敏土，于是收归国有，由广东士敏土厂专员坐办"，"青石海灰石矿，在横谭墟之东，离墟约三里……制白灰以供建筑及肥料之用"。受惠于近代建筑工业在广府地区的发展，广府也是较早开始使用水泥进行砌筑的地区。

二、建筑匠作种类及配合

广府建筑主要以墙体承重，多为硬山搁檩式的建筑，木构架协同墙体承重，民居建筑更是只有檩条桷板这些屋顶木构件做横向承重，竖向全靠墙体。装饰构件也均为灰塑、陶瓷这类材料。因此，在整个建房过程中，工程量最大、最重要的（结构工种）以及最具装饰效果的部分均为泥水工（北房称瓦工）工种的工作。

按照建设的分项工程要求，广府建筑营造工匠主要分为三大类，即泥水匠、石匠、木匠。其中泥水匠为主导，施工时也是泥水匠最先进场，开始制作施工所需灰水，因为灰水熟化需要较长的时间，等灰膏准备好时泥水匠和石匠再进场做基础，其次才是泥水匠和木匠共同做建筑的承重结构（墙、柱、檩），此后泥水匠进场做屋面，全部完成后陶塑、灰塑、彩绘工匠进场对建筑进行装饰。

广东有句谚语：“泥水佬开门口，过得自己也过得人。”虽说意思是指教导人做事要由己及人，但是从把泥水佬选作主语这点来看，大可看出广东地区开门定尺寸这种工作是由泥水匠来做的。不管在中国哪个地方，能够确定房屋尺寸，那必然是和主家协商并组织指挥建房的掌班师傅了，只不过在广府地区，这个掌班师傅不是大木工匠，而是泥水匠。

通常主家会互相介绍做工较好的泥水师傅组织人手进行民居的建造工作。一栋广府地区常见的三间两廊民居需要四个大工、三个小工，均是泥水匠，大约两个月的时间就可以完成。这其中，带班的泥水师傅只负责召集人手施工，材料全由主家自行采买并运到现场。

带班的大师傅根据基地的长宽尺寸和主家协商房屋建设的要求。因为炭步地区的民居房屋占地尺寸较为一致，因此往往按照传统习惯和经验进行分割，十米见方的一块基地，正房通常分为三间，面宽明间较次间稍大。尺寸按照瓦坑数来计，因底瓦坐中以及“双”数与“伤”字谐音不吉利的原因，瓦坑取数均为单数。大多明间13坑或15坑，次间11坑或13坑；如用地面宽稍大则明间17坑，次间15坑或13坑。此后施工现场的建设均由带班的大师傅协调完成，主家虽不参与现场建造，但一些协调、材料采买等工作也全程参与，随时与大师傅沟通协调。

三、建筑构造

1.就地取材的夯土墙

村落依山而建，泥土是最常见、最廉价的建筑材料，夯土结构又能够提供良好的保温隔热性能，因此村落中夯土墙成为村民首选的维护结构，即便家庭经济富裕能够用得起青砖，也往往先用夯土做内里提高实用性，再外

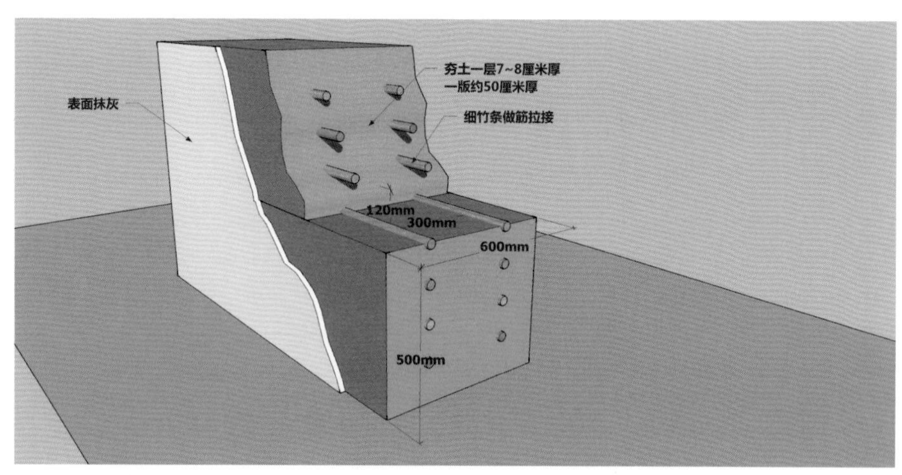

夯土墙构造做法

包青砖做门面。

当地砌筑夯土墙首先界定好房屋建设范围，确定墙体所在位置，在砌筑墙体前在墙体所在位置按照墙体宽度下挖约一米的沟槽，在内部按照夯筑土墙的方法，将掺有河沙、白灰、白糖、糯米浆和桐油的黄土分层夯实作为基础。出地面后通过筑版继续向上夯筑，混合好的黄土需要分层夯实，每层70—80毫米，每6—7层为一大层约500毫米，这个高度应该也正是筑版的高度。每大层间埋设两根竹条，作为墙筋，两根竹条水平间距约一尺（一尺约三十二厘米）。墙体向上夯筑过程中做收分处理。夯筑完成后墙体内外抹灰，有居民为了追求青砖墙的外立面效果，还会将墙体外侧涂刷成灰色并做假砖缝。

2.屋顶防风及通风

由于村落所在的广州地区属于东南沿海地区，受地理环境影响历来是台风高发的地区。每年夏天台风登陆时的狂风暴雨很容易使得较轻的屋顶瓦片滑落而伤人，因此建房时会特别对屋顶瓦片进行加固。用灰裹垄、隔几排瓦会钉瓦钹，靠屋脊的重量压住层层瓦片，避免台风时瓦片被掀飞。

墙体外包金做法（内侧空气夹层）

房屋屋顶盖瓦（筒瓦）使用灰浆裹垄后，表面涂刷烟灰成为黑色，通过这种方法人为提高屋面温度，使得院内和屋内地面空气加速上升，给室内降温。

为了防风防雨，房屋的格局紧凑内向，较少开窗。即便是书室这种需要增加采光的建筑，所开的窗户也面积不大，并安装线条密集的琉璃花窗，在内侧安装窗板，以便随时可以封堵。

3.防潮

广州市年平均降雨量为1800多毫米，年平均相对湿度78%，5月和6月平均相对湿度甚至高达84%—85%。如此潮湿的天气显然不利于木材的干燥延年。因此需要通过选用适当的材料及营造技术使建筑能够适应广东的特殊天气。

相对于中原、北方地区，广府地区的建筑一方面尽量减少木材的使用量，选用防腐防蛀性能好的木材种类，比如坤甸、格木一类热带硬木材料；另一面则更多地使用孔隙率高的青砖（烧制过程中泡水）吸收空气中的水分，屋面使用白灰也有吸湿保护木构件的考虑（白灰吸收潮气后，再在天气相对干燥的时候将潮气挥发出来，以减少室内的湿度）。

广泛使用石灰这种建筑材料，通过调整石灰配比，使之适用于建筑的多个部位，能起到抗黏结、隔潮、防霉、杀菌等作用。白灰干燥速度慢、强度高、稳定性耐久性好。

4.防虫

白蚁是危害建筑的世界性害虫，广府地区的建筑也一直深受其扰。为了避免白蚁侵蚀建筑构架，影响建筑强度，维护建筑使用安全性，工匠们也想了各种办法预防白蚁。

建筑选用石材做基础，防潮的同时还可以阻断蚁路，防止白蚁侵蚀木构架。广府民居檩多直接搭在山墙或隔墙上，为避免白蚁从山墙爬到檩上，对整个木构架产生侵蚀，会在上檩上梁前将木构件与墙体连接的部分，也就是檩头或梁头浸泡防虫药物，可谓是“从根源入手”。

因时间和水平有限，以上的一些构造措施相对于整个建筑营造过程来讲只是较为典型的一部分，虽不太成体系，却是在走访过程中最常被工匠、村民提及到的，想必也是村民和工匠们最为注重的地方，这里列出来权当留一个引子，有待日后完善。

作者简介

高婷，2012年毕业于东南大学建筑学院建筑历史与理论专业，同年9月入职清华同衡规划设计研究院乡土建筑研究所，从事乡土建筑的研究与传统村落保护工作。曾参与多项传统村落保护规划、文物建筑修缮设计、传统建筑改造利用、民居更新导则等工作。

雷彤娜，2015年毕业于天津大学建筑学院建筑历史与理论专业，毕业后进入北京清华同衡规划设计研究院乡土建筑研究所，主要从事传统村落及乡土建筑的研究与保护工作，曾参与多项传统村落保护规划、文物建筑修缮设计、传统建筑改造利用、民居更新导则等工作。

张郁，工程师，2004年毕业于北京建筑工程学院建筑系，之后一直从事传统建筑保护、修缮设计，以及历史街区保护、更新工作。2015年进入北京清华同衡规划设计研究院乡土建筑研究所工作，参与多项保护规划和民居更新导则的编制、文物建筑修缮设计、传统改造利用设计、古建筑工程设计工作。